新学習指導要領対応

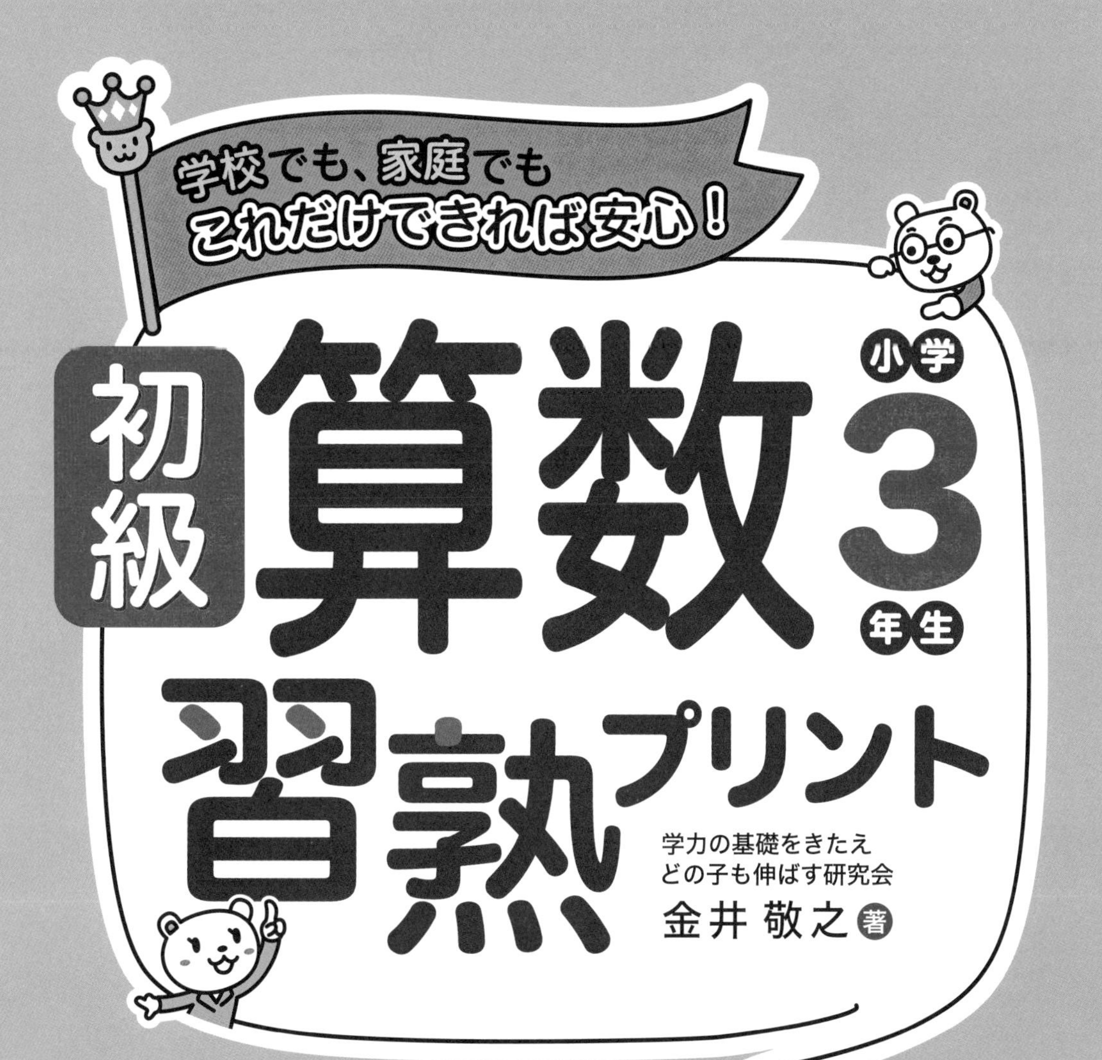

学力の基礎をきたえ
どの子も伸ばす研究会
金井 敬之 著

清風堂書店

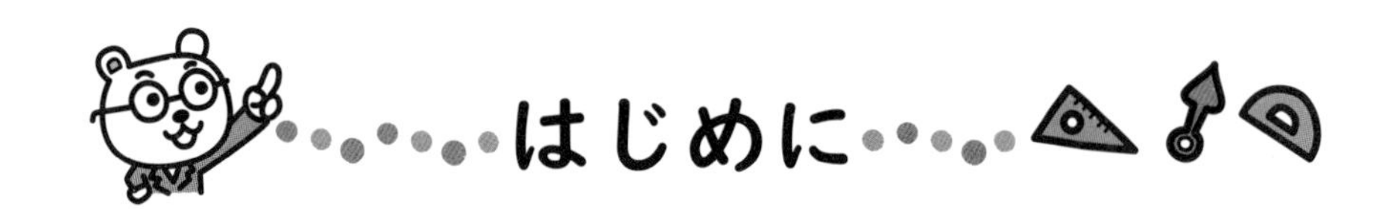

「算数習熟プリント」は発売以来長きにわたり、学校現場や家庭で支持されてまいりました。
その中で、変わらず貫き通してきた特長は次の3つです。

○ 通常のステップよりもさらに細かくスモールステップにする
○ 大事なところは、くり返し練習して習熟できるようにする
○ 教科書レベルがどの子にも身につくようにする

この内容を堅持し、新たなくふうを加え、2020年4月に「算数習熟プリント」を出版し、2022年3月には「上級算数習熟プリント」を出版しました。両シリーズとも学校現場やご家庭で活用され、好評を博しております。

さらに、子どもたちの基礎力を充実させるために、「初級算数習熟プリント」を発刊することとなりました。算数が苦手な子どもたちにも取り組めるように編集してあります。

今回の改訂から、初級算数習熟プリントには次のような特長が追加されました。

○ 観点別に到達度や理解度がわかるようにした「まとめテスト」
○ 親しみやすさ、わかりやすさを考えた「太字の手書き風文字」「図解」
○ 前学年のおさらいのページ「おぼえているかな」
○ 解答のページは、本文を縮めたものに「赤で答えを記入」
○ 使いやすさを考えた「消えるページ番号」

「まとめテスト」は、算数の主要な観点である「知識（理解）」（わかる）、「技能」（できる）、「数学的な考え方」（考えられる）問題に分類しています。

これは、「計算はまちがえたが、計算のしくみや意味は理解している」「計算はできるが、文章題はできない」など、どこでつまずいているのかをつかみ、くり返し練習して学力の向上へと導くものです。十分にご活用ください。

「おぼえているかな」は、前学年のおさらいをして、当該学年の内容をより理解しやすいようにしました。すべての学年に掲載されていませんが、算数は系統的な教科なので前学年の内容が理解できると今の学年の学習が理解しやすくなります。小数の計算が苦手なのは、整数の計算が苦手なことが多いです。前学年の内容をおさらいすることは重要です。

本文には、小社独自の手書き風のやさしい文字を使っています。子どもたちに見やすく、きれいな字のお手本にもなるようにしました。

また、学校で「コピーして配れる」プリントです。コピーすると、プリント下部の「ページ番号が消える」ようにしました。余計な時間を省き、忙しい中でも「そのまま使える」ようにしました。

本書「初級算数習熟プリント」を活用いただき、基礎力を充実させていただければ幸いです。

学力の基礎をきたえどの子も伸ばす研究会

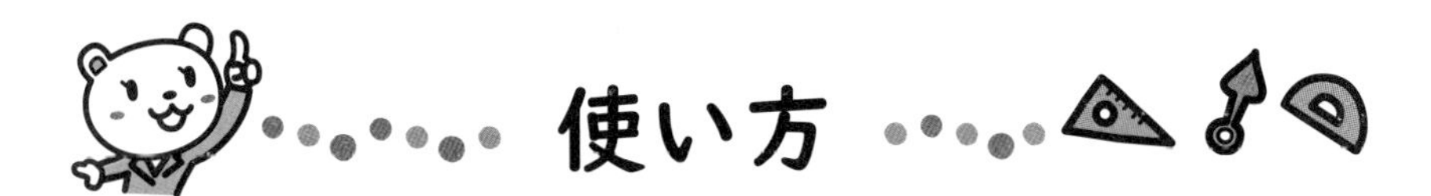

使い方

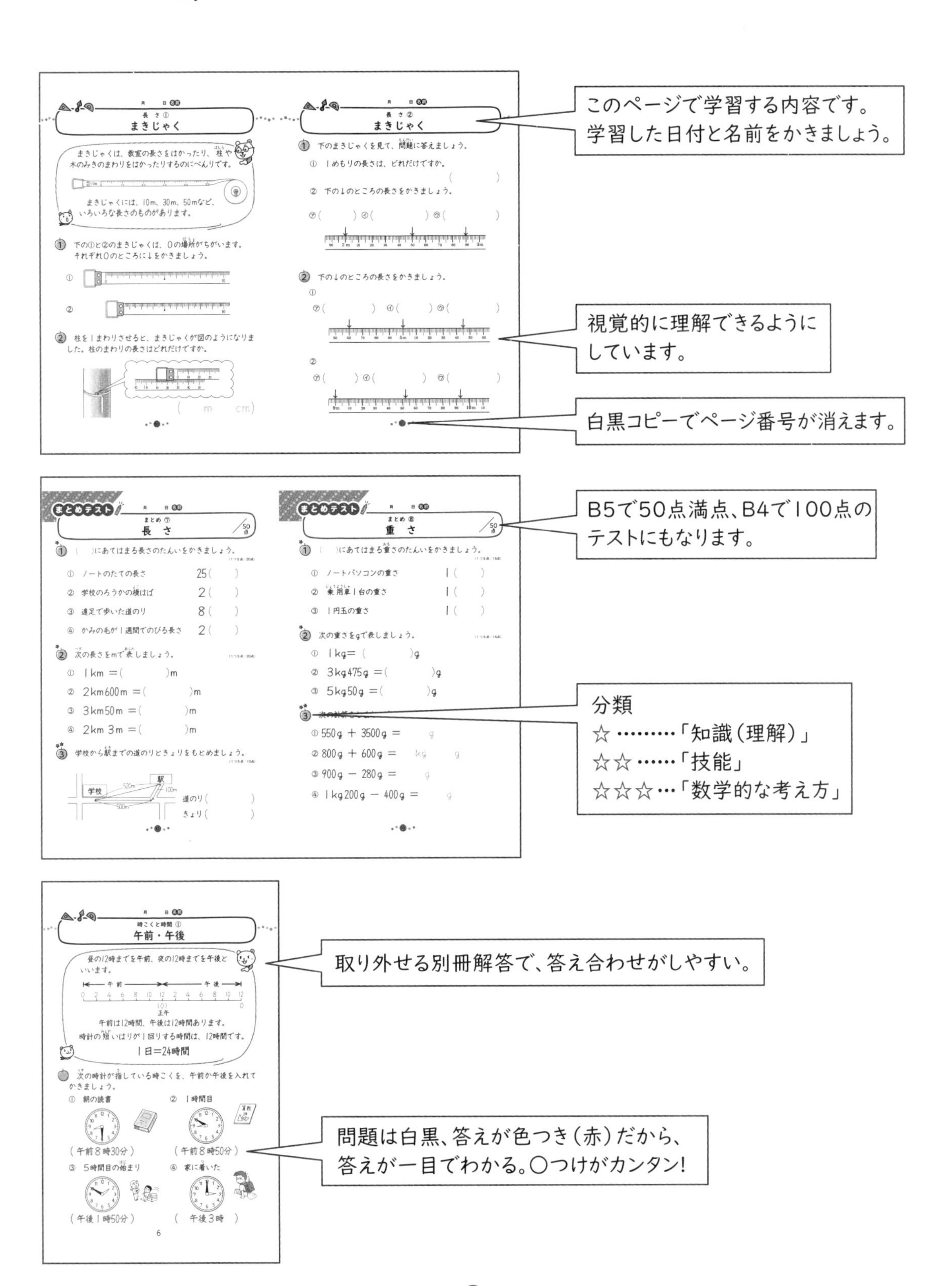

このページで学習する内容です。
学習した日付と名前をかきましょう。
視覚的に理解できるように
しています。
白黒コピーでページ番号が消えます。
B5で50点満点、B4で100点の
テストにもなります。
分類
☆ ………「知識（理解）」
☆☆ ……「技能」
☆☆☆…「数学的な考え方」
取り外せる別冊解答で、答え合わせがしやすい。
問題は白黒、答えが色つき（赤）だから、
答えが一目でわかる。〇つけがカンタン！

初級算数習熟プリント3年生　もくじ

時こくと時間 ①～④ …… 6
午前・午後／時こくを出す／1分=60秒／時間・分・秒

かけ算九九 ①～⑧ …… 10
おぼえているかな／0のかけ算／九九のきまり

あなあき九九 ①～④ …… 18
20問練習

わり算（あまりなし） ①～⑯ …… 22
にこにこわり算／どきどきわり算／いろいろなわり算／わり算のとき方
0÷、÷1のわり算／30問練習

まとめテスト わり算（あまりなし） …… 38

たし算・ひき算 ①～⑱ …… 40
おぼえているかな／たし算（くり上がりなし）／たし算（くり上がり1回）
たし算（くり上がり2回）／（くりくり上がり）／4けたのたし算
ひき算（くり下がりなし）／ひき算（くり下がり1回）
ひき算（くり下がり2回）／（くりくり下がり）／4けたのひき算

まとめテスト たし算・ひき算 …… 58

わり算（あまりあり） ①～⑱ …… 60
にこにこわり算／あまりの大きさ／どきどきわり算／あまりとたしかめ
くり下がりなし（20問練習）／くり下がりあり（20問練習）
いろいろな問題（20問練習）

まとめテスト わり算（あまりあり） …… 78

長　さ ①～⑥ …… 80
まきじゃく／きょりと道のり／1km／長さのたんい

重　さ ①～⑥ …… 86
g（グラム）／kg（キログラム）／kg・g／重さの計算／1000kg=1t
重さのたんい

まとめテスト 長　さ／重　さ …… 92

大きい数 ①～⑥ …… 94
十万・百万／千万／10倍の数／100倍・10分の1の数／数のせいしつ／一億

まとめテスト 大きい数 …… 100

かけ算（×1けた） ①～⑧ …… 102
2けた×1けた／3けた×1けた

まとめテスト かけ算（×1けた） …… 110

かけ算（×2けた）①〜⑧ …… 112
2けた×2けた／3けた×2けた
まとめテスト かけ算（×2けた）…… 120
表とグラフ ①〜④ …… 122
整理する／グラフを読む／グラフをかく／整理する
まとめテスト 表とグラフ …… 126
小　数 ①〜⑧ …… 128
小数とは／小数のせいしつ／たし算／ひき算
まとめテスト 小　数 …… 136
分　数 ①〜⑧ …… 138
分数とは／分数の大きさ／たし算／ひき算
まとめテスト 分　数 …… 146
円と球 ①〜⑥ …… 148
円のせいしつ／円をかく／球
まとめテスト 円と球 …… 154
三角形と角 ①〜④ …… 156
二等辺三角形・正三角形／二等辺三角形をかく／正三角形をかく
正三角形・二等辺三角形の角
まとめテスト 三角形と角 …… 160
□を使った式 ①〜④ …… 162
たし算の式／ひき算の式／かけ算の式／わり算の式

別冊解答

時こくと時間 ①

午前・午後

昼の12時までを午前、夜の12時までを午後といいます。

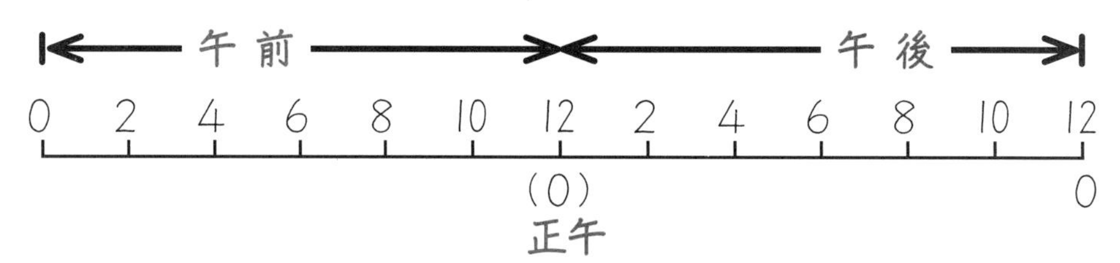

午前は12時間、午後は12時間あります。

時計の短(みじか)いはりが1回りする時間は、12時間です。

1日＝24時間

次(つぎ)の時計が指(さ)している時こくを、午前か午後を入れてかきましょう。

① 朝の読書

（　　　　　）

② 1時間目

（　　　　　）

③ 5時間目の始(はじ)まり

（　　　　　）

④ 家に着(つ)いた

（　　　　　）

月　　日 名前

時こくと時間 ②

時こくを出す

① 今、午前10時10分です。20分たつと、何時何分ですか。

式 10時10分＋20分＝10時30分

答え 午前10時30分

② 今、午前9時50分です。30分前は、何時何分ですか。

式 9時50分－30分＝9時20分

答え 午前9時20分

③ プールに行くのに、家を午後3時15分に出ました。プールまでは、40分かかります。何時何分に着きますか。

式

答え

月　　日 名前

時こくと時間 ③

1分＝60秒

50ｍ走の時間を計るとき、ストップウォッチを使(つか)います。1分より短(みじか)い時間のたんいは秒(びょう)です。

1分＝60秒

① 50ｍをたかおさんは9秒で、ともみさんは10秒で走りました。どちらが何秒速(はや)く走りましたか。

（　　　　さんが　　　　秒速く走った。）

② なつきさんは、れんぞくなわとびの時間を計ってもらいました。タイム係(がかり)が、「おしい、あと3秒で1分」といいました。何秒間とんでいましたか。

式(しき)

答え

③ 次(つぎ)の時間を秒に直しましょう。

〈れい〉 1分20秒＝80秒

60秒＋20秒

① 1分5秒＝（　　　秒）

② 1分30秒＝（　　　秒）

④ 次の時間を分と秒に直しましょう。

〈れい〉 90秒＝1分30秒

90秒－60秒＝30秒

① 95秒＝（　　分　　秒）

② 110秒＝（　　分　　秒）

月　　日 名前

時こくと時間 ④

時間・分・秒

1 □に数をかきましょう。

① 1分＝□秒　　② 1時間＝□分

③ 午前は□時間、午後は□時間

④ 1日＝□時間　　⑤ 昼の□時は正午

2 □に時間のたんいをかきましょう。

① 50m走るのにかかった時間 ………… 9□

② 学校の昼休みの時間 …………………… 20□

③ 学校へ行っている時間 ……………… 7□

3 ㋐の時こくから㋑の時こくまでの時間をもとめましょう。

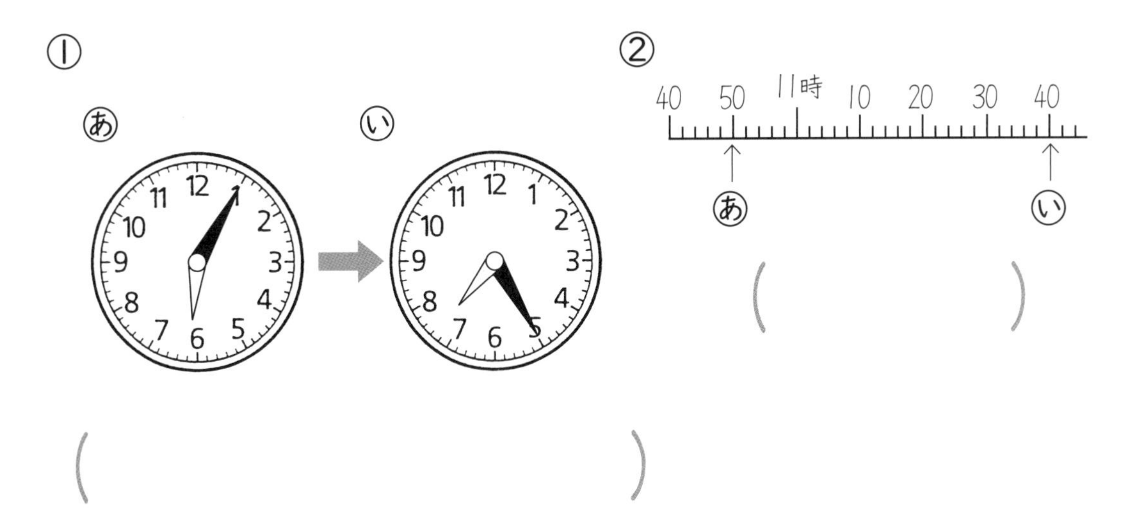

（　　　）

月　　日　名前

かけ算九九 ①
おぼえているかな

1 次(つぎ)の計算をしましょう。

① $5\times7=$　　② $3\times8=$

③ $4\times8=$　　④ $2\times5=$

⑤ $1\times6=$　　⑥ $4\times7=$

⑦ $3\times6=$　　⑧ $2\times9=$

⑨ $5\times4=$　　⑩ $3\times7=$

⑪ $4\times6=$　　⑫ $5\times9=$

2 １人に３まいずつ色紙を配(くば)ります。６人では色紙は何まいいりますか。

式(しき)

答え ＿＿＿＿＿＿

3 かけ算で●の数を数えましょう。

式

答え ＿＿＿＿＿＿

月　日 名前

かけ算九九 ②

おぼえているかな

1 次の計算をしましょう。

① $6 \times 7 =$　② $7 \times 9 =$

③ $8 \times 8 =$　④ $9 \times 7 =$

⑤ $7 \times 8 =$　⑥ $6 \times 9 =$

⑦ $8 \times 7 =$　⑧ $6 \times 8 =$

⑨ $9 \times 8 =$　⑩ $8 \times 9 =$

⑪ $9 \times 9 =$　⑫ $7 \times 7 =$

2 4週間は何日ですか。

式

答え ＿＿＿＿＿＿

3 5人に8こずつあめを配ります。あめは全部（ぜんぶ）で何こいりますか。

式

答え ＿＿＿＿＿＿

月　　日 名前

かけ算九九 ③

0のかけ算

おはじきゲームをしました。

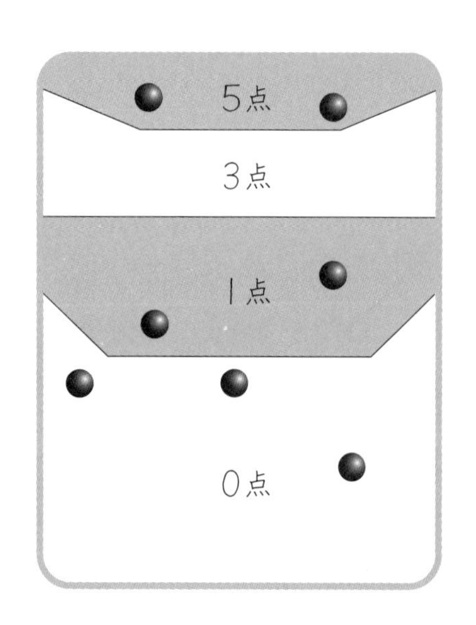

① おはじきが入った数を表(ひょう)にかきましょう。

5点	3点	1点	0点

② とく点を調(しら)べましょう。

点数 × 入った数 ＝ とく点

㋐ 5 × □ ＝ □

㋑ 1 × □ ＝ □

③ 3点のところは、おはじきがないので0点です。
とく点をもとめる式(しき)をかきましょう。

点数　入った数　とく点

3 × □ ＝ □

④ 0点のところは、おはじきが入っても0点です。
とく点をもとめる式をかきましょう。

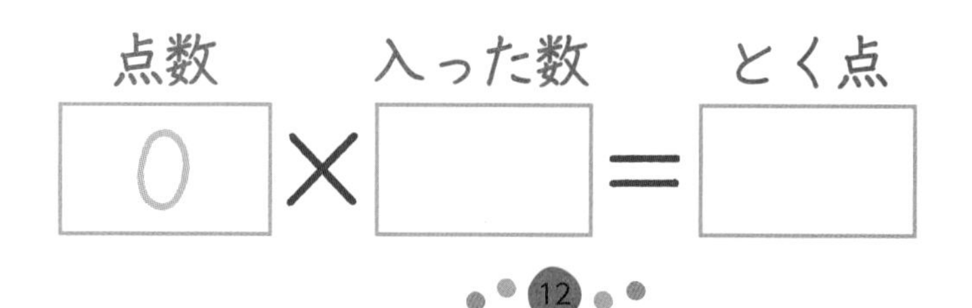

月　　日 名前

かけ算九九 ④

0のかけ算

1 次(つぎ)の計算をしましょう。

① 1×0＝　　② 2×0＝

③ 3×0＝　　④ 5×0＝

⑤ 7×0＝　　⑥ 9×0＝

どんな数に0をかけても、
答えは0になります。

2 次の計算をしましょう。

① 0×1＝　　② 0×2＝

③ 0×5＝　　④ 0×8＝

⑤ 0×9＝　　⑥ 0×0＝

0にどんな数をかけても、
答えは0になります。

かけ算九九 ⑤

九九のきまり

1 下の図を見て、4のだんについて考えましょう。

㋐ 4×3

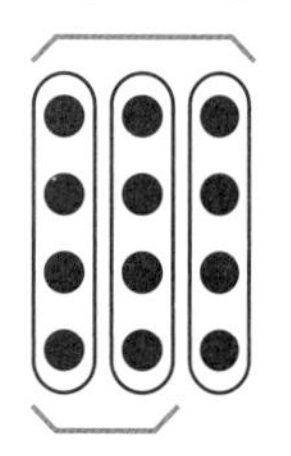

㋑ 4×2＋4

① 次の□に数をかきましょう。

㋐ 4×[3]＝12

㋑ 4×[2]＋4＝12

② ㋐の式も㋑の式も12になります。

4×3＝4×2＋4
（㋐：4×3　㋑：4×2＋4）

＝は等号といいます。
＝の左と右の式や、数が等しいことを表しています。

2 次の□に数をかきましょう。

㋐ 4×3

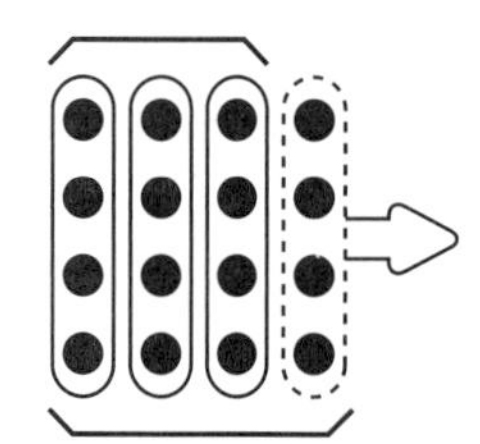

㋑ 4×4－4

4×3＝4×4－□

4×3の答えは、4×4の答えより□小さい。

月　　日 名前

かけ算九九 ⑥

九九のきまり

次の□に数をかきましょう。

	かける数								
かけられる数	1	2	3	4	5	6	7	8	9
5	5	10	15	20	25	30	35	40	45

① $5 \times 2 = 5 \times \square + 5$

② $5 \times 3 = 5 \times \square + 5$

③ $5 \times 8 = 5 \times \square - 5$

④ $5 \times 7 = 5 \times \square - 5$

かける数が1ふえると、答えはかけられる数だけ大きくなります。
また、かける数が1へると、答えはかけられる数だけ小さくなります。

月　　日 名前

かけ算九九 ⑦

九九のきまり

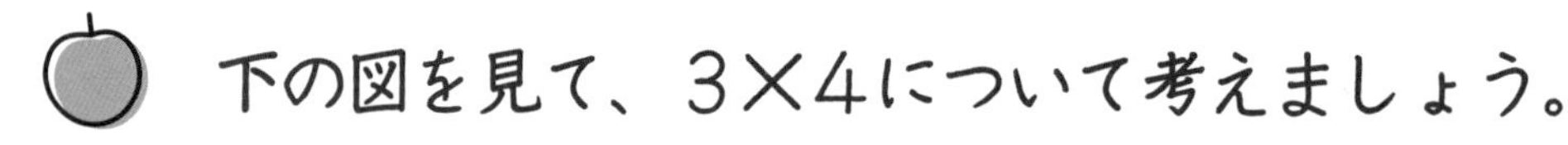

下の図を見て、3×4について考えましょう。

① おかしが、たてに3こずつ、横(よこ)に4列(れつ)ならんでいます。全部(ぜんぶ)で何こありますか。

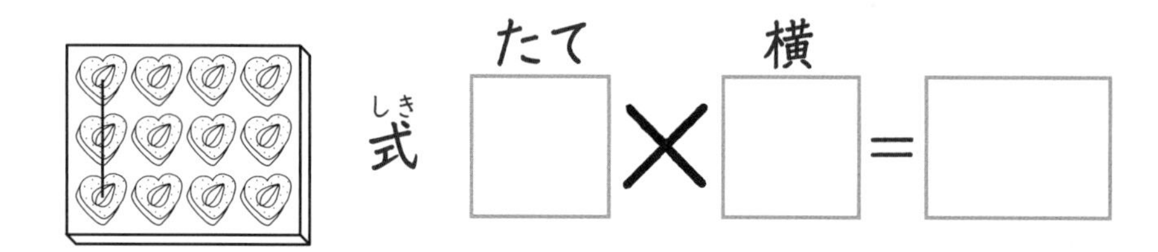

答え ＿＿＿＿＿＿＿＿

② 上のおかしの箱(はこ)の向(む)きをかえました。おかしは、全部で何こありますか。

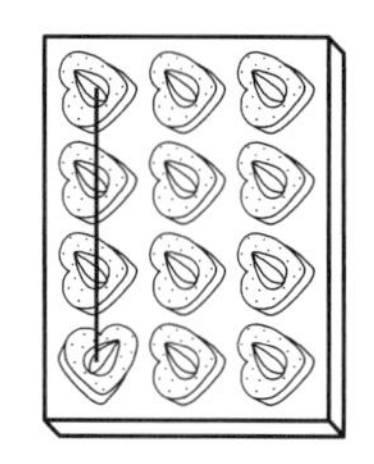

式

答え ＿＿＿＿＿＿＿＿

③ おかしは、箱の向きをかえても、数はかわりません。

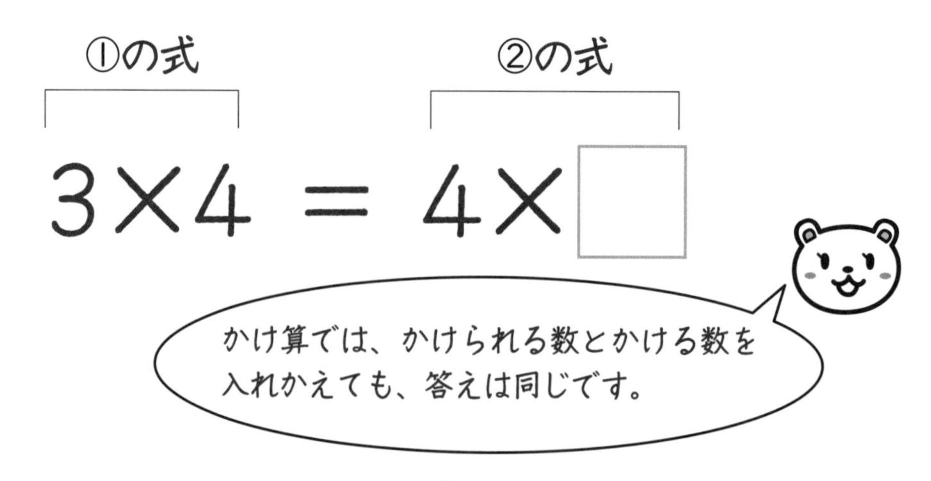

①の式
②の式
3×4 ＝ 4×□
かけ算では、かけられる数とかける数を
入れかえても、答えは同じです。

月　　日 名前

かけ算九九 ⑧

九九のきまり

① 次の□に数をかきましょう。

① 5×4＝□×5

② 8×5＝□×8

③ 7×9＝9×□

④ 6×7＝7×□

② 九九の表(ひょう)を見て、答えが同じ数を見つけましょう。

九九の表

かけられる数＼かける数	1	2	3	4	5	6	7	8	9
1	1	2	3	4	5	6	7	8	9
2	2	4	6	8	10	12	14	16	18
3	3	6	9	12	15	18	21	24	27
4	4	8	12	16	20	24	28	32	36
5	5	10	15	20	25	30	35	40	45
6	6	12	18	24	30	36	42	48	54
7	7	14	21	28	35	42	49	56	63
8	8	16	24	32	40	48	56	64	72
9	9	18	27	36	45	54	63	72	81

① 答えが6になる九九は、下の4つです。

1×6＝6
6×1＝6
2×3＝6
3×2＝6

② 答えが 24 になる九九に○をつけましょう。

月　　日 名前

あなあき九九 ①

20問練習

次(つぎ)の□の中に数をかきましょう。

① 1×□＝2　② 1×□＝4

③ 2×□＝10　④ 2×□＝14

⑤ 3×□＝9　⑥ 3×□＝24

⑦ 4×□＝12　⑧ 4×□＝28

⑨ 5×□＝5　⑩ 5×□＝20

⑪ 6×□＝12　⑫ 6×□＝24

⑬ 7×□＝7　⑭ 7×□＝56

⑮ 8×□＝8　⑯ 8×□＝48

⑰ 8×□＝72　⑱ 9×□＝27

⑲ 9×□＝45　⑳ 9×□＝72

月　　日 名前

あなあき九九 ②

20問練習

次の□の中に数をかきましょう。

① 1×□＝3　② 1×□＝5

③ 2×□＝4　④ 2×□＝6

⑤ 3×□＝12　⑥ 3×□＝21

⑦ 4×□＝16　⑧ 4×□＝32

⑨ 5×□＝15　⑩ 5×□＝25

⑪ 6×□＝24　⑫ 6×□＝30

⑬ 7×□＝14　⑭ 7×□＝28

⑮ 8×□＝24　⑯ 8×□＝40

⑰ 8×□＝56　⑱ 9×□＝18

⑲ 9×□＝36　⑳ 9×□＝63

月　　日 名前

あなあき九九 ③

20問練習

次(つぎ)の□の中に数をかきましょう。

① 1×□＝7　② 2×□＝8

③ 3×□＝18　④ 4×□＝20

⑤ 5×□＝35　⑥ 6×□＝36

⑦ 7×□＝21　⑧ 8×□＝32

⑨ 9×□＝9　⑩ 3×□＝15

⑪ 2×□＝16　⑫ 4×□＝36

⑬ 5×□＝30　⑭ 1×□＝9

⑮ 7×□＝42　⑯ 9×□＝27

⑰ 4×□＝24　⑱ 8×□＝16

⑲ 6×□＝48　⑳ 2×□＝18

月　　日 名前

あなあき九九 ④

20問練習

次の□の中に数をかきましょう。

① $3 \times \square = 24$　② $4 \times \square = 28$

③ $5 \times \square = 10$　④ $6 \times \square = 42$

⑤ $8 \times \square = 64$　⑥ $7 \times \square = 49$

⑦ $9 \times \square = 45$　⑧ $7 \times \square = 35$

⑨ $5 \times \square = 40$　⑩ $8 \times \square = 72$

⑪ $9 \times \square = 81$　⑫ $6 \times \square = 54$

⑬ $7 \times \square = 56$　⑭ $3 \times \square = 27$

⑮ $8 \times \square = 48$　⑯ $7 \times \square = 63$

⑰ $9 \times \square = 54$　⑱ $5 \times \square = 45$

⑲ $9 \times \square = 72$　⑳ $6 \times \square = 18$

月　　日 名前

わり算（あまりなし）①

にこにこわり算

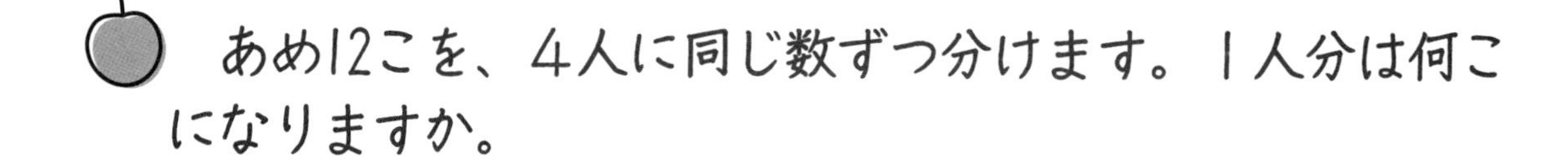

あめ12こを、４人に同じ数ずつ分けます。１人分は何こになりますか。

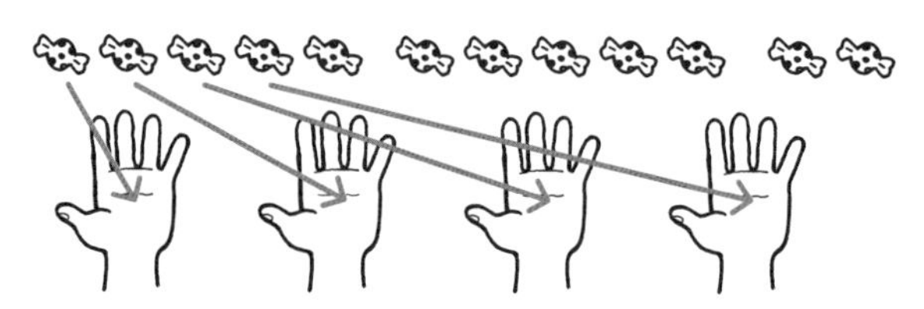

１こずつ配りましたが、まだあるので、もう１こずつ配ります。

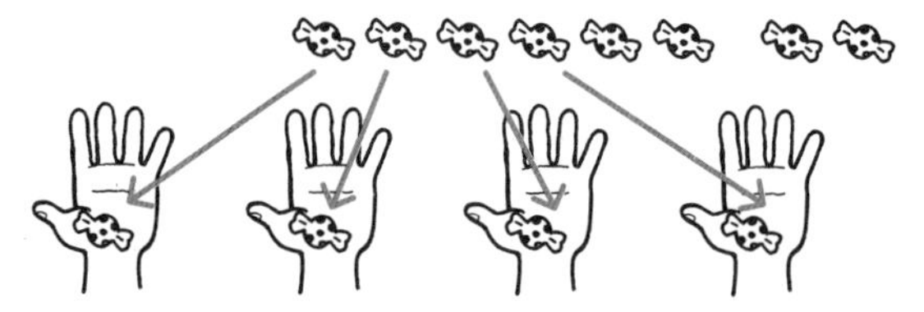

１人につき２こずつになりましたが、まだあるので、もう１こずつ配ります。

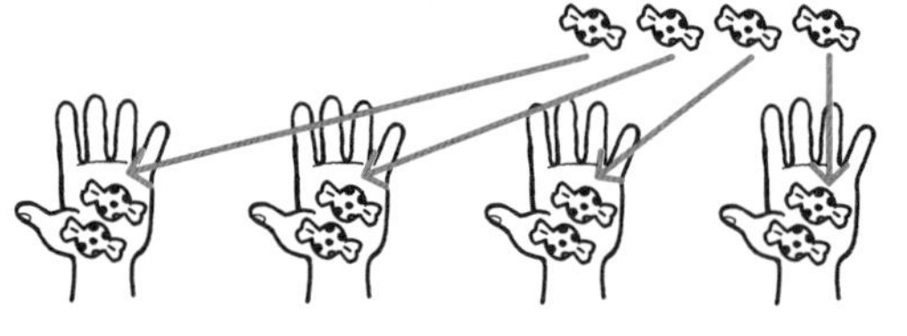

４人とも同じ数ずつなので「にこにこ」だね。

１人に３こずつ配ると、みんなななくなりました。

式　12÷4＝3

答え　3こ

全部を同じ数ずついくつ分かに分けて、１あたり何こになるかの計算をわり算といいます。

わり算（あまりなし）②

にこにこわり算

1　9このビスケットを、3人に同じ数ずつ分けます。
1人分は何こになりますか。絵の皿（さら）にビスケットを○でかいて、考えましょう。

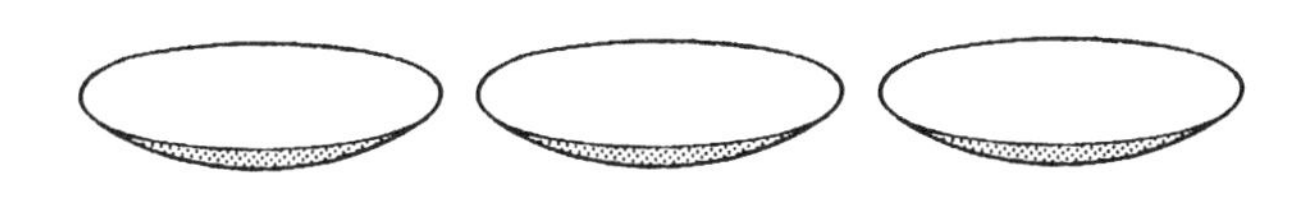

式

答え

2　10このいちごを、5人に同じ数ずつ分けます。
1人分は何こになりますか。

式

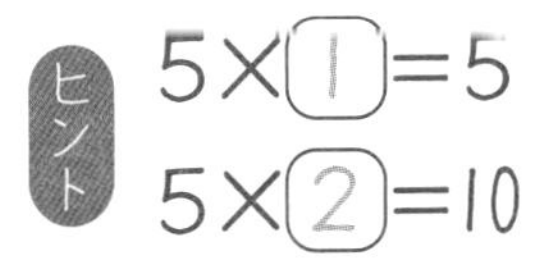

答え

3　18このビー玉を、6人に同じ数ずつ分けます。
1人分は何こになりますか。

式

答え

月　　日 名前

わり算（あまりなし）③

にこにこわり算

① ８このおはじきを、２人に同じ数ずつ分けると、１人分は、何こになりますか。

式（しき）

答え

② 30このビー玉を、５つの箱（はこ）に同じ数ずつ入れます。
１つの箱に何こ入りますか。

式

答え

③ 42まいの色紙を、７人に同じ数ずつ分けると、１人分は、何まいになりますか。

式

答え

④ 27まいのシールを、９人に同じ数ずつ分けると、１人分は、何まいになりますか。

式

答え

月　　日 名前

わり算（あまりなし）④

にこにこわり算

① 35本のえんぴつを、５人に同じ数ずつ分けると、１人分は、何本になりますか。

式

答え

② 64まいの色紙を、８つのグループに同じまい数ずつ配(くば)ります。１グループ何まいずつ配ればよいですか。

式

答え

③ 公園で遊(あそ)んでいる人が、２つのグループに分かれて、おにごっこをすることにしました。遊んでいる人は、10人です。１つのグループは、何人ですか。

式

答え

④ ６人で貝をひろったので、同じ数ずつに分けることにしました。ひろった貝は、全部(ぜんぶ)で54こでした。
１人分は、何こになりますか。

式

答え

わり算（あまりなし）⑤

どきどきわり算

① 12このくりを、１人に４こずつ分けます。何人に分けられますか。

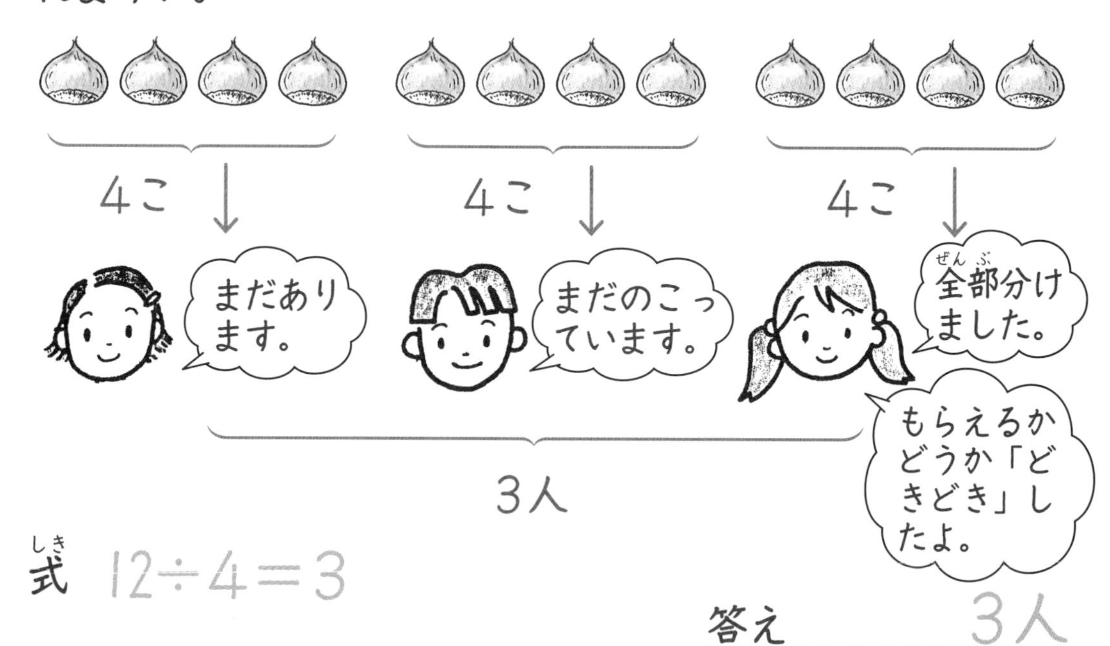

式　12÷4＝3

答え　3人

全部をいくつかずつに分けると、いくつ分できるかという計算もわり算です。

② 12まいの色紙を、１人に３まいずつあげます。何人にあげられますか。

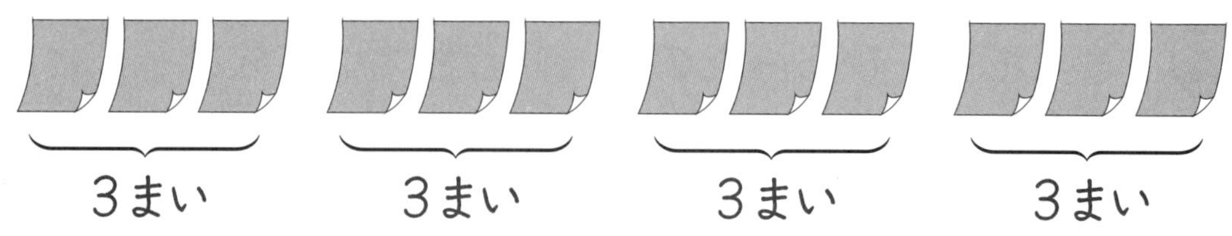

式

答え

月　　日 名前

わり算（あまりなし）⑥

どきどきわり算

① クッキーを20まいやきました。１つの箱に４まいずつ入れます。箱は何こいりますか。

式

答え ＿＿＿＿＿＿

② 30このお手玉を、５こずつ箱に入れます。箱は何こいりますか。

式

答え ＿＿＿＿＿＿

③ チョコレートが15こあります。１人に３こずつあげると、何人にあげられますか。

式

答え ＿＿＿＿＿＿

④ 12mのロープを２mずつ切ると、何本のロープができますか。

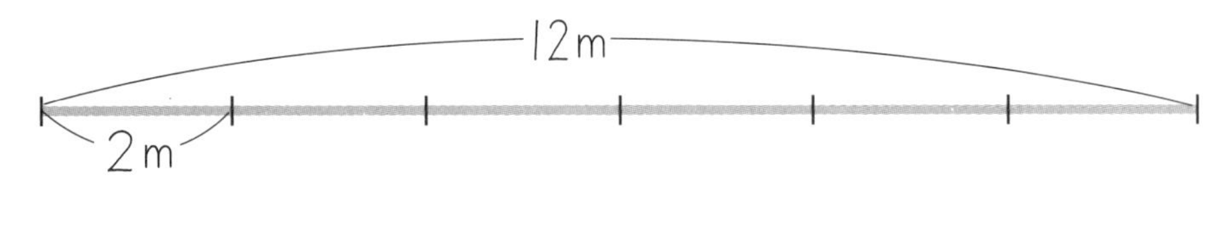

式

答え ＿＿＿＿＿＿

月　　日 名前

わり算（あまりなし）⑦

どきどきわり算

① 40本のえんぴつを１人に５本ずつ配(くば)ると、何人に配れますか。

式(しき)

答え

② 24このおはじきを、１人に８こずつあげると、何人にあげられますか。

式

答え

③ 35人の子どもたちで、７人ずつのグループをつくると、何グループできますか。

式

答え

④ 48cmのリボンを８cmずつに切ると、何本のリボンがとれますか。

式

答え

月　　日 名前

わり算（あまりなし）⑧

いろいろなわり算

1 24まいの色紙がありました。

① 4まいずつ分けると、何人に配れますか。

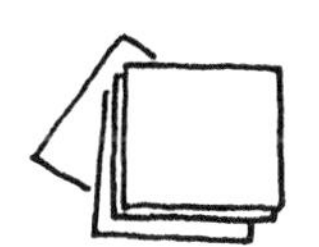

式

答え

② 8人に同じ数ずつ配ると、1人分は何まいになりますか。

式

答え

2 クッキーを36まいやきました。

① 9まいの皿（さら）に同じ数ずつ分けると、1まいの皿にクッキーは何まいのりますか。

式

答え

② 1まいの皿に4まいずつのせると、皿は何まいいりますか。

式

答え

月　　日 名前

わり算（あまりなし）⑨

わり算のとき方

わり算表（ひょう）

わられる数										わる数		
0	1	2	3	4	5	6	7	8	9	÷	1	
0	2	4	6	8	10	12	14	16	18	÷	2	
0	3	6	9	12	15	18	21	24	27	÷	3	
0	4	8	12	16	20	24	28	32	36	÷	4	
0	5	10	15	20	25	30	35	40	45	÷	5	
0	6	12	18	24	30	36	42	48	54	÷	6	
0	7	14	21	28	35	42	49	56	63	÷	7	①
0	8	16	24	32	40	48	56	64	72	÷	8	
0	9	18	27	36	45	54	63	72	81	÷	9	
0	1	2	3	4	5	6	7	8	9			
答え ④												

使い方（つかいかた）：わり算の答えがわかりにくいときに使います。

〈れい〉　42（わられる数）÷ 7（わる数）の場合

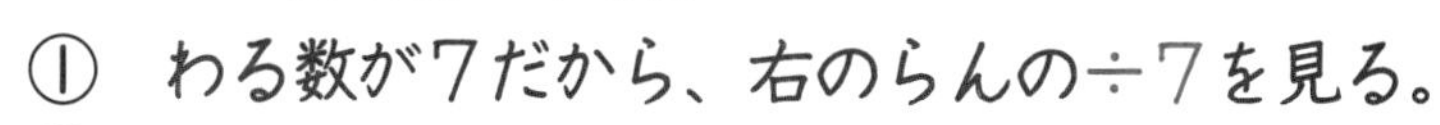

① わる数が7だから、右のらんの÷7を見る。
② ÷7のらんを左にたどる。
③ わられる数の42が見つかる。
④ 42を下にたどると、答えの6が見つかる。

わり算表を見ながら、次（つぎ）のわり算をしましょう。

① 63÷7＝

② 56÷7＝

③ 48÷6＝

④ 64÷8＝

わり算（あまりなし）⑩

0÷，÷1のわり算

1 箱(はこ)のクッキーを、3人で同じ数ずつ分けます。1人分は何まいになりますか。

①  6まいのとき

式(しき) 6÷3＝2

答え 2まい

②  3まいのとき

式 3÷3＝1

答え

③ 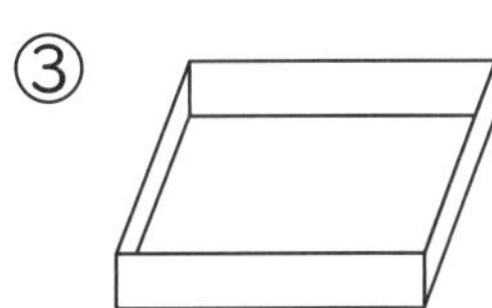 0まいのとき（入っていないとき）

式 0÷3＝0

答え

2 ミルクを、1dLずつコップに入れます。コップは、何こいりますか。

① 

5dLのとき

式 5÷1＝5

答え

②  2dLのとき

式 2÷1＝2

答え

3 次の計算をしましょう。

① 0÷4＝　　② 0÷9＝

③ 6÷1＝　　④ 7÷1＝

月　　日 名前

わり算（あまりなし）⑪

30問練習

次(つぎ)の計算をしましょう。

① $2 \div 1 =$　② $5 \div 1 =$　③ $0 \div 2 = 0$

④ $0 \div 4 = 0$　⑤ $2 \div 2 =$　⑥ $6 \div 3 =$

⑦ $8 \div 4 =$　⑧ $0 \div 5 =$　⑨ $3 \div 1 =$

⑩ $15 \div 5 =$　⑪ $12 \div 3 =$　⑫ $7 \div 1 =$

⑬ $12 \div 2 =$　⑭ $21 \div 3 =$　⑮ $30 \div 5 =$

⑯ $16 \div 4 =$　⑰ $24 \div 3 =$　⑱ $14 \div 2 =$

⑲ $9 \div 1 =$　⑳ $0 \div 7 =$　㉑ $15 \div 3 =$

㉒ $8 \div 2 =$　㉓ $27 \div 3 =$　㉔ $12 \div 4 =$

㉕ $20 \div 5 =$　㉖ $1 \div 1 =$　㉗ $28 \div 4 =$

㉘ $18 \div 3 =$　㉙ $6 \div 2 =$　㉚ $0 \div 3 =$

月　　日 名前

わり算（あまりなし）⑫

30問練習

次の計算をしましょう。

① 0÷6＝	② 4÷1＝	③ 24÷4＝
④ 14÷7＝	⑤ 25÷5＝	⑥ 20÷4＝
⑦ 6÷1＝	⑧ 21÷7＝	⑨ 36÷6＝
⑩ 8÷1＝	⑪ 3÷3＝	⑫ 30÷6＝
⑬ 35÷5＝	⑭ 10÷2＝	⑮ 40÷8＝
⑯ 45÷9＝	⑰ 4÷2＝	⑱ 40÷5＝
⑲ 12÷6＝	⑳ 27÷9＝	㉑ 4÷4＝
㉒ 18÷2＝	㉓ 32÷4＝	㉔ 10÷5＝
㉕ 8÷8＝	㉖ 35÷7＝	㉗ 45÷5＝
㉘ 6÷6＝	㉙ 36÷4＝	㉚ 16÷2＝

月　日 名前

わり算（あまりなし）⑬
30問練習

次(つぎ)の計算をしましょう。

① 0÷1＝	② 9÷3＝	③ 18÷6＝
④ 24÷6＝	⑤ 42÷6＝	⑥ 48÷6＝
⑦ 54÷6＝	⑧ 56÷7＝	⑨ 7÷7＝
⑩ 28÷7＝	⑪ 42÷7＝	⑫ 49÷7＝
⑬ 63÷7＝	⑭ 0÷8＝	⑮ 8÷8＝
⑯ 16÷8＝	⑰ 24÷8＝	⑱ 32÷8＝
⑲ 48÷8＝	⑳ 56÷8＝	㉑ 64÷8＝
㉒ 72÷8＝	㉓ 0÷9＝	㉔ 9÷9＝
㉕ 18÷9＝	㉖ 36÷9＝	㉗ 54÷9＝
㉘ 63÷9＝	㉙ 72÷9＝	㉚ 81÷9＝

月　　日 名前

わり算（あまりなし）⑭

30問練習

次の計算をしましょう。

① $4 \div 2 =$　② $3 \div 1 =$　③ $21 \div 7 =$

④ $12 \div 3 =$　⑤ $14 \div 2 =$　⑥ $24 \div 4 =$

⑦ $6 \div 1 =$　⑧ $35 \div 5 =$　⑨ $18 \div 6 =$

⑩ $8 \div 2 =$　⑪ $18 \div 3 =$　⑫ $0 \div 6 =$

⑬ $2 \div 1 =$　⑭ $10 \div 5 =$　⑮ $14 \div 7 =$

⑯ $27 \div 9 =$　⑰ $24 \div 8 =$　⑱ $15 \div 3 =$

⑲ $40 \div 8 =$　⑳ $0 \div 7 =$　㉑ $25 \div 5 =$

㉒ $0 \div 9 =$　㉓ $8 \div 4 =$　㉔ $2 \div 2 =$

㉕ $30 \div 6 =$　㉖ $72 \div 8 =$　㉗ $18 \div 9 =$

㉘ $12 \div 4 =$　㉙ $1 \div 1 =$　㉚ $0 \div 3 =$

月　　日 名前

わり算（あまりなし）⑮

30問練習

次（つぎ）の計算をしましょう。

① 4÷4＝	② 28÷7＝	③ 36÷9＝
④ 30÷5＝	⑤ 0÷1＝	⑥ 8÷8＝
⑦ 6÷3＝	⑧ 6÷2＝	⑨ 15÷5＝
⑩ 20÷4＝	⑪ 36÷6＝	⑫ 32÷4＝
⑬ 10÷2＝	⑭ 24÷6＝	⑮ 9÷3＝
⑯ 16÷8＝	⑰ 4÷1＝	⑱ 42÷7＝
⑲ 40÷5＝	⑳ 16÷4＝	㉑ 45÷5＝
㉒ 49÷7＝	㉓ 0÷8＝	㉔ 5÷1＝
㉕ 54÷9＝	㉖ 12÷6＝	㉗ 3÷3＝
㉘ 45÷9＝	㉙ 16÷2＝	㉚ 48÷6＝

月　日 名前

わり算（あまりなし）⑯

30問練習

次の計算をしましょう。

① $56 \div 7 =$	② $54 \div 6 =$	③ $48 \div 8 =$
④ $72 \div 9 =$	⑤ $12 \div 2 =$	⑥ $7 \div 7 =$
⑦ $0 \div 4 =$	⑧ $7 \div 1 =$	⑨ $21 \div 3 =$
⑩ $64 \div 8 =$	⑪ $24 \div 3 =$	⑫ $56 \div 8 =$
⑬ $27 \div 3 =$	⑭ $20 \div 5 =$	⑮ $8 \div 1 =$
⑯ $42 \div 6 =$	⑰ $32 \div 8 =$	⑱ $9 \div 1 =$
⑲ $9 \div 9 =$	⑳ $28 \div 4 =$	㉑ $6 \div 6 =$
㉒ $36 \div 4 =$	㉓ $18 \div 2 =$	㉔ $35 \div 7 =$
㉕ $63 \div 9 =$	㉖ $5 \div 5 =$	㉗ $81 \div 9 =$
㉘ $0 \div 2 =$	㉙ $0 \div 5 =$	㉚ $63 \div 7 =$

まとめテスト　　月　　日　名前

まとめ ①

わり算（あまりなし）

／50点

① 次の計算をしましょう。

（1つ5点／30点）

① $40 \div 5 =$　　② $27 \div 9 =$

③ $64 \div 8 =$　　④ $36 \div 4 =$

⑤ $54 \div 6 =$　　⑥ $49 \div 7 =$

② 48このいちごを8人に同じ数ずつ分けます。1人分は何こですか。

（10点）

式

答え

③ 56まいの色紙を7まいずつ分けます。何人に分けられますか。

（10点）

式

答え

まとめテスト

月　日 名前

まとめ ②

わり算（あまりなし）

／50点

1 次の計算をしましょう。（1つ5点／30点）

① 36÷6＝　② 56÷7＝

③ 81÷9＝　④ 0÷5＝

⑤ 4÷4＝　⑥ 8÷1＝

2 9÷3 の式になるのは、どれですか。（10点）

Ⓐ 9本のえんぴつを3本使(つか)いました。のこりは何本になりますか。

Ⓘ 9人に3本ずつえんぴつを配(くば)ります。えんぴつは何本いりますか。

Ⓤ 9このみかんを3こずつふくろに入れます。ふくろは何ふくろいりますか。

（　　　）

3 赤いリボンが45cm、青いリボンが9cmあります。
赤いリボンは青いリボンの何倍(なんばい)になりますか。（10点）

式

答え

月　　日 名前

たし算・ひき算 ①

おぼえているかな

1 次(つぎ)の計算をしましょう。

	3	5
＋	2	4

②

	4	8
＋	1	9

③

	5	4
＋	7	8

④ 63＋47

＋		

⑤ 23＋9

＋		

⑥ 7＋36

＋		

2 花だんに赤い花が36本、白い花が48本さいています。あわせて花は何本さいていますか。

式(しき)

答え ＿＿＿＿＿＿

3 98円のチョコレートと76円のポテトチップスを買いました。代金(だいきん)はいくらですか。

式

答え ＿＿＿＿＿＿

月　日 名前

たし算・ひき算 ②

おぼえているかな

1 次の計算をしましょう。

①

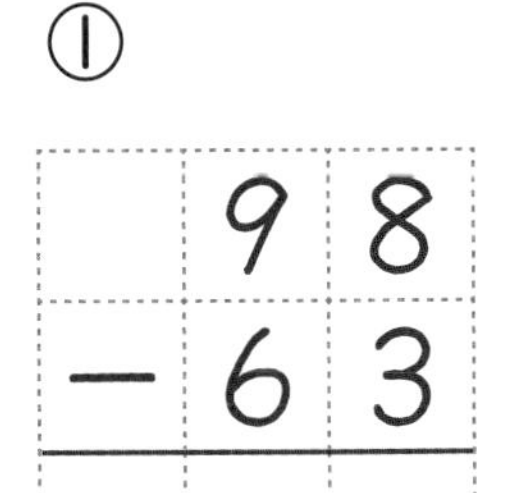

②

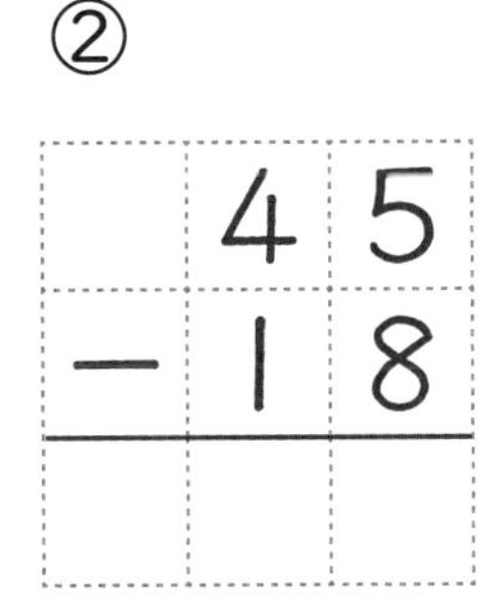

③

	1	3	2
−		7	5

④ 85−7

−		

⑤ 102−68

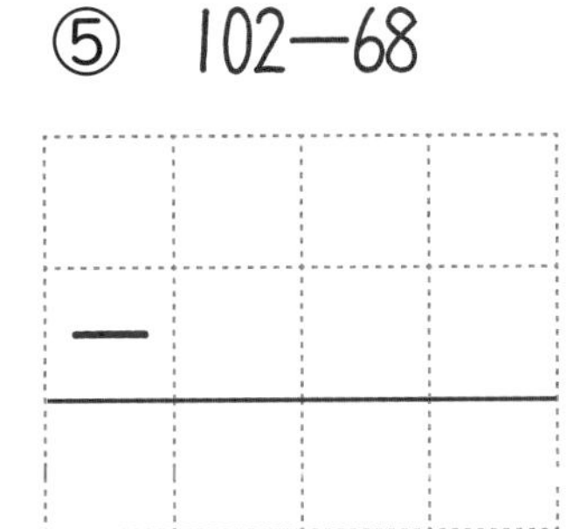

⑥ 173−9

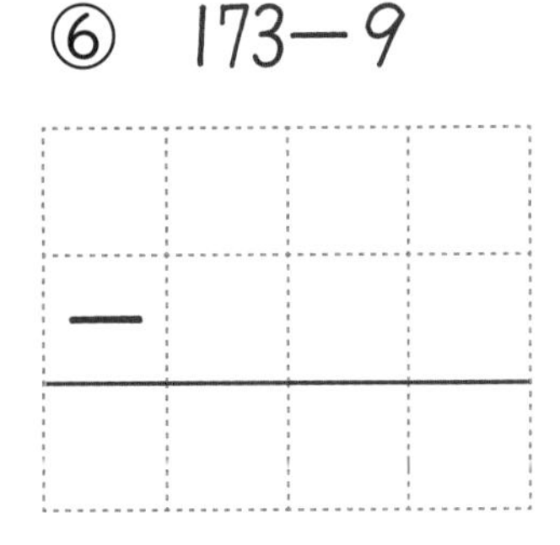

2 どんぐりをわたしが45こ、妹が37こひろいました。
ちがいは何こですか。

式

答え

3 色紙が103まいあります。36まい使（つか）うと、のこりは何まいですか。

式

答え

たし算・ひき算 ③

たし算（くり上がりなし）

なわとびを、きのう225回、今日(きょう)260回とびました。全部(ぜんぶ)で何回とびましたか。

① 式(しき)をかきましょう。

式　225＋260

② 筆算(ひっさん)のしかたを考えましょう。

㋐ くらいをそろえてかく。

㋑ 一のくらいの計算をする。
5＋0＝5

㋒ 次(つぎ)に、十のくらいの計算をする。
2＋6＝8

㋓ 次は、百のくらいの計算をする。
2＋2＝4

	2	2	5
＋	2	6	0
	4	8	5
	㋓	㋒	㋑

225＋260＝□

答え　　　　　　回

たし算の筆算は、けた数が多くなっても、くらいをそろえてかいて、一のくらいからじゅんに計算します。

たし算・ひき算 ④

たし算（くり上がりなし）

次の計算をしましょう。

①

	2	5	3
＋	7	4	6
	9	9	9

②

	1	4	9
＋	5	5	0

③

	4	0	4
＋	1	9	4

④

	1	3	7
＋	8	3	2

⑤

	2	6	8
＋	6	3	0

⑥

	4	1	8
＋	2	7	1

⑦

	6	2	5
＋	2	1	3

⑧

	5	1	3
＋	2	2	2

⑨

	2	3	5
＋	4	1	1

⑩

	2	3	6
＋	5	4	0

⑪

	3	0	2
＋	4	7	1

⑫

	6	2	5
＋	3	7	4

月　　日　名前

たし算・ひき算 ⑤

たし算（くり上がり１回）

1 ひかるさんは605円、妹は376円持(も)っています。あわせて何円ですか。

式(しき)　605＋376

① くらいをそろえてかく。

② 一のくらいの計算をする。

5＋6＝11

くり上がりがある。

小さな１を十のくらいにかく。

	6	0	5
＋	3	7	6
		1	1

③ 十のくらい、百のくらいの計算をする。

605＋376＝□

答え　　　　円

2 くだもの屋(や)さんで、みかんが午前に162こ、午後に254こ売れました。１日で何こ売れたましたか。

式

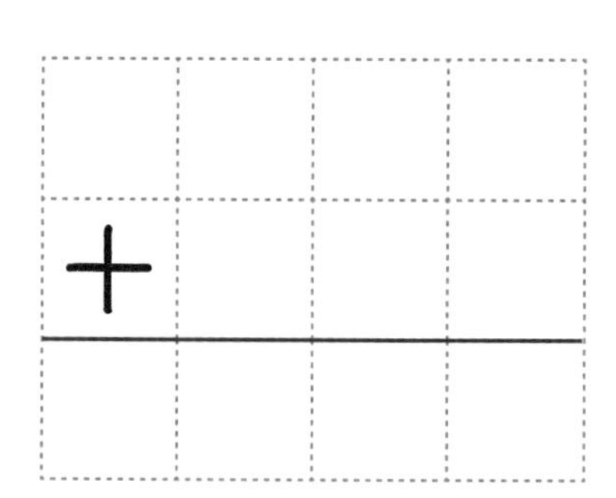

答え

月　日 名前

たし算・ひき算 ⑥

たし算（くり上がり１回）

次(つぎ)の計算をしましょう。くり上がりに注意(ちゅうい)。

①

	8	2	6
+	1	2	7
			3

②

	5	2	8
+	4	0	3

③

	2	1	5
+	6	4	5

④

	4	3	7
+	3	5	6

⑤

	1	7	5
+	3	1	6

⑥

	2	0	8
+	4	3	4

⑦

	3	5	0
+	3	7	6
		2	6

⑧

	2	9	9
+	1	7	0

⑨

	4	8	5
+	4	8	2

⑩

	4	3	8
+	1	9	0

⑪

	2	5	6
+	6	8	3

⑫

	1	6	0
+	7	9	0

月　　日 名前

たし算・ひき算 ⑦

たし算（くり上がり２回）

次(つぎ)の計算をしましょう。

①

	2	6	9
＋	5	8	2
	8	5	1

・一のくらいは　9＋2＝11
・1くり上がって
　十のくらいは　6＋8＋1＝15
・1くり上がって
　百のくらいは　2＋5＋1＝8

②

	4	3	6
＋	2	7	5

③

	3	7	9
＋	2	7	6

④

	2	9	8
＋	6	4	6

⑤

	4	9	8
＋	3	5	7

⑥

	1	8	9
＋	6	9	8

⑦

	5	6	5
＋	3	6	9

⑧

	2	7	7
＋	5	8	4

⑨

	1	4	2
＋	4	7	9

⑩

	7	5	3
＋	1	8	9

月　　日 名前

たし算・ひき算 ⑧

たし算（くりくり上がり）

次の計算をしましょう。

①

	4	9	2
＋	2	0	9
	7	0	1

②

	2	9	6
＋	1	0	6

③

	5	9	5
＋	3	0	7

④

	3	7	8
＋	3	2	2
		0	0

⑤

	5	3	3
＋	1	6	7

⑥

	2	0	5
＋	4	9	5

⑦

	1	2	5
＋		7	9

⑧

	6	6	3
＋		3	8

⑨

	4	5	6
＋		4	7

⑩

	3	9	8
＋			6
	4	0	4

⑪

	1	9	3
＋			9

⑫

	5	9	6
＋			4

月　　日 名前

たし算・ひき算 ⑨

4けたのたし算

次(つぎ)の計算をしましょう。

①

$$\begin{array}{r} 3131 \\ +\ 1314 \\ \hline \end{array}$$

②

$$\begin{array}{r} 5266 \\ +\ 3712 \\ \hline \end{array}$$

③

$$\begin{array}{r} 4341 \\ +\ 4032 \\ \hline \end{array}$$

④

$$\begin{array}{r} 7476 \\ +\ 2513 \\ \hline \end{array}$$

⑤

$$\begin{array}{r} 4577 \\ +\ 2207 \\ \hline \end{array}$$

⑥

$$\begin{array}{r} 2637 \\ +\ 5026 \\ \hline \end{array}$$

⑦

$$\begin{array}{r} 1485 \\ +\ 8044 \\ \hline \end{array}$$

⑧

$$\begin{array}{r} 3369 \\ +\ 6180 \\ \hline \end{array}$$

月　日 名前

たし算・ひき算 ⑩

4けたのたし算

次の計算をしましょう。

①

	1	4	4	6
+	2	1	7	6

②

	2	3	6	1
+	4	2	4	9

③

	4	2	4	2
+	3	7	8	4

④

	7	6	3	0
+	1	8	8	6

⑤

	2	7	6	9
+	3	8	5	4

⑥

	3	5	6	8
+	4	9	7	4

⑦

	5	2	7	8
+	1	8	3	6

⑧

	2	6	4	9
+	5	3	5	1

月　　日 名前

たし算・ひき算 ⑪

ひき算（くり下がりなし）

くりひろいで、くりを277こひろいました。135こ食べると、のこりはいくつですか。

① 式（しき）をかきましょう。

式　277－135

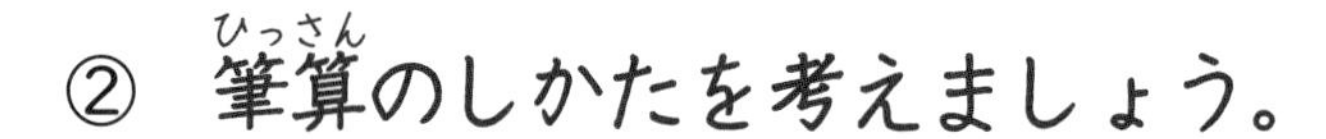

② 筆算（ひっさん）のしかたを考えましょう。

㋐ くらいをそろえてかく。

㋑ 一のくらいを計算する。
7－5＝2

㋒ 次（つぎ）に、十のくらいの計算をする。
7－3＝4

㋓ 次は、百のくらいの計算をする。
2－1＝1

277－135＝□

	2	7	7
－	1	3	5
	1	4	2
	㋓	㋒	㋑

答え　　　　こ

大きな数のひき算の筆算も、くらいをそろえてかいて、一のくらいから、じゅんに計算します。

月　　日 名前

たし算・ひき算 ⑫

ひき算（くり下がりなし）

次の計算をしましょう。

①
	8	6	4
−	3	1	4
	5	5	0

②
	3	7	1
−	1	2	0

③
	8	2	9
−	4	0	4

④
	4	9	5
−	2	5	0

⑤
	7	7	8
−	3	4	2

⑥
	4	7	6
−	3	6	2

⑦
	2	7	8
−	1	5	5

⑧
	3	6	9
−	2	5	1

⑨
	5	8	9
−	3	6	9

⑩
	7	9	6
−	1	2	3

⑪
	9	3	7
−	5	1	6

⑫
	6	4	8
−	4	2	3

月　　日 名前

たし算・ひき算 ⑬

ひき算（くり下がり１回）

1 たけしさんは、カードを465まい、あらたさんは328まい持っています。ちがいは、何まいですか。

式　465－328

① くらいをそろえてかく。

② 一のくらいの計算をする。
　5－8は、できないので
　十のくらいをくずす。
　15－8＝7
　十のくらいの6を5にする。

③ 十のくらいの計算をする。
　5－2＝3

④ 百のくらいの計算をする。

465－328＝□

		5	
	4	~~6~~	¹5
－	3	2	8
	1	3	7

答え　　　　まい

2 538円の花を買って、550円出すと、おつりは何円ですか。

式

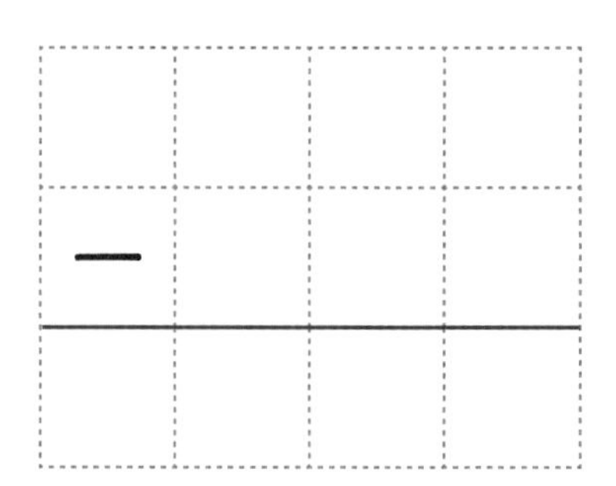

答え 

月　　日 名前

たし算・ひき算 ⑭

ひき算（くり下がり１回）

次(つぎ)の計算をしましょう。くり下がりに注意(ちゅうい)。

①
```
    5
   4 6 3
 − 2 1 7
 ───────
   2 4 6
```

②
```
   6 3 1
 − 4 2 7
 ───────
```

③
```
   5 9 3
 − 2 6 4
 ───────
```

④
```
   9 6 8
 − 7 0 9
 ───────
```

⑤
```
   9 4 0
 − 8 2 8
 ───────
```

⑥
```
   4 5 0
 − 1 2 9
 ───────
```

⑦
```
   5 2 2
 − 2 4 1
 ───────
```

⑧
```
   9 3 8
 − 6 5 4
 ───────
```

⑨
```
   6 8 7
 − 2 9 7
 ───────
```

⑩
```
   9 0 8
 − 5 1 5
 ───────
```

⑪
```
   4 0 9
 − 2 7 1
 ───────
```

⑫
```
   7 1 9
 − 4 6 0
 ───────
```

月　　日 名前

たし算・ひき算 ⑮

ひき算（くり下がり２回）

次(つぎ)の計算をしましょう。

①

	4	3	
	5	4	7
−	1	7	8
	3	6	9

- ７から８はひけないので十のくらいをくずす。　17−8＝9
- ３から７はひけないので百のくらいをくずす。　13−7＝6
- 百のくらいは　　4−1＝3

②

	9	6	3
−	5	9	8

③

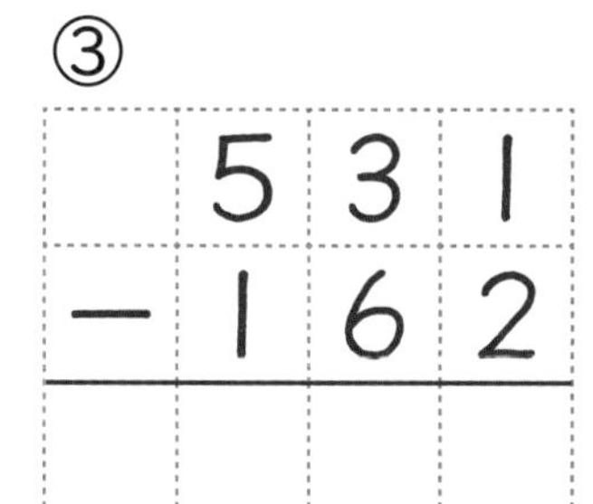

	5	3	1
−	1	6	2

④

	8	2	1
−	5	6	4

⑤

	7	3	6
−	5	4	7

⑥

	9	2	0
−	5	7	2

⑦

	5	4	0
−	4	6	3

⑧

	3	1	4
−	2	8	7

⑨

	8	1	5
−	7	5	7

⑩

	6	2	6
−	5	8	9

月　日 名前

たし算・ひき算 ⑯

ひき算（くりくり下がり）

次の計算をしましょう。

①

	7	9	1
	8	0	0
−	5	4	3
	2	5	7

- 0から3はひけない。十のくらいも0なので百のくらいをくずす。
- 10−3＝7
- 9−4＝5
- 7−5＝2

②

	4	0	2
−	2	7	9

③

	5	0	0
−	3	6	1

④

	7	0	7
−	4	8	8

⑤

	5	0	0
−			8

⑥

	4	0	0
−			9

⑦

	3	0	0
−			7

⑧

	6	0	0
−		5	4

⑨

	8	0	2
−		3	5

⑩

	5	0	0
−		7	3

月　日 名前

たし算・ひき算 ⑰

4けたのひき算

次(つぎ)の計算をしましょう。

①

	4	1	0	5
−	1	0	0	5

②

	7	1	2	8
−	2	1	1	3

③

	8	2	3	2
−	6	1	3	2

④

	5	2	4	8
−	4	1	0	3

⑤

	3	5	6	0
−	1	0	1	4

⑥

	9	4	7	6
−	2	4	5	8

⑦

	7	5	6	8
−	6	4	9	3

⑧

	8	3	7	1
−	5	1	9	1

月　　日 名前

たし算・ひき算 ⑱

4けたのひき算

次の計算をしましょう。

①

	5	3	2	5
−	1	2	2	8

②

	6	4	4	8
−	2	3	6	9

③

	6	5	1	6
−	4	7	6	4

④

	8	6	4	1
−	1	8	7	1

⑤

	8	3	7	8
−	6	9	0	9

⑥

	9	2	6	7
−	4	5	0	8

⑦

	2	1	3	4
−	1	4	8	8

⑧

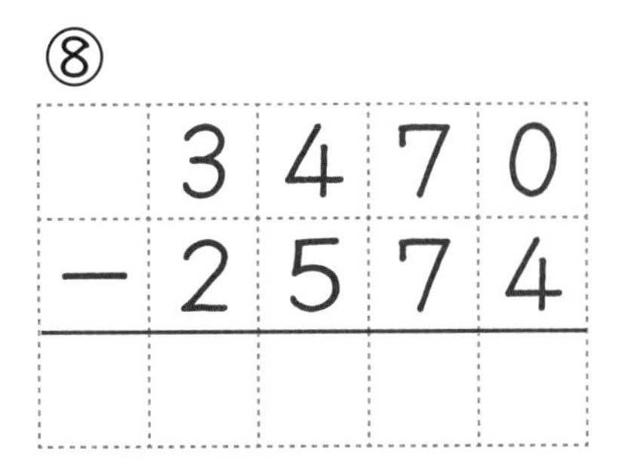

	3	4	7	0
−	2	5	7	4

まとめテスト　　月　　日 名前

まとめ ③

たし算・ひき算

/50点

1 次(つぎ)の計算をしましょう。（1つ5点／30点）

①

	1	4	5
＋	6	2	3

②

	4	5	8
＋	5	2	7

③

	2	9	3
＋	1	4	6

④

	2	7	8
＋	3	5	6

⑤

	7	6	1
＋		3	9

⑥

	1	2	3	4
＋	7	9	7	5

2 215円のサンドイッチと128円のジュースを買いました。代金(だいきん)は何円ですか。（10点）

式(しき)

答え

3 ある学校の２年生は178人、３年生は187人です。あわせて何人ですか。（10点）

式

答え

まとめテスト　　月　　日 名前

まとめ ④
たし算・ひき算

／50点

1 次の計算をしましょう。

（1つ5点／30点）

①

	8	7	5
−	3	4	2

②

	6	4	1
−	2	2	7

③

	5	2	9
−	3	6	4

④

	3	5	6
−	1	7	9

⑤

	7	0	3
−	4	6	5

⑥

	9	4	6	8
−		7	8	9

2 500円玉で198円のおかしを買いました。
おつりはいくらですか。

（10点）

式

答え

3 220ページある本を、183ページまで読みました。
のこりは何ページですか。

（10点）

式

答え

わり算（あまりあり）①

にこにこわり算

いちごが15こあります。４人で同じ数ずつ分けます。
１人分は何こで、何こあまりますか。

① 計算の式（しき）をかきましょう。

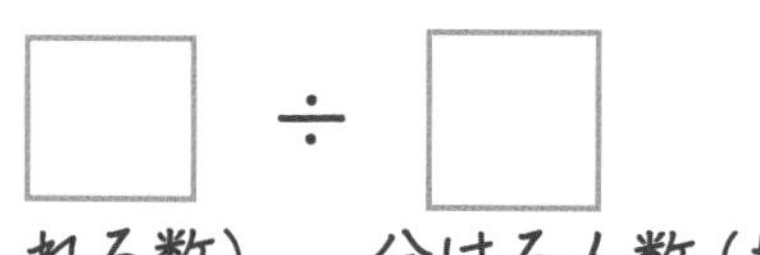

□ ÷ □

全部（ぜんぶ）（わられる数）　分ける人数（わる数）

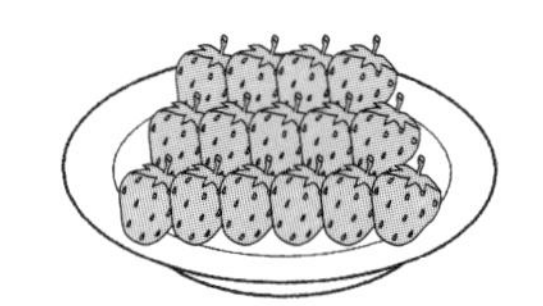

② １皿（さら）に１こずつおきました。

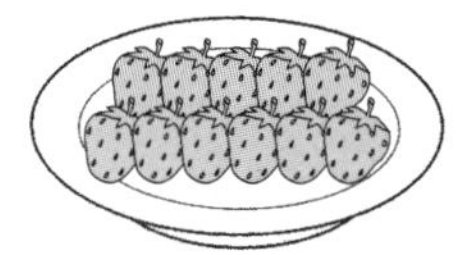

③ まだ分けられそうです。もう１こずつおきました。

④ まだ分けられそうです。もう１こずつおきました。

⑤ １人に３こずつ分けると、のこりが３こなので、もう４人に同じ数ずつ分けることができません。
このことを、次（つぎ）のようにかきます。

15÷4＝3あまり3

答え　１人分３こで３こあまる

わり算であまりがあるときは「わり切れない」といい、あまりがないときは「わり切れる」といいます。

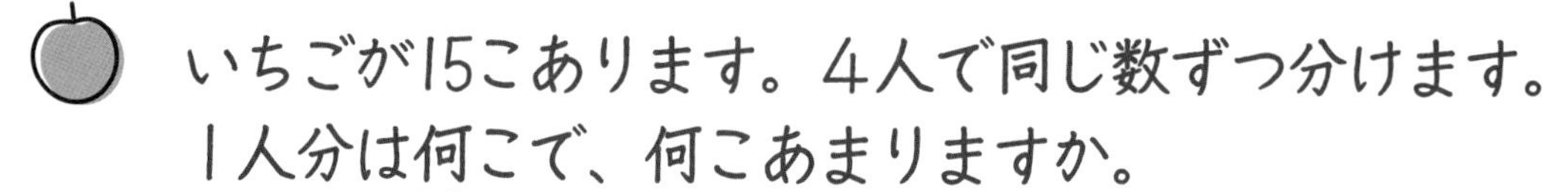

月　　日 名前

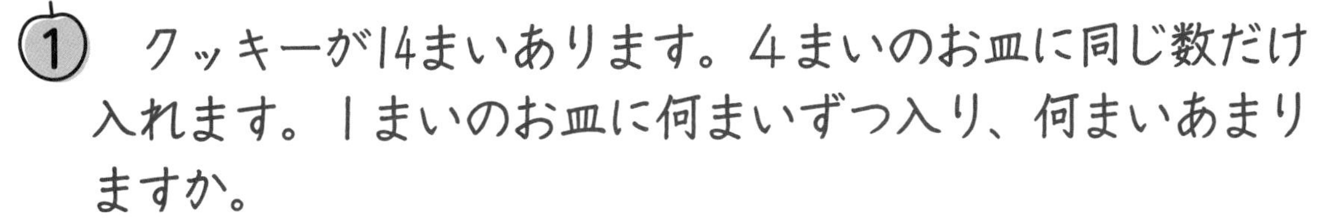

わり算（あまりあり）②

あまりの大きさ

1　クッキーが14まいあります。4まいのお皿に同じ数だけ入れます。1まいのお皿に何まいずつ入り、何まいあまりますか。

① 計算の式をかきましょう。

式 □ ÷ □

② 4のだんを使って考えましょう。

4×1＝4　少ない

4×2＝8　少ない

4×3＝12 →14に近い 14 ÷ 4 ＝ □ あまり □

4×4＝16 → 多い

答え　1皿に（　　）まいで、（　　）まいあまる

2　□の中を見て、あまりについて考えましょう。

12÷4＝3

13÷4＝3あまり1

14÷4＝3あまり2

15÷4＝3あまり3

16÷4＝4

17÷4＝4あまり1

わられる数　わる数

① わられる数を1つずつふやすと、あまりはいくつずつふえていますか。

（　　　）

② 4でわるとき、あまりでいちばん大きい数はいくつですか。

（　　　）

あまりは、わる数より小さくなります。

月　　日 名前

わり算（あまりあり）③
どきどきわり算

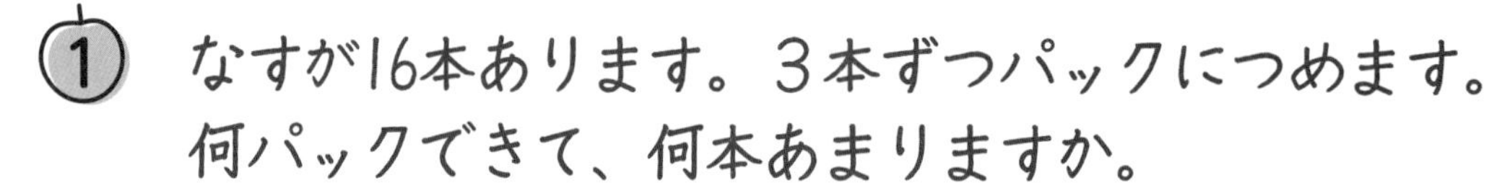

1 なすが16本あります。３本ずつパックにつめます。
何パックできて、何本あまりますか。

① 計算の式（しき）をかきましょう。

式 □ ÷ □

② なすを３本ずつパックに入れました。パックはいくつできましたか。

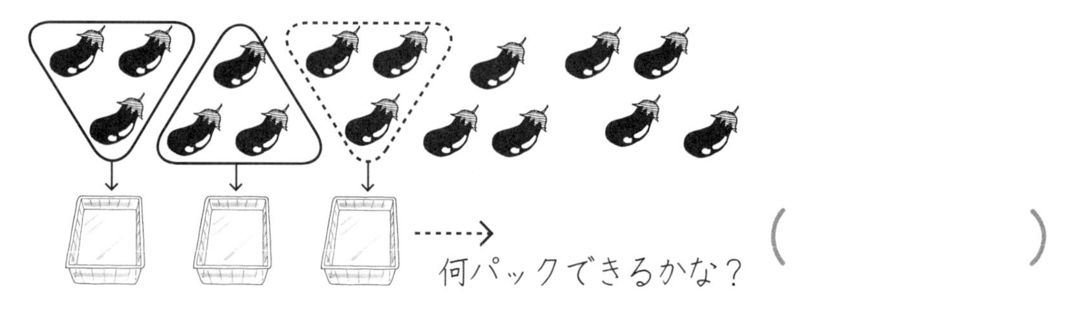

（　　　　　）

③ あまりは何本ですか。（　　　　　）

④ 式と答えをかきましょう。

□ ÷ □ ＝ □ あまり □

答え □ パックできて、□ 本あまる

2 次（つぎ）の計算をしましょう。

① $19 \div 3 =$ 　あまり

② $22 \div 4 =$ 　あまり

③ $33 \div 5 =$ 　あまり

④ $35 \div 6 =$ 　あまり

月　　日 名前

わり算（あまりあり）④

あまりとたしかめ

1 18まいのカードを、１人に５まいずつ配（くば）ります。
何人に配れて、何まいあまりますか。答えをたしかめましょう。

① 式と答えをかきましょう。

式

答え ________

② □に数を入れて、答えがあっているかをたしかめましょう。

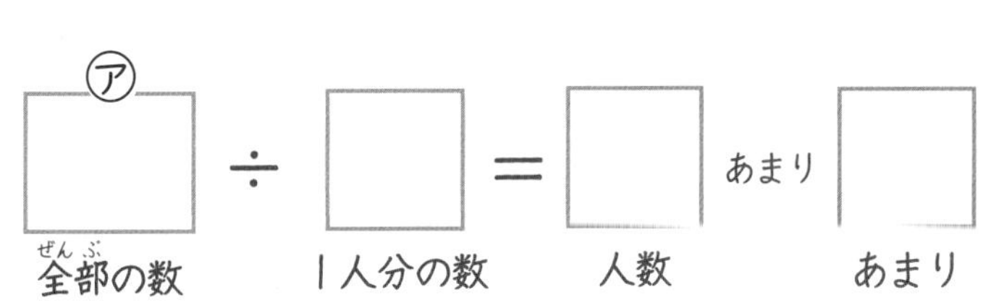

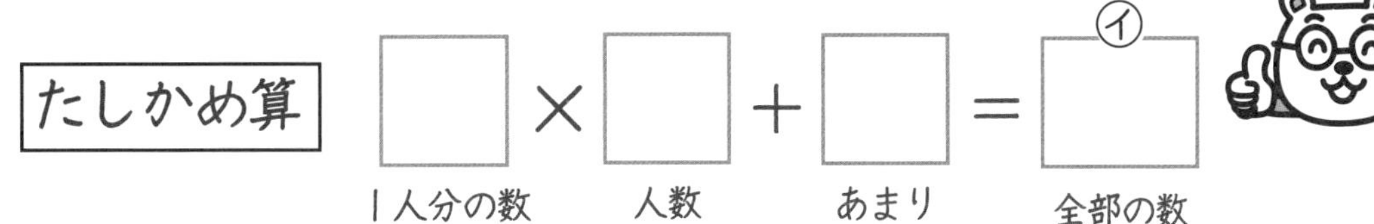

2 次の計算をして、答えをたしかめましょう。

① $9 \div 2 =$

たしかめ算

□×□＋□＝□

② $11 \div 3 =$

たしかめ算

□×□＋□＝□

③ $13 \div 4 =$

たしかめ算

□×□＋□＝□

④ $20 \div 6 =$

たしかめ算

□×□＋□＝□

月　　日 名前

わり算（あまりあり）⑤
くり下がりなし（20問練習）

次(つぎ)の計算をしましょう。

① 29÷3＝9 あまり 2
27←3×9
はじめは、かいてみましょう。

② 13÷2＝6 あまり 1
12

③ 38÷5＝　あまり
35

④ 56÷6＝　あまり
54

⑤ 26÷3＝　あまり
24

⑥ 45÷6＝　あまり
42

⑦ 19÷2＝　あまり
18

⑧ 25÷7＝　あまり
21

⑨ 19÷3＝　あまり
18

⑩ 41÷5＝　あまり
40

⑪ 38÷4＝　あまり

⑫ 29÷7＝　あまり

⑬ 49÷5＝　あまり

⑭ 13÷6＝　あまり

⑮ 27÷4＝　あまり

⑯ 9÷6＝　あまり

⑰ 48÷7＝　あまり

⑱ 13÷3＝　あまり

⑲ 42÷5＝　あまり

⑳ 17÷2＝　あまり

月　　日 名前

わり算（あまりあり）⑥

くり下がりなし（20問練習）

次の計算をしましょう。

① $26 \div 4 =$ 　あまり
24

② $79 \div 8 =$ 　あまり
72

③ $67 \div 7 =$ 　あまり

④ $19 \div 8 =$ 　あまり

⑤ $49 \div 9 =$ 　あまり

⑥ $59 \div 8 =$ 　あまり

⑦ $8 \div 3 =$ 　あまり

⑧ $27 \div 7 =$ 　あまり

⑨ $23 \div 3 =$ 　あまり

⑩ $68 \div 8 =$ 　あまり

⑪ $36 \div 5 =$ 　あまり

⑫ $22 \div 3 =$ 　あまり

⑬ $15 \div 2 =$ 　あまり

⑭ $25 \div 4 =$ 　あまり

⑮ $59 \div 7 =$ 　あまり

⑯ $23 \div 4 =$ 　あまり

⑰ $46 \div 6 =$ 　あまり

⑱ $37 \div 5 =$ 　あまり

⑲ $11 \div 2 =$ 　あまり

⑳ $28 \div 3 =$ 　あまり

月　　日 名前

わり算（あまりあり）⑦
くり下がりなし（20問練習）

次(つぎ)の計算をしましょう。

① $26 \div 7 =$ 　あまり

21

② $58 \div 8 =$ 　あまり

③ $26 \div 5 =$ 　あまり

④ $21 \div 4 =$ 　あまり

⑤ $48 \div 9 =$ 　あまり

⑥ $18 \div 8 =$ 　あまり

⑦ $57 \div 7 =$ 　あまり

⑧ $78 \div 8 =$ 　あまり

⑨ $29 \div 4 =$ 　あまり

⑩ $48 \div 5 =$ 　あまり

⑪ $47 \div 9 =$ 　あまり

⑫ $17 \div 8 =$ 　あまり

⑬ $11 \div 5 =$ 　あまり

⑭ $58 \div 7 =$ 　あまり

⑮ $7 \div 3 =$ 　あまり

⑯ $28 \div 8 =$ 　あまり

⑰ $56 \div 9 =$ 　あまり

⑱ $19 \div 4 =$ 　あまり

⑲ $69 \div 7 =$ 　あまり

⑳ $57 \div 8 =$ 　あまり

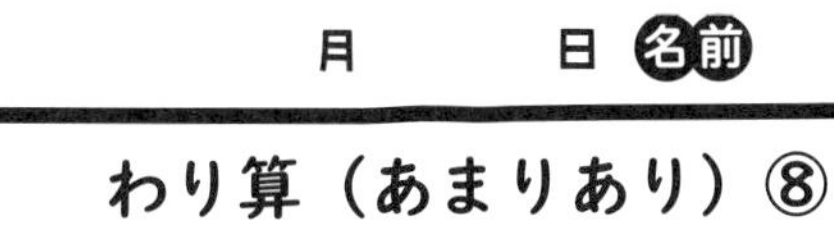

月　日 名前

わり算（あまりあり）⑧
くり下がりなし（20問練習）

次の計算をしましょう。

① $14 \div 5 =$ 　あまり

② $45 \div 7 =$ 　あまり

③ $9 \div 5 =$ 　あまり

④ $14 \div 6 =$ 　あまり

⑤ $33 \div 4 =$ 　あまり

⑥ $47 \div 5 =$ 　あまり

⑦ $37 \div 6 =$ 　あまり

⑧ $46 \div 8 =$ 　あまり

⑨ $69 \div 9 =$ 　あまり

⑩ $26 \div 6 =$ 　あまり

⑪ $37 \div 4 =$ 　あまり

⑫ $43 \div 5 =$ 　あまり

⑬ $18 \div 4 =$ 　あまり

⑭ $7 \div 2 =$ 　あまり

⑮ $34 \div 4 =$ 　あまり

⑯ $66 \div 7 =$ 　あまり

⑰ $5 \div 3 =$ 　あまり

⑱ $44 \div 6 =$ 　あまり

⑲ $83 \div 9 =$ 　あまり

⑳ $5 \div 2 =$ 　あまり

月　日 名前

わり算（あまりあり）⑨

くり下がりなし（20問練習）

次(つぎ)の計算をしましょう。

① $34 \div 8 =$ 　あまり

② $32 \div 5 =$ 　あまり

③ $74 \div 9 =$ 　あまり

④ $27 \div 6 =$ 　あまり

⑤ $65 \div 9 =$ 　あまり

⑥ $27 \div 8 =$ 　あまり

⑦ $38 \div 9 =$ 　あまり

⑧ $46 \div 7 =$ 　あまり

⑨ $33 \div 6 =$ 　あまり

⑩ $65 \div 8 =$ 　あまり

⑪ $28 \div 6 =$ 　あまり

⑫ $43 \div 7 =$ 　あまり

⑬ $17 \div 6 =$ 　あまり

⑭ $9 \div 7 =$ 　あまり

⑮ $73 \div 8 =$ 　あまり

⑯ $44 \div 7 =$ 　あまり

⑰ $49 \div 8 =$ 　あまり

⑱ $16 \div 6 =$ 　あまり

⑲ $39 \div 7 =$ 　あまり

⑳ $31 \div 5 =$ 　あまり

月　　日 名前

わり算（あまりあり）⑩

くり下がりなし（20問練習）

次の計算をしましょう。

① $9 \div 8 =$ 　あまり

② $59 \div 9 =$ 　あまり

③ $9 \div 4 =$ 　あまり

④ $26 \div 8 =$ 　あまり

⑤ $59 \div 6 =$ 　あまり

⑥ $5 \div 4 =$ 　あまり

⑦ $76 \div 8 =$ 　あまり

⑧ $29 \div 6 =$ 　あまり

⑨ $37 \div 7 =$ 　あまり

⑩ $27 \div 5 =$ 　あまり

⑪ $38 \div 8 =$ 　あまり

⑫ $47 \div 6 =$ 　あまり

⑬ $35 \div 8 =$ 　あまり

⑭ $18 \div 7 =$ 　あまり

⑮ $7 \div 4 =$ 　あまり

⑯ $19 \div 9 =$ 　あまり

⑰ $25 \div 8 =$ 　あまり

⑱ $24 \div 5 =$ 　あまり

⑲ $17 \div 7 =$ 　あまり

⑳ $75 \div 8 =$ 　あまり

月　日 名前

わり算（あまりあり）⑪

くり下がりあり（20問練習）

次(つぎ)の計算をしましょう。

① 10÷3＝　あまり

② 11÷3＝　あまり

③ 20÷3＝　あまり

④ 10÷4＝　あまり

⑤ 11÷4＝　あまり

⑥ 30÷4＝　あまり

⑦ 31÷4＝　あまり

⑧ 10÷6＝　あまり

⑨ 11÷6＝　あまり

⑩ 20÷6＝　あまり

⑪ 21÷6＝　あまり

⑫ 22÷6＝　あまり

⑬ 23÷6＝　あまり

⑭ 40÷6＝　あまり

⑮ 41÷6＝　あまり

⑯ 50÷6＝　あまり

⑰ 51÷6＝　あまり

⑱ 52÷6＝　あまり

⑲ 53÷6＝　あまり

⑳ 10÷7＝　あまり

わり算（あまりあり）⑫

くり下がりあり（20問練習）

次の計算をしましょう。

① $11 \div 7 =$ 　あまり

② $12 \div 7 =$ 　あまり

③ $13 \div 7 =$ 　あまり

④ $20 \div 7 =$ 　あまり

⑤ $30 \div 7 =$ 　あまり

⑥ $31 \div 7 =$ 　あまり

⑦ $32 \div 7 =$ 　あまり

⑧ $33 \div 7 =$ 　あまり

⑨ $34 \div 7 =$ 　あまり

⑩ $40 \div 7 =$ 　あまり

⑪ $41 \div 7 =$ 　あまり

⑫ $50 \div 7 =$ 　あまり

⑬ $51 \div 7 =$ 　あまり

⑭ $52 \div 7 =$ 　あまり

⑮ $53 \div 7 =$ 　あまり

⑯ $54 \div 7 =$ 　あまり

⑰ $55 \div 7 =$ 　あまり

⑱ $60 \div 7 =$ 　あまり

⑲ $61 \div 7 =$ 　あまり

⑳ $62 \div 7 =$ 　あまり

月　　日 名前

わり算（あまりあり）⑬

くり下がりあり（20問練習）

次(つぎ)の計算をしましょう。

① $10 \div 8 =$ 　あまり	② $11 \div 8 =$ 　あまり
③ $12 \div 8 =$ 　あまり	④ $13 \div 8 =$ 　あまり
⑤ $14 \div 8 =$ 　あまり	⑥ $15 \div 8 =$ 　あまり
⑦ $20 \div 8 =$ 　あまり	⑧ $21 \div 8 =$ 　あまり
⑨ $22 \div 8 =$ 　あまり	⑩ $23 \div 8 =$ 　あまり
⑪ $30 \div 8 =$ 　あまり	⑫ $31 \div 8 =$ 　あまり
⑬ $50 \div 8 =$ 　あまり	⑭ $51 \div 8 =$ 　あまり
⑮ $52 \div 8 =$ 　あまり	⑯ $53 \div 8 =$ 　あまり
⑰ $54 \div 8 =$ 　あまり	⑱ $55 \div 8 =$ 　あまり
⑲ $60 \div 8 =$ 　あまり	⑳ $61 \div 8 =$ 　あまり

月　　日 名前

わり算（あまりあり）⑭

くり下がりあり（20問練習）

次の計算をしましょう。

① $62 \div 8 =$ 　あまり　　② $63 \div 8 =$ 　あまり

③ $70 \div 8 =$ 　あまり　　④ $71 \div 8 =$ 　あまり

⑤ $10 \div 9 =$ 　あまり　　⑥ $11 \div 9 =$ 　あまり

⑦ $12 \div 9 =$ 　あまり　　⑧ $13 \div 9 =$ 　あまり

⑨ $14 \div 9 =$ 　あまり　　⑩ $15 \div 9 =$ 　あまり

⑪ $16 \div 9 =$ 　あまり　　⑫ $17 \div 9 =$ 　あまり

⑬ $20 \div 9 =$ 　あまり　　⑭ $21 \div 9 =$ 　あまり

⑮ $22 \div 9 =$ 　あまり　　⑯ $23 \div 9 =$ 　あまり

⑰ $24 \div 9 =$ 　あまり　　⑱ $25 \div 9 =$ 　あまり

⑲ $26 \div 9 =$ 　あまり　　⑳ $30 \div 9 =$ 　あまり

月　　日 名前

わり算（あまりあり）⑮

くり下がりあり（20問練習）

次(つぎ)の計算をしましょう。

① $31 \div 9 =$ 　あまり	② $32 \div 9 =$ 　あまり
③ $33 \div 9 =$ 　あまり	④ $34 \div 9 =$ 　あまり
⑤ $35 \div 9 =$ 　あまり	⑥ $40 \div 9 =$ 　あまり
⑦ $41 \div 9 =$ 　あまり	⑧ $42 \div 9 =$ 　あまり
⑨ $43 \div 9 =$ 　あまり	⑩ $44 \div 9 =$ 　あまり
⑪ $50 \div 9 =$ 　あまり	⑫ $51 \div 9 =$ 　あまり
⑬ $52 \div 9 =$ 　あまり	⑭ $53 \div 9 =$ 　あまり
⑮ $60 \div 9 =$ 　あまり	⑯ $61 \div 9 =$ 　あまり
⑰ $62 \div 9 =$ 　あまり	⑱ $70 \div 9 =$ 　あまり
⑲ $71 \div 9 =$ 　あまり	⑳ $80 \div 9 =$ 　あまり

月　　日 名前

わり算（あまりあり）⑯

くり下がりあり（20問練習）

次の計算をしましょう。

① $60 \div 7 =$ 　あまり

② $71 \div 9 =$ 　あまり

③ $50 \div 6 =$ 　あまり

④ $30 \div 7 =$ 　あまり

⑤ $30 \div 9 =$ 　あまり

⑥ $10 \div 8 =$ 　あまり

⑦ $43 \div 9 =$ 　あまり

⑧ $10 \div 7 =$ 　あまり

⑨ $61 \div 9 =$ 　あまり

⑩ $53 \div 8 =$ 　あまり

⑪ $10 \div 9 =$ 　あまり

⑫ $11 \div 4 =$ 　あまり

⑬ $62 \div 9 =$ 　あまり

⑭ $50 \div 8 =$ 　あまり

⑮ $44 \div 9 =$ 　あまり

⑯ $60 \div 8 =$ 　あまり

⑰ $52 \div 9 =$ 　あまり

⑱ $70 \div 8 =$ 　あまり

⑲ $60 \div 9 =$ 　あまり

⑳ $20 \div 8 =$ 　あまり

月　日 名前

わり算（あまりあり）⑰

いろいろな問題（20問練習）

次(つぎ)の計算をしましょう。

① $46 \div 8 =$ 　あまり

② $10 \div 3 =$ 　あまり

③ $40 \div 6 =$ 　あまり

④ $29 \div 9 =$ 　あまり

⑤ $36 \div 7 =$ 　あまり

⑥ $31 \div 7 =$ 　あまり

⑦ $61 \div 7 =$ 　あまり

⑧ $78 \div 9 =$ 　あまり

⑨ $29 \div 8 =$ 　あまり

⑩ $30 \div 8 =$ 　あまり

⑪ $71 \div 8 =$ 　あまり

⑫ $37 \div 9 =$ 　あまり

⑬ $6 \div 4 =$ 　あまり

⑭ $23 \div 9 =$ 　あまり

⑮ $43 \div 9 =$ 　あまり

⑯ $16 \div 7 =$ 　あまり

⑰ $37 \div 8 =$ 　あまり

⑱ $11 \div 3 =$ 　あまり

⑲ $41 \div 6 =$ 　あまり

⑳ $8 \div 5 =$ 　あまり

月　日 名前

わり算（あまりあり）⑱

いろいろな問題（20問練習）

次の計算をしましょう。

① 20÷3＝　あまり

② 39÷8＝　あまり

③ 67÷9＝　あまり

④ 50÷6＝　あまり

⑤ 33÷7＝　あまり

⑥ 17÷5＝　あまり

⑦ 57÷9＝　あまり

⑧ 10÷8＝　あまり

⑨ 50÷8＝　あまり

⑩ 44÷8＝　あまり

⑪ 28÷9＝　あまり

⑫ 11÷9＝　あまり

⑬ 25÷9＝　あまり

⑭ 15÷7＝　あまり

⑮ 35÷6＝　あまり

⑯ 50÷9＝　あまり

⑰ 10÷4＝　あまり

⑱ 33÷8＝　あまり

⑲ 21÷5＝　あまり

⑳ 51÷6＝　あまり

まとめテスト

月　　日 名前

まとめ ⑤

わり算（あまりあり）

/50点

1 次(つぎ)の計算をしましょう。 （1つ3点／30点）

① $19 \div 8 =$　　② $45 \div 7 =$

③ $23 \div 4 =$　　④ $38 \div 5 =$

⑤ $43 \div 8 =$　　⑥ $23 \div 7 =$

⑦ $11 \div 2 =$　　⑧ $14 \div 3 =$

⑨ $32 \div 6 =$　　⑩ $88 \div 9 =$

27このいちごを6人で同じ数ずつ分けます。
1人分は何こで、何こあまりますか。 （10点）

式(しき)

答え

35cmのテープから6cmのテープは何本とれて何cmあまりますか。 （10点）

式

答え

月　　日 名前

まとめ ⑥

わり算（あまりあり）

/50点

1 次の計算をしましょう。

（1つ3点／30点）

① $32 \div 7 =$

② $63 \div 8 =$

③ $10 \div 3 =$

④ $34 \div 9 =$

⑤ $53 \div 9 =$

⑥ $11 \div 4 =$

⑦ $60 \div 7 =$

⑧ $55 \div 8 =$

⑨ $61 \div 9 =$

⑩ $23 \div 6 =$

2 子どもが30人います。4人ずつ長いすにすわります。全員(ぜんいん)がすわるには、長いすは何きゃくいりますか。

（10点）

式

答え

3 花が40本あります。6本ずつの花たばにします。6本の花たばは何たばできますか。

（10点）

式

答え

月　　日 名前

長さ①

まきじゃく

まきじゃくは、教室の長さをはかったり、柱(はしら)や木のみきのまわりをはかったりするのにべんりです。

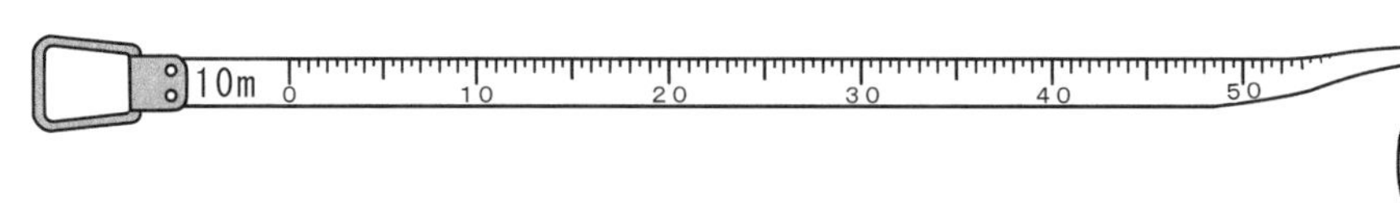

まきじゃくには、10m、30m、50mなど、いろいろな長さのものがあります。

1 下の①と②のまきじゃくは、0の場所(ばしょ)がちがいます。それぞれ0のところに↓をかきましょう。

①

②

2 柱を1まわりさせると、まきじゃくが図のようになりました。柱のまわりの長さはどれだけですか。

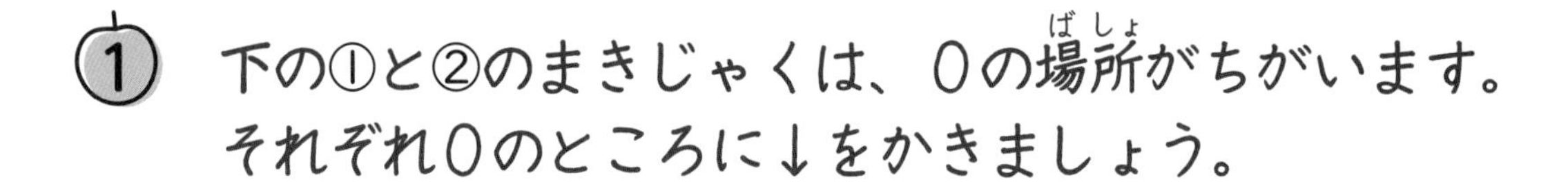

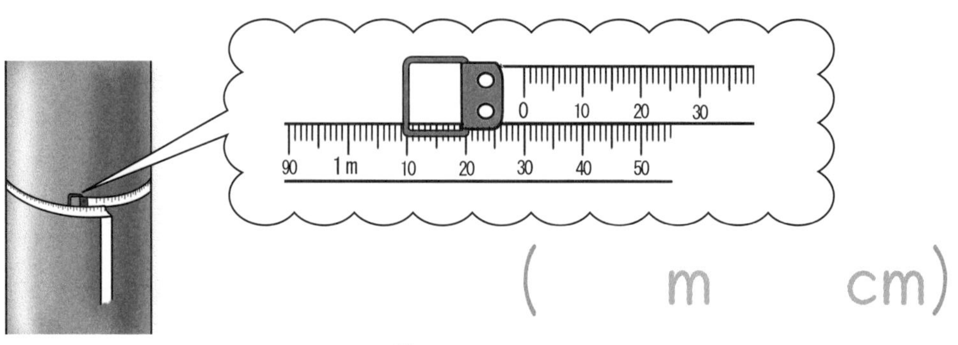

(　　m　　cm)

月　　日 名前

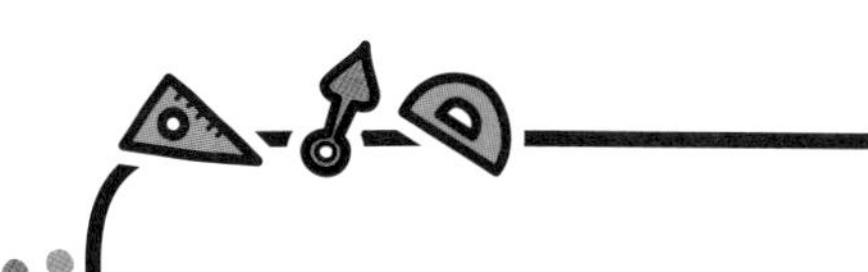

長さ②
まきじゃく

1 下のまきじゃくを見て、問題(もんだい)に答えましょう。

① 1めもりの長さは、どれだけですか。

（　　　　）

② 下の↓のところの長さをかきましょう。

㋐（　　　）㋑（　　　）㋒（　　　）

90　2m　10　20　30　40　50　60　70　80　90　3m

2 下の↓のところの長さをかきましょう。

①

㋐（　　　）㋑（　　　）㋒（　　　）

50　60　70　80　90　5m　10　20　30　40　50　60

②

㋐（　　　）㋑（　　　）㋒（　　　）

9m　10　20　30　40　50　60　70　80　90　10m　10

長さ③

きょりと道のり

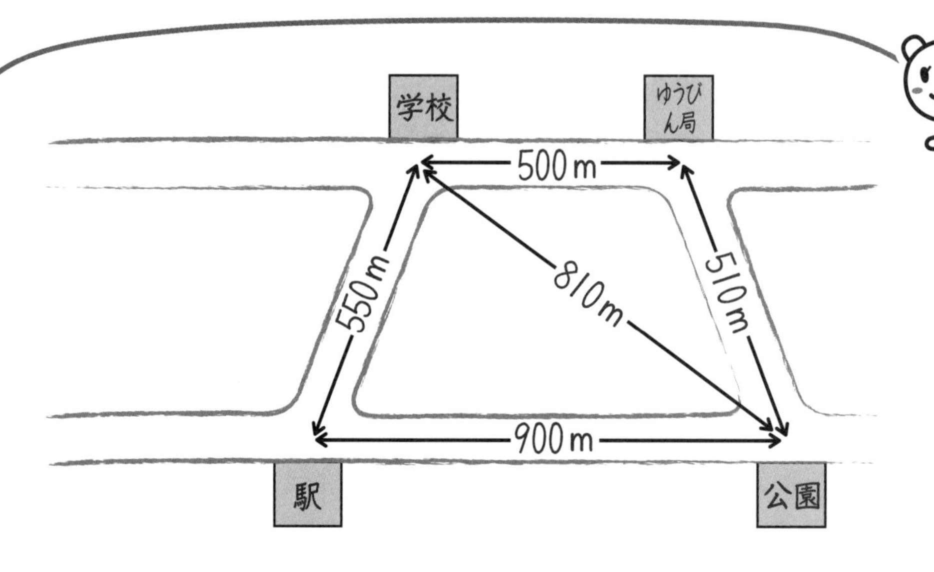

道にそってはかった長さを「道のり」といいます。

また、2つの地点をまっすぐにはかった長さを「きょり」といいます。

1 学校から、ゆうびん局(きょく)を通って、公園までの道のりは、何mですか。また、学校→駅(えき)→公園の道のりは、何mですか。

① ゆうびん局を通る道　（　　　　　m）

② 駅を通る道　（　　　　　m）

2 学校と公園のきょりは、何mですか。

（　　　　　m）

月　日 名前

長さ④
1 km

1000mを1キロメートルといいます。

1000m ＝1 km（キロメートル）

kmも長さのたんいです。

1 kmをていねいに練習（れんしゅう）しましょう。

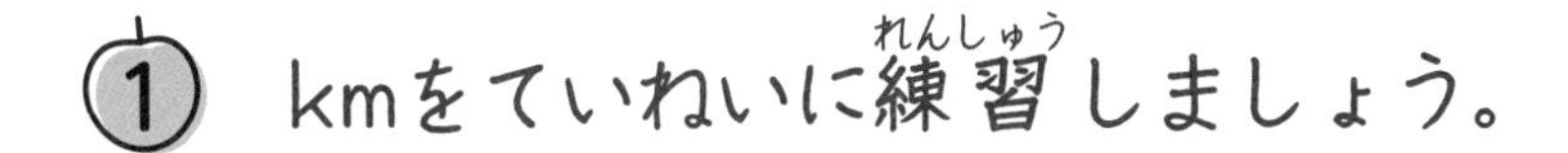

2 1450mは、何km何mになるか考えましょう。

km			m
1	4	5	0

1000m＝1 kmです。

（　　km　　m）

3 （　）にあてはまる数を入れ、たんいをなぞりましょう。

① 1110m ＝（　　km　　m）

② 2500m ＝（　　km　　m）

③ 3030m ＝（　　km　　m）

④ 4008m ＝（　　km　　m）

月　　日 名前

長さ⑤

長さのたんい

次(つぎ)の長さを、mだけで表(あらわ)しましょう。

① 1km 355m ＝（　　　　　m）

km			m
1	3	5	5

② 4km ＝（　　　　　m）

km			m
4	0	0	0

③ 6km 932m＝（　　　　　m）

④ 5km 45m＝（　　　　　m）

⑤ 7km 50m＝（　　　　　m）

⑥ 1km 600m＝（　　　　　m）

⑦ 2km 3m＝（　　　　　m）

⑧ 1km＝（　　　　　m）

月　　日 名前

長さ⑥

長さのたんい

1 （　　）にあてはまる長さのたんいをかきましょう。

① 教科書のあつさ　5（　　　）

② ノートの横(よこ)の長さ　18（　　　）

③ ふじ山の高さ　3776（　　　）

④ 遠足で歩いた道のり　8（　　　）

⑤ えんぴつの長さ　17（　　　）

⑥ プールのたての長さ　25（　　　）

⑦ ノートのあつさ　3（　　　）

⑧ 1時間に歩く道のり　4（　　　）

2 次の長さをはかるには、何を使(つか)うとよいですか。
下からえらんで記号(きごう)をかきましょう。

① はばとびでとんだ長さ　（　　　）

② 絵本の横の長さ　（　　　）

③ つくえの高さ　（　　　）

㋐ 30cmのものさし　㋑ 1mのものさし　㋒ まきじゃく

月　　日 名前

重さ①
g（グラム）

重さは、はかりではかります。重さのたんいには、g（グラム）があります。1円玉は、1こ1gになるようにつくられています。

1 gをかく練習をしましょう。

1g g g g g g g g

2 はかりのめもりを読みましょう。

①
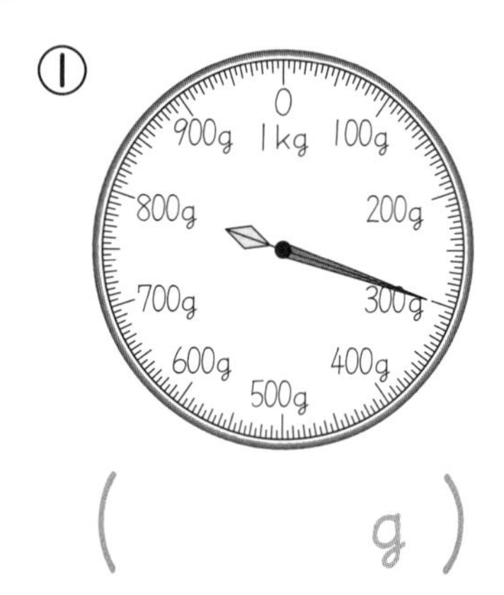

（　　　g）

②
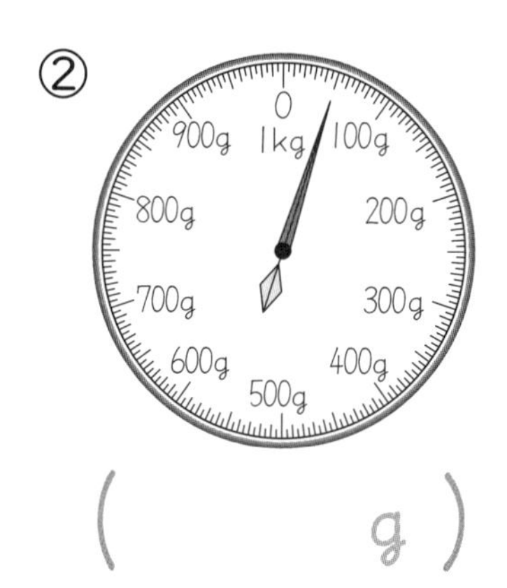

（　　　g）

3 重さ600gのかばんに、350gの荷物を入れました。重さはいくらになりますか。

式

答え　　　　g

月　　日 名前

重さ②
kg（キログラム）

1000gを１キログラムといい、
１kgとかきます。
キログラムも重さのたんいです。

1 kgをかく練習をしましょう。

１kg kg kg kg k k k

2 はかりのめもりを読みましょう。

①

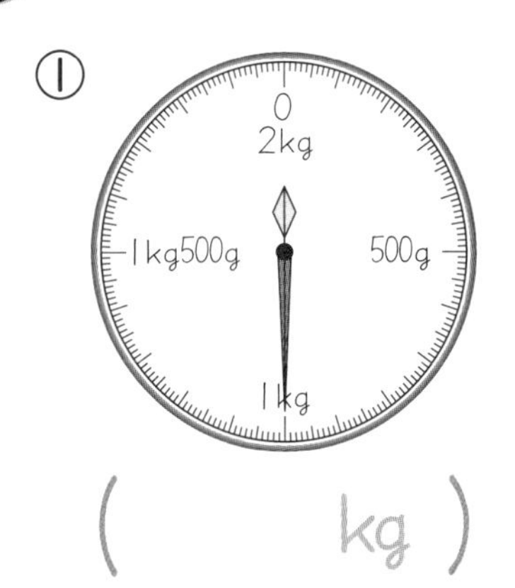

（　　　kg）

②

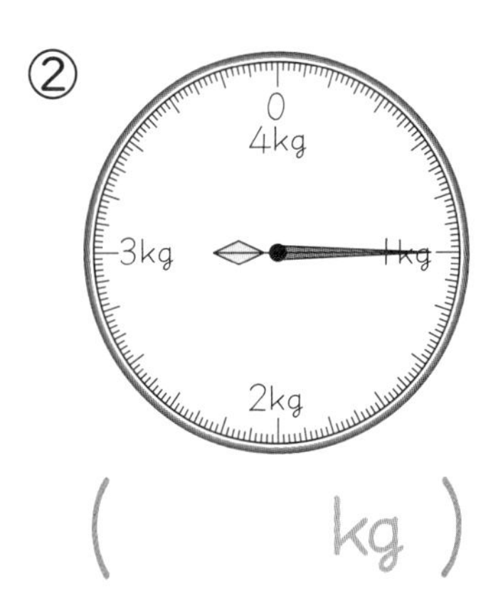

（　　　kg）

3 兄の体重（たいじゅう）は48kgで、弟の体重は30kgです。
ちがいは何kgですか。

式

答え

月　　日 名前

重さ③
kg・g

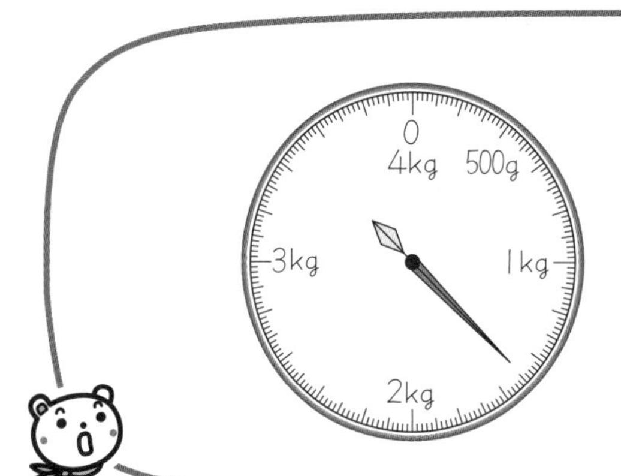

1kg500gのことを、
1500gともいいます。

kg			g
1	5	0	0

1 はかりのめもりを読みましょう。

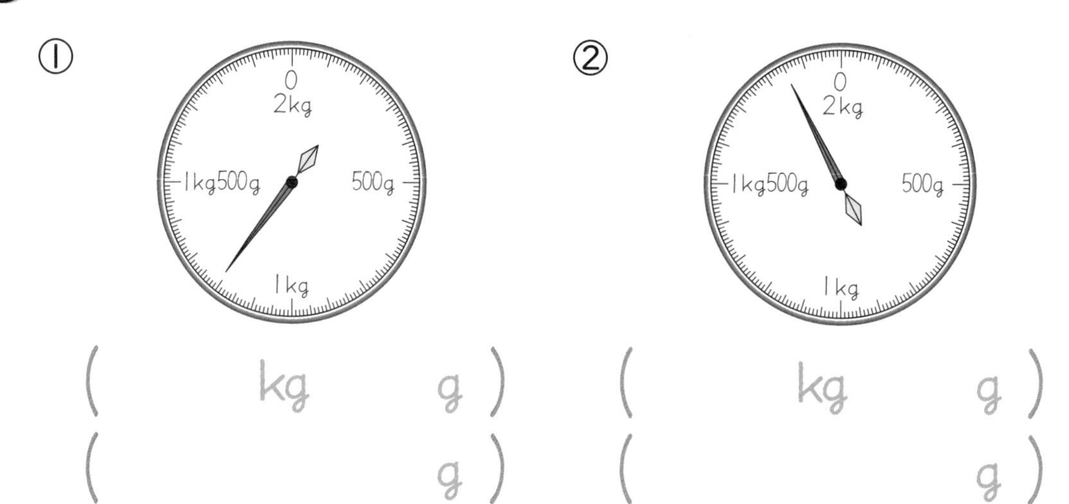

①（　　kg　　g）　②（　　kg　　g）
（　　　　g）　（　　　　g）

2 （　）に数をかきましょう。

① 1kg ＝（　　　g）

② 2kg350g ＝（　　　g）

③ 3000g ＝（　　　kg）

④ 5400g ＝（　　kg　　g）

月　　日 名前

重さ④

重さの計算

1 次(つぎ)の計算をしましょう。

① 340g ＋ 400g ＝　　g

② 200g ＋ 580g ＝　　g

③ 380g ＋ 810g ＝　　kg　　g

④ 870g ＋ 370g ＝　　kg　　g

⑤ 1kg200g ＋ 3kg480g ＝　　kg　　g

⑥ 7kg200g ＋ 2kg700g ＝　　kg　　g

2 次の計算をしましょう。

① 700g － 300g ＝　　g

② 550g － 280g ＝　　g

③ 1kg － 200g ＝　　g

④ 4kg900g － 800g ＝　　kg　　g

⑤ 6kg400g － 400g ＝　　kg

⑥ 3kg100g － 700g ＝　　kg　　g

月　　日 名前

重さ⑤
1000kg＝1t

横浜市では、1人が2か月で、およそ15tの水を使います。1tは一トンと読みます。

$$1000\,kg = 1\,t$$

トン（t）も重さのたんいです。

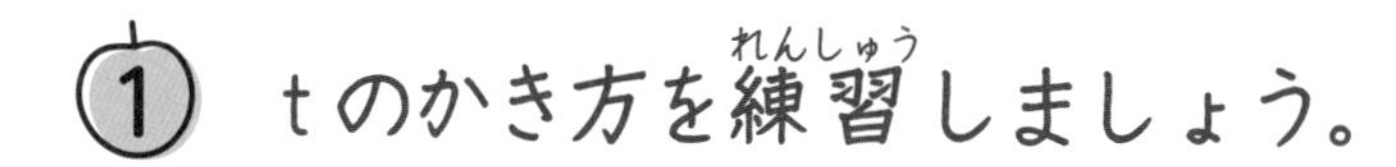

1 tのかき方を練習しましょう。

t t t t t t

2 (　　)に重さのたんいをかきましょう。

① 学校のプールに、250（　　　　）の水が入っています。

② トラックに、1ふくろ10（　　　　）の米ぶくろを100こつみました。

ぜんぶで1000（　　　　）で、1（　　　　）です。

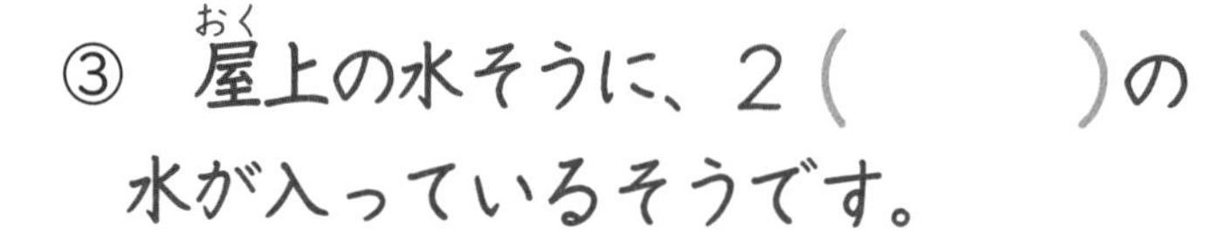

③ 屋上の水そうに、2（　　　　）の水が入っているそうです。

月　　日 名前

重さ⑥

重さのたんい

1 □に数をかきましょう。

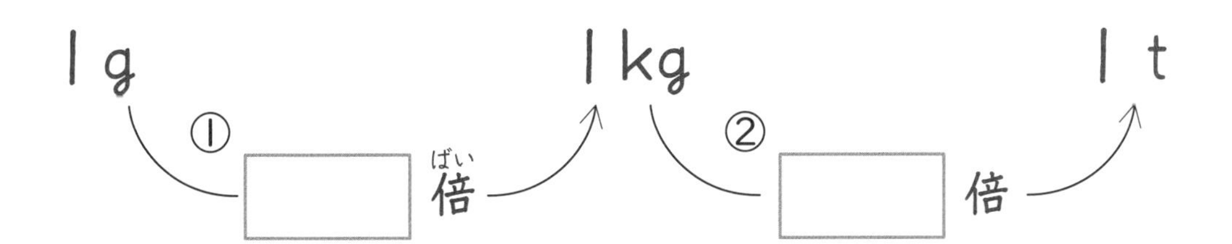

2 どちらが重いでしょう。重い方に○をしましょう。

① (　　) ㋐ 1000kgの荷物(にもつ)
　(　　) ㋑ 2tの荷物

② (　　) ㋐ 屋上の水そうの1tの水
　(　　) ㋑ きゅう水車の1500kgの水

3 次(つぎ)の□に重さのたんいをかきましょう。

① かんジュース1本の重さ……… 370 □

② たまご1この重さ……………… 65 □

③ たけるさんの体重(たいじゅう)…………… 27 □

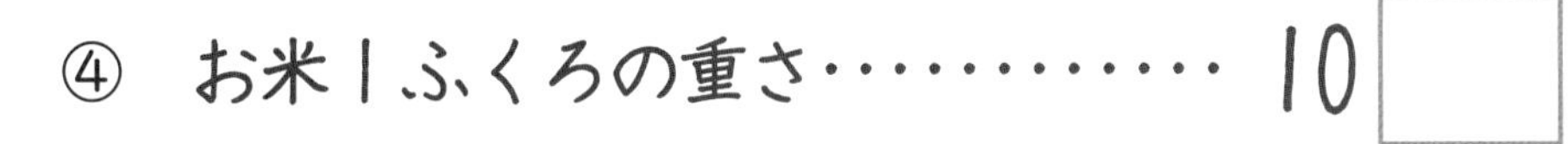
④ お米1ふくろの重さ…………… 10 □

まとめテスト　　月　　日　名前

まとめ ⑦

長さ

① (　　)にあてはまる長さのたんいをかきましょう。

(1つ5点／20点)

① ノートのたての長さ　25(　　　)

② 学校のろうかの横(よこ)はば　2(　　　)

③ 遠足で歩いた道のり　8(　　　)

④ かみの毛が1週間でのびる長さ　2(　　　)

② 次(つぎ)の長さをmで表(あらわ)しましょう。

(1つ5点／20点)

① 1km ＝(　　　　　)m

② 2km600m ＝(　　　　　)m

③ 3km50m ＝(　　　　　)m

④ 2km 3m ＝(　　　　　)m

③ 学校から駅(えき)までの道のりときょりをもとめましょう。

(1つ5点／10点)

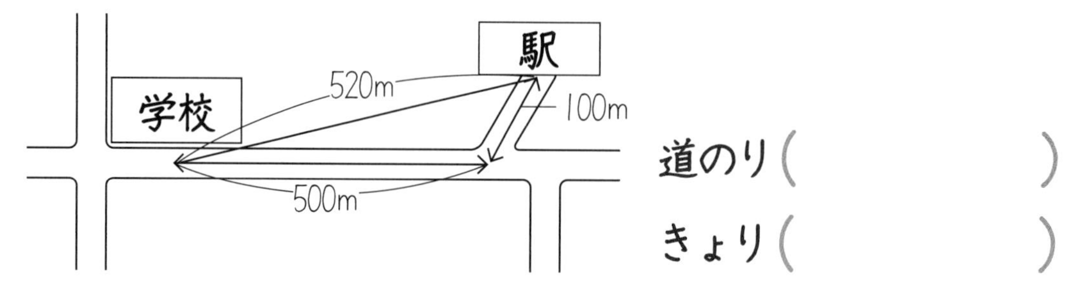

道のり(　　　　　)

きょり(　　　　　)

まとめテスト　　月　　日 名前

まとめ ⑧

重　さ

/50点

1 （　）にあてはまる重さ（おも）のたんいをかきましょう。

（1つ5点／15点）

① ノートパソコンの重さ　　1（　　）

② 乗用車（じょうようしゃ）1台の重さ　　1（　　）

③ 1円玉の重さ　　1（　　）

2 次の重さをgで表しましょう。

（1つ5点／15点）

① 1kg＝（　　　）g

② 3kg475g ＝（　　　）g

③ 5kg50g ＝（　　　）g

3 次の計算をしましょう。

（1つ5点／20点）

① 550g ＋ 3500g ＝　　g

② 800g ＋ 600g ＝　　kg　　g

③ 900g － 280g ＝　　g

④ 1kg200g － 400g ＝　　g

月　　日 名前

大きい数 ①

十万・百万

1万を10こ集(あつ)めた数を十万といいます。

1 読み方を漢字(かんじ)でかきましょう。

	十万のくらい	一万のくらい	千のくらい	百のくらい	十のくらい	一のくらい	読み方
①	6	2	3	6	4	5	六十二万三千六百四十五
②	5	7	7	7	0	3	
③	8	0	5	1	0	0	

10万を10こ集めた数を百万といいます。

2 読み方を漢字でかきましょう。

	百万のくらい	十万のくらい	一万のくらい	千のくらい	百のくらい	十のくらい	一のくらい	読み方
①	2	4	9	6	7	2	8	二百四十九万
②	3	2	0	1	9	5	0	
③	7	0	0	5	2	0	0	
④	4	0	3	0	0	7	6	

月　　日 名前

大きい数 ②

千万

百万を10こ集めた数を千万といいます。

1 次(つぎ)の数は、ある年の小学生と中学生をあわせた数です。読み方を漢字でかきましょう。

千万のくらい	百万のくらい	十万のくらい	一万のくらい	千のくらい	百のくらい	十のくらい	一のくらい	読み方
1	0	7	4	7	4	2	0	

2 次の数を表に入れて、読みましょう。

（2021年人口　総務省(そうむしょう)）

東京都(とうきょうと)の人口　13230000人

神奈川県(かながわけん)の人口　9067000人

大阪府(おおさかふ)の人口　8856000人

千	百	十	一 万	千	百	十	一

3 次の数を数字でかきましょう。

① 三千八百二十三万九千六百五十一								
② 八千六十七万二千九百四十								
③ 八百三万九千六百十七								
④ 七千八万五千四十六								

月　　日 名前

大きい数 ③

10倍の数

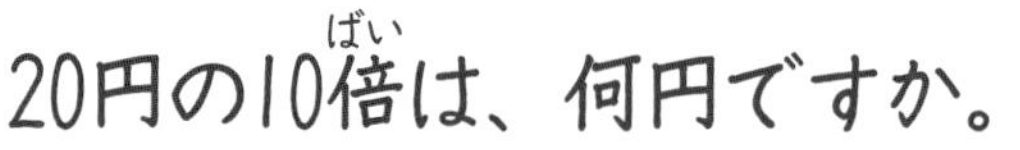

20円の10倍(ばい)は、何円ですか。

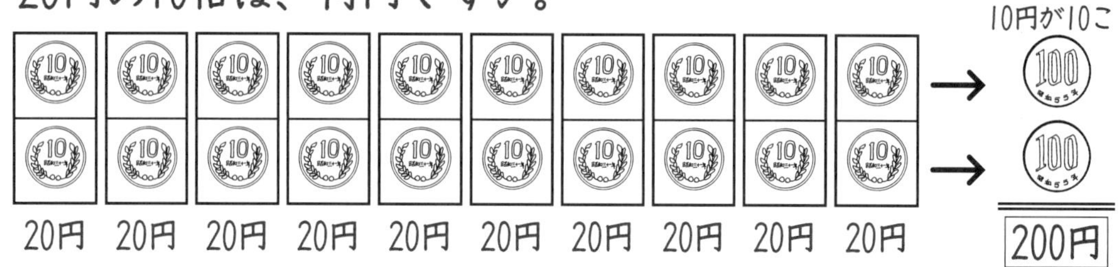

20円の10倍は、200円

25円の10倍は、何円ですか。

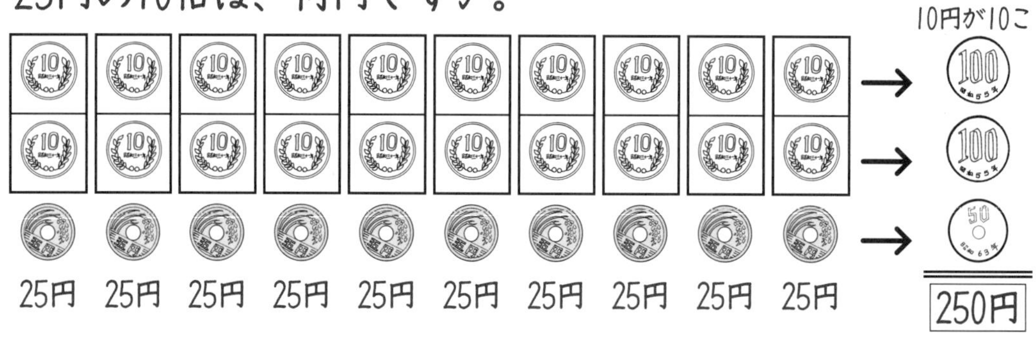

25円の10倍は、250円

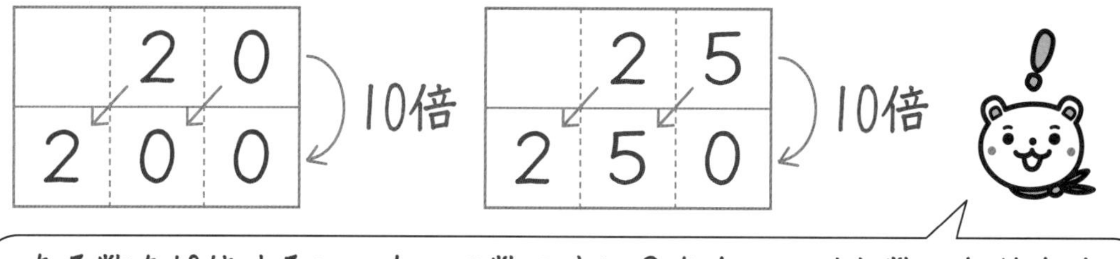

ある数を10倍すると、もとの数の右に0を1つつけた数になります。

次(つぎ)の数を10倍した数をかきましょう。

① 35 (　　　　　)　② 47 (　　　　　)

③ 111 (　　　　　)　④ 130 (　　　　　)

月　　日 名前

大きい数 ④

100倍・十分の一の数

10倍した数を10倍したら、どうなりますか。

1 次の数を100倍した数をかきましょう。

① 42 (　　　　　)　② 56 (　　　　　)

③ 237 (　　　　　)　④ 450 (　　　　　)

250を10でわる $\left(\frac{1}{10}\text{にする}\right)$ と、どうなりますか。

2 次の数を10でわった数をかきましょう。

① 350 (　　　　　)　② 400 (　　　　　)

③ 610 (　　　　　)　④ 880 (　　　　　)

月　　日 名前

大きい数 ⑤

数のせいしつ

1 

次(つぎ)の数を(　)にかきましょう。

① 1000万を2こ、100万を5こ、10万を7こ、1万を6こあわせた数。

千万	百万	十万	一万	千	百	十	一
2	5	7	6				

(　　　　　　)

② 1000万を8こ、100万を4こ、1万を3こあわせた数。

(　　　　　　)

③ 1000万を3こ、10万を6こ、1000を8こ、100を7こあわせた数。

(　　　　　　)

2 次の(　)に数をかきましょう。

① 820000は、1万を(　　　こ)集(あつ)めた数。

8	2	0	0	0	0
	1	0	0	0	0

② 250000は、1万を(　　　こ)集めた数。

③ 250000は、1000を(　　　こ)集めた数。

月　　日 名前

大きい数 ⑥

一億

日本の人口は、およそ125260000人です。4けたごとに区切っているくらいのものさしをあててみましょう。

1	2	5	2	6	0	0	0	0
一	千	百	十	一	千	百	十	一
億				万				

（総務省(そうむしょう)　2022年）

千万を10こ集めた数は、1億(おく)です。
数字で100000000とかきます。
（※0が8こつきます。）

日本の人口は、1億2000万人です。

次の数を（　）に数字でかきましょう。

① 99999999より1大きい数。

（　　　　　　　　）

② 1億より1小さい数。

（　　　　　　　　）

③ 1000万を10こ集めた数。

（　　　　　　　　）

④ 1億より1万小さい数。

（　　　　　　　　）

まとめテスト　　月　　日　名前

まとめ ⑨

大きい数

1 次(つぎ)の数を数字でかきましょう。

（1つ5点／10点）

① 三百七十六万八千　（　　　　　）

② 五千二百九十一万四千　（　　　　　）

2 次の数を（　　）にかきましょう。

（1つ5点／20点）

① 1000万を２こ、100万を６こ、10万を３こ、１万を５こあわせた数。

（　　　　　）

② 1000万を４こ　10万を７こあわせた数。

（　　　　　）

③ 560000は１万を（　　　　）こ集(あつ)めた数。

④ 560000は1000を（　　　　）こ集めた数。

3 □に不等号(ふとうごう)（＞＜）をかきましょう。

（1つ5点／20点）

① 850000 □ 7200000

② 346751 □ 346571

③ 10001000 □ 10010000

④ 9999999 □ 1000000

まとめテスト　　月　　日 名前

まとめ ⑩

大きい数

／50点

1 数直線で①②③④のめもりが表す数をかきましょう。（1つ5点／20点）

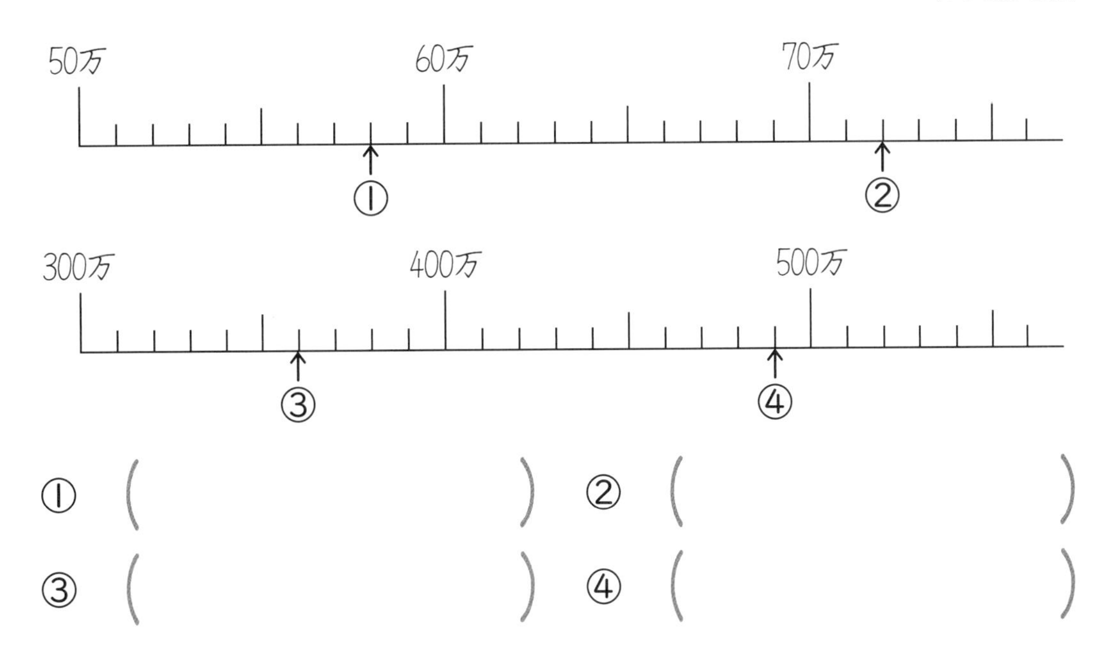

① (　　　　　) ② (　　　　　)

③ (　　　　　) ④ (　　　　　)

2 次の数を10倍にした数をかきましょう。（1つ5点／10点）

① 50 (　　　　　) ② 250 (　　　　　)

3 次の数を100倍にした数をかきましょう。（1つ5点／10点）

① 85 (　　　　　) ② 630 (　　　　　)

4 次の数を10でわった数をかきましょう。（1つ5点／10点）

① 300 (　　　　　) ② 480 (　　　　　)

月　　日 名前

かけ算（×１けた）①

２けた×１けた

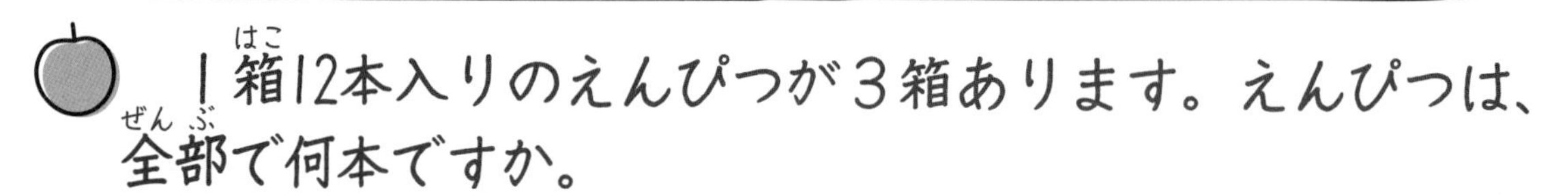

１箱(はこ)12本入りのえんぴつが３箱あります。えんぴつは、全部(ぜんぶ)で何本ですか。

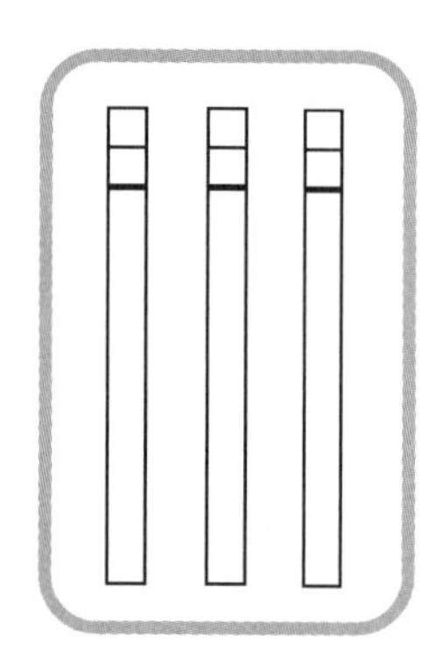

① 全部のえんぴつの数をもとめる式(しき)をかきましょう。

（　　　　）×（　　　　）

１箱あたりの数　　　　いくつ分（箱の数）

② 筆算(ひっさん)でかきましょう。

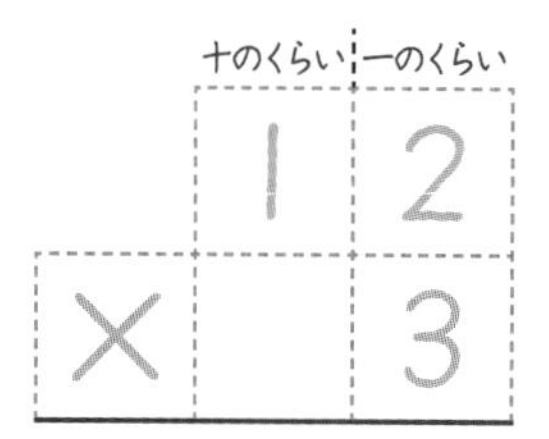

たてにくらいがそろうようにかきます。

③ 筆算のしかたを考えましょう。

	十のくらい	一のくらい
	1	2
×		3
		6
	3	0
	3	6

㋐ 3×2＝6
6を一のくらいにかきます。

㋑ 3×1＝3
1は十のくらいなので、答えも十のくらいにかきます。

④ 式と答えをかきましょう。

12×3＝36

答え

かけ算（×１けた）②

２けた×１けた

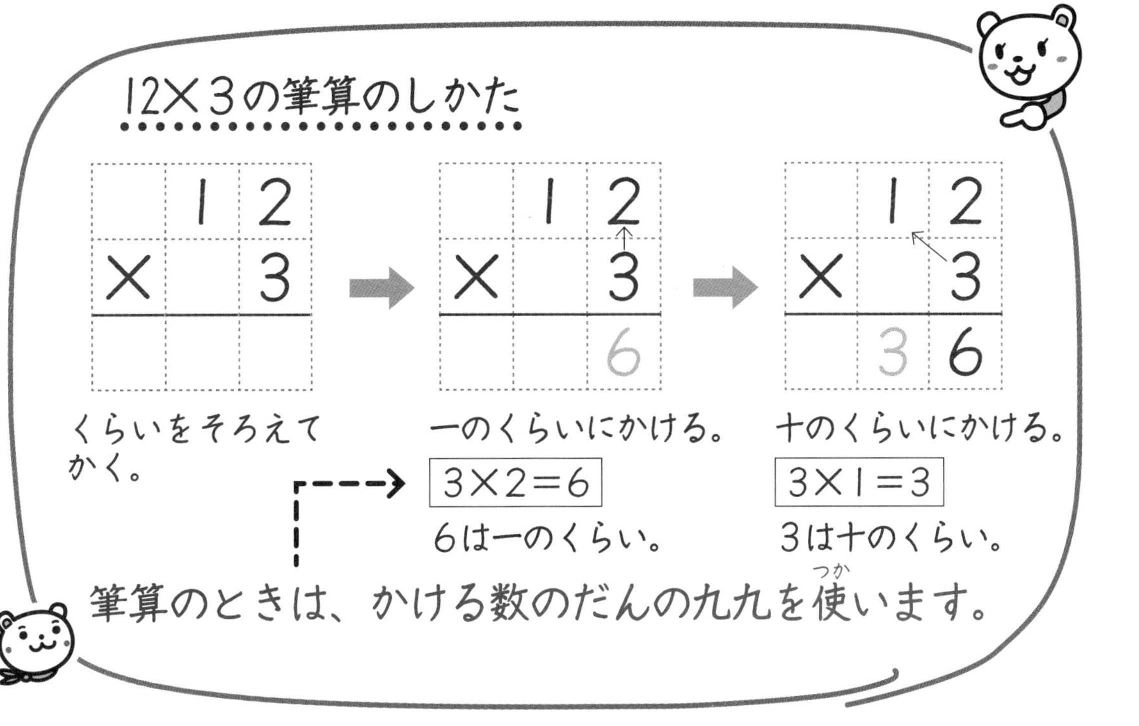

12×3の筆算のしかた
くらいをそろえてかく。
一のくらいにかける。
3×2=6
6は一のくらい。
十のくらいにかける。
3×1=3
3は十のくらい。
筆算のときは、かける数のだんの九九を使います。

次の計算をしましょう。

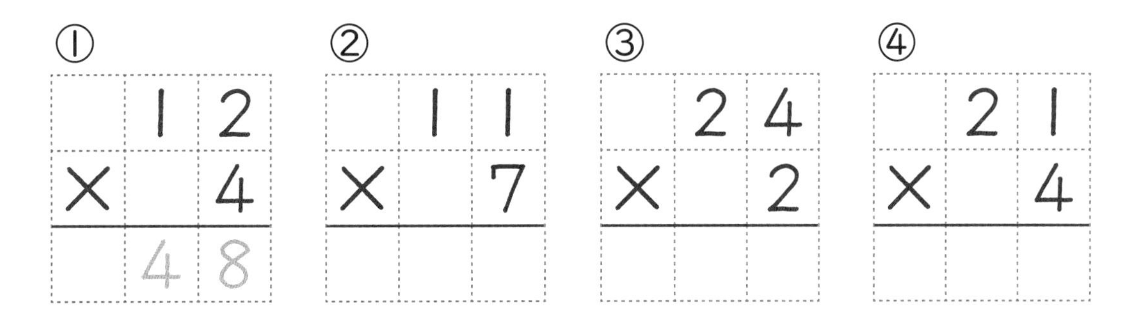

①
	1	2
×		4
	4	8

②
	1	1
×		7

③
	2	4
×		2

④
	2	1
×		4

⑤
	3	1
×		2

⑥
	3	3
×		2

⑦
	4	3
×		2

⑧
	1	3
×		3

月　　日　名前

かけ算（×１けた）③

2けた×1けた

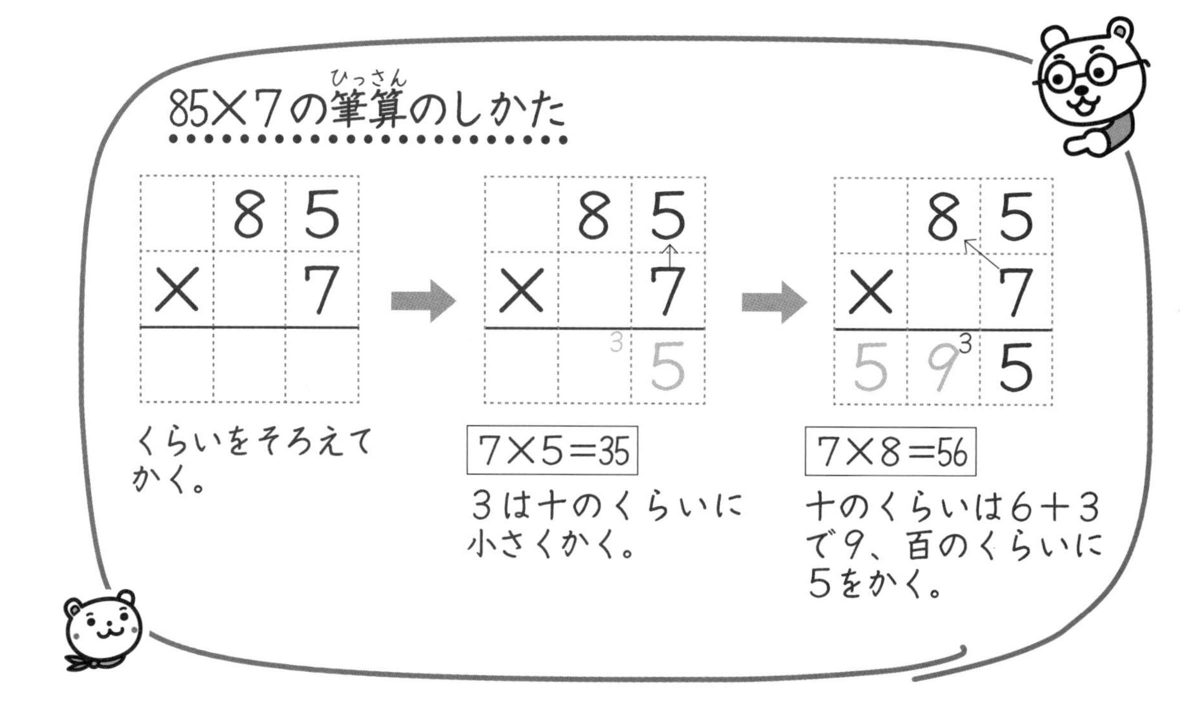

85×7の筆算（ひっさん）のしかた
85
×7
3
5
85
×7
595
くらいをそろえてかく。
7×5=35
3は十のくらいに小さくかく。
7×8=56
十のくらいは6+3で9、百のくらいに5をかく。

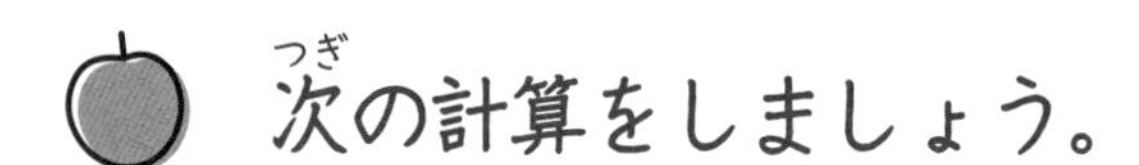

次（つぎ）の計算をしましょう。

①
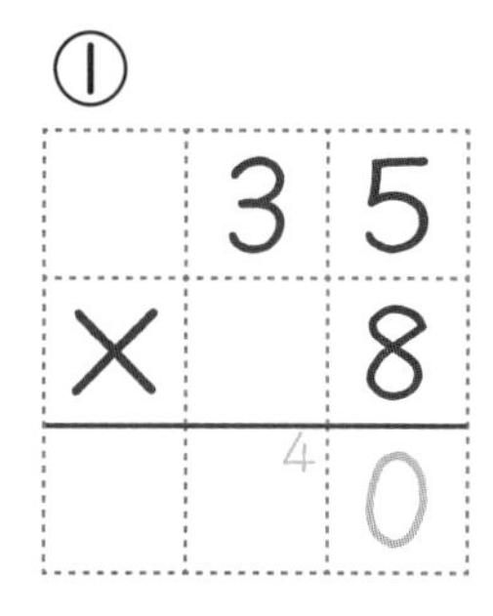

② 88 × 9

③ 48 × 5

④ 22 × 9

⑤ 68 × 5

⑥ 79 × 3

⑦ 35 × 4

⑧ 63 × 6

月　日 名前

かけ算（×１けた）④

２けた×１けた

次の計算をしましょう。

①

	4	2
×		2

②

	3	4
×		2

③

	7	4
×		2

④

	5	3
×		3

⑤

	8	1
×		7

⑥

	8	1
×		5

⑦

	6	8
×		5

⑧

	6	6
×		5

⑨

	8	4
×		5

⑩

	3	5
×		8

⑪

	4	9
×		8

⑫

	6	4
×		6

⑬

	7	9
×		5

⑭

	5	3
×		5

⑮

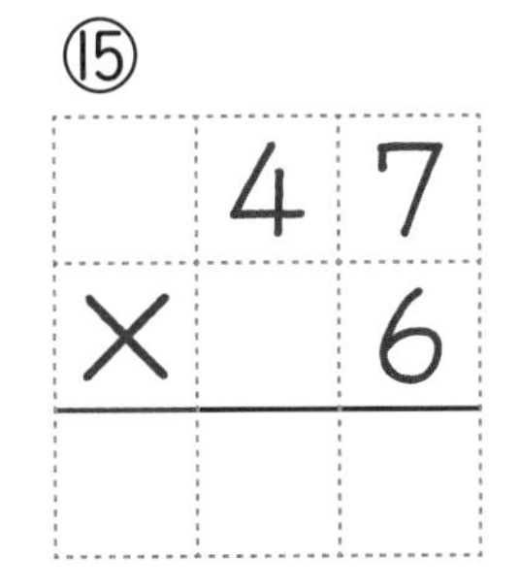

	4	7
×		6

月　　日 名前

かけ算（×１けた）⑤

３けた×１けた

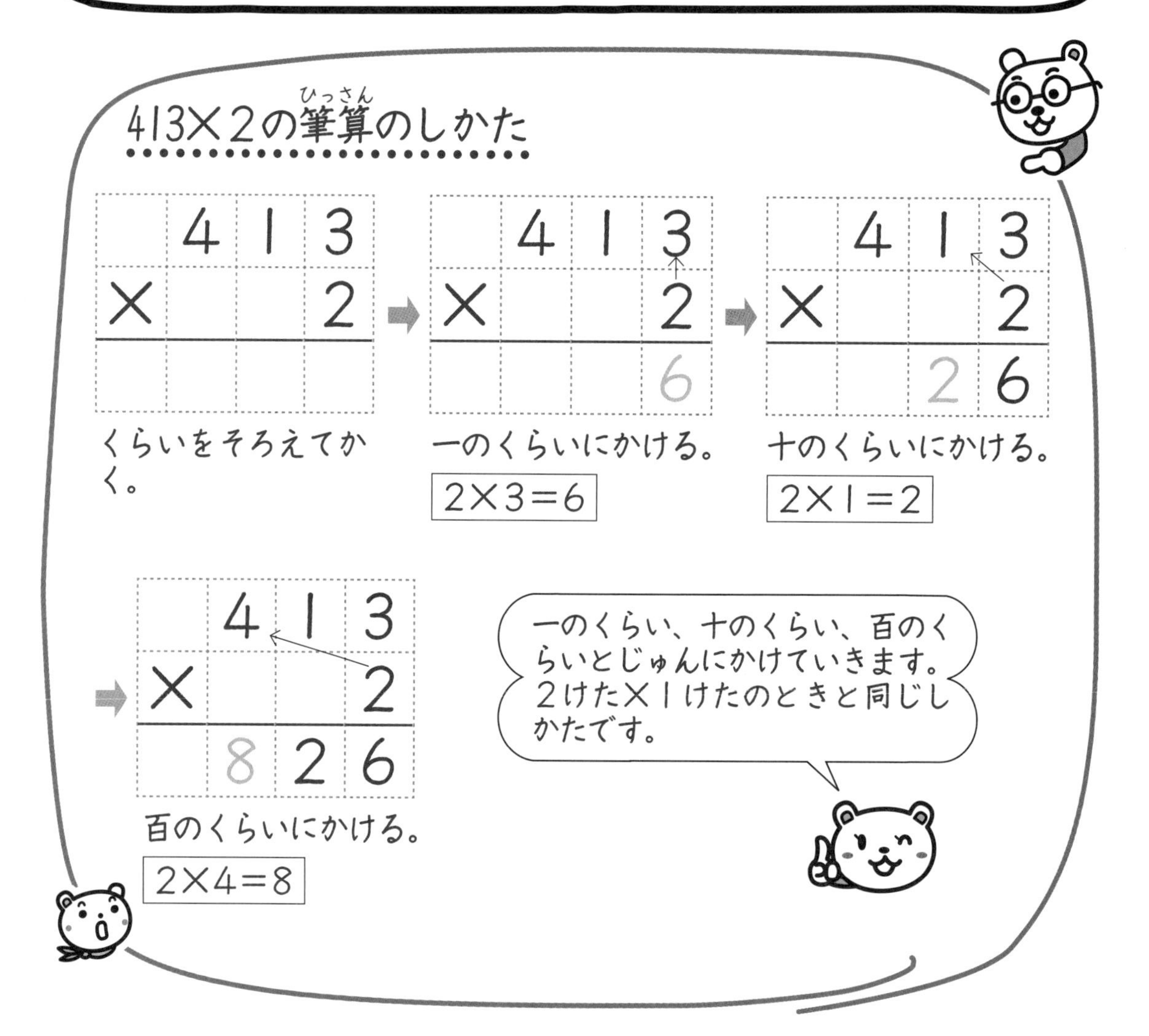

413×2の筆算（ひっさん）のしかた
413
×2
くらいをそろえてかく。
413
×2
6
一のくらいにかける。
2×3=6
413
×2
26
十のくらいにかける。
2×1=2
413
×2
826
百のくらいにかける。
2×4=8
一のくらい、十のくらい、百のくらいとじゅんにかけていきます。2けた×1けたのときと同じしかたです。

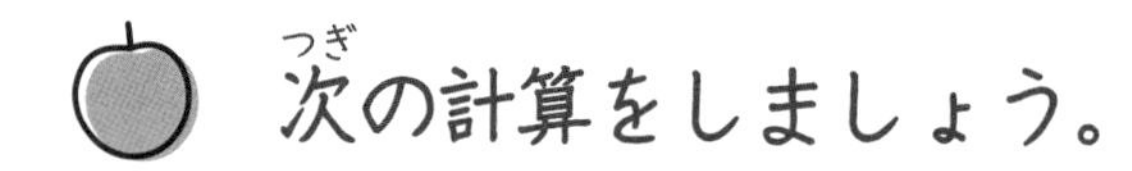

次（つぎ）の計算をしましょう。

①

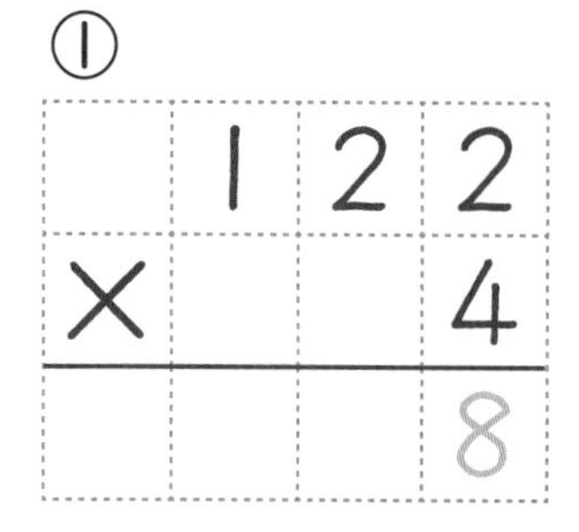

122
×4
8

②

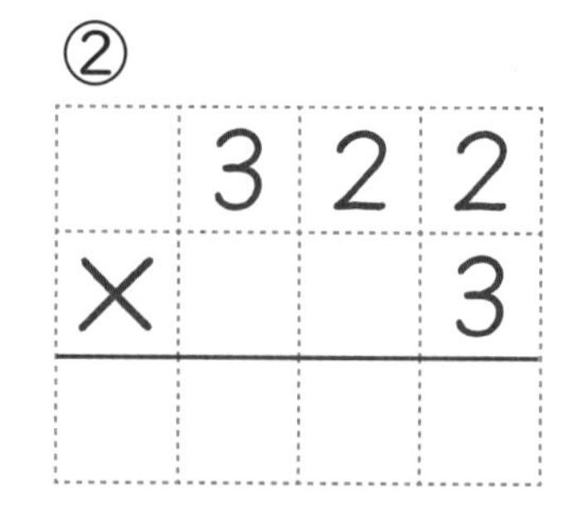

322
×3

③

	2	3	4
×			2

かけ算（×１けた）⑥

３けた×１けた

723×4の筆算のしかた

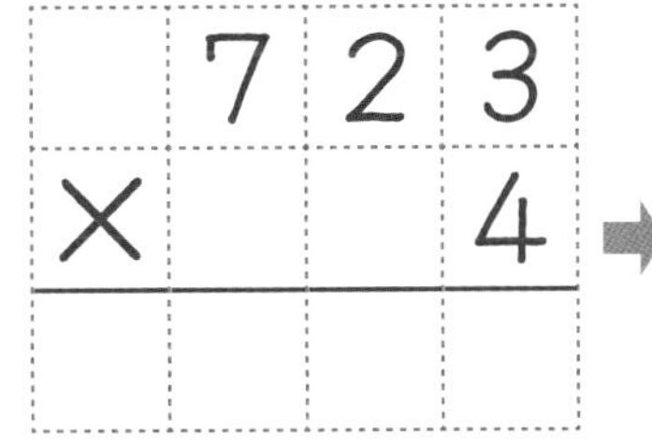

くらいをそろえてかく。

➡

	7	2	3
×			4
		¹	2

一のくらいにかける。

4×3=12

１は十のくらいに小さくかく。

➡

	7	2	3
×			4
		9¹	2

十のくらいにかける。

4×2=8

1+8=9

➡

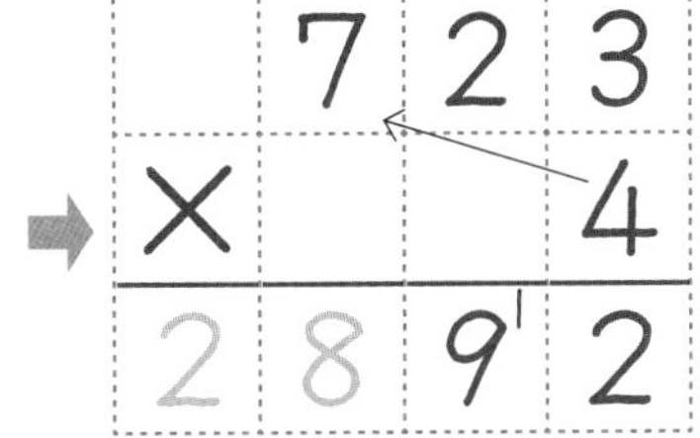

百のくらいにかける。

4×7=28

2は千のくらいに、8は百のくらいにかく。

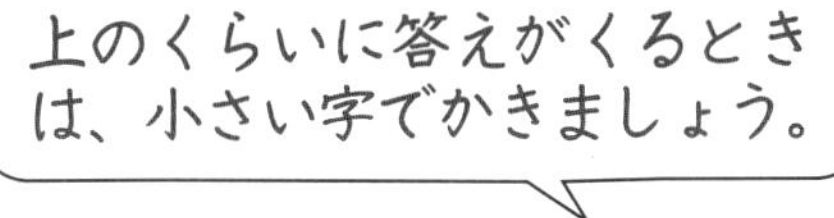

上のくらいに答えがくるときは、小さい字でかきましょう。

次の計算をしましょう。

①

	8	2	5
×			3
		¹	5

②

	9	1	8
×			4

③

	8	4	5
×			2

月　　日 名前

かけ算（×１けた）⑦

３けた×１けた

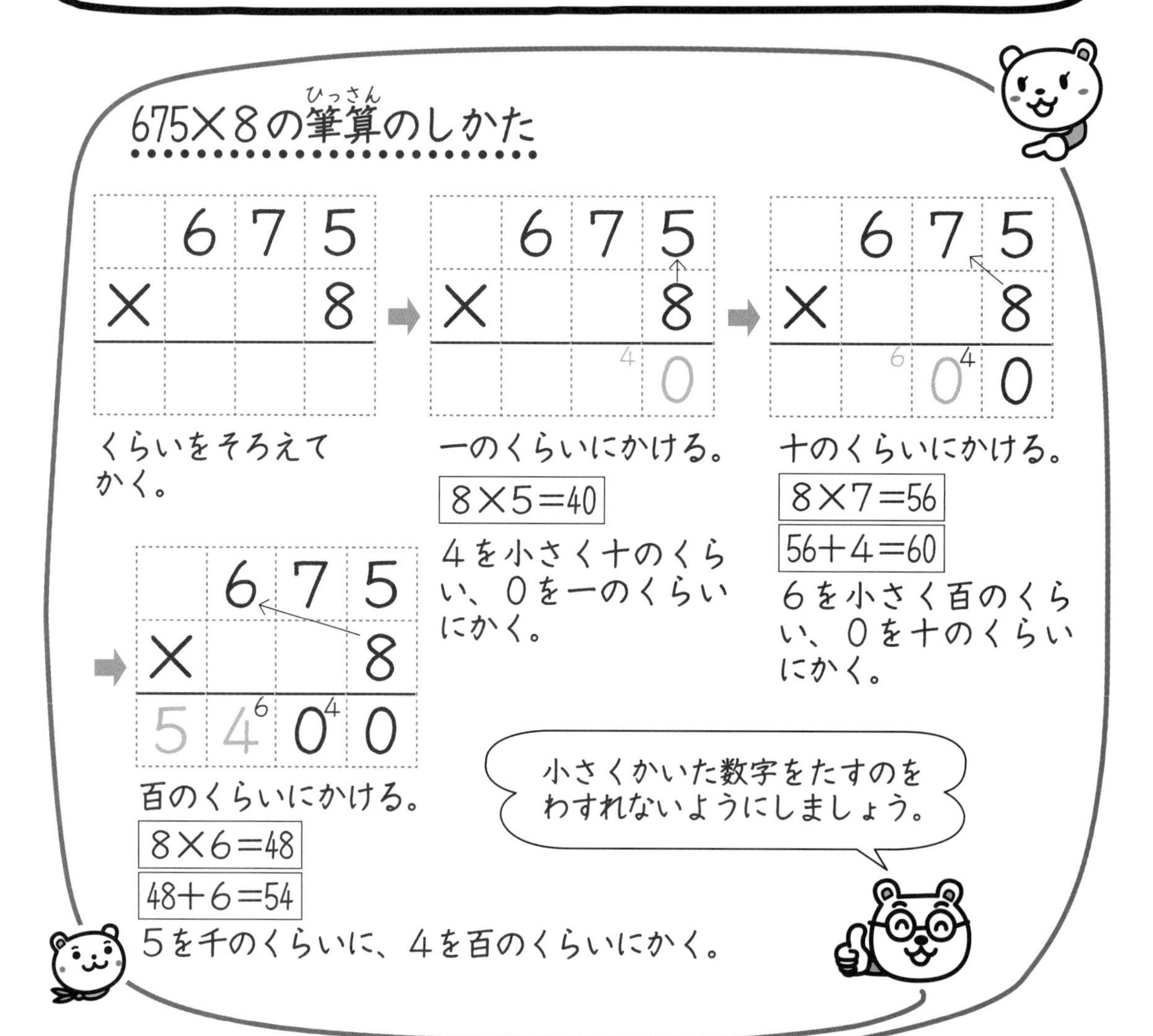

675×8の筆算のしかた
くらいをそろえてかく。
一のくらいにかける。
8×5=40
4を小さく十のくらい、0を一のくらいにかく。
十のくらいにかける。
8×7=56
56+4=60
6を小さく百のくらい、0を十のくらいにかく。
百のくらいにかける。
8×6=48
48+6=54
5を千のくらいに、4を百のくらいにかく。
小さくかいた数字をたすのをわすれないようにしましょう。

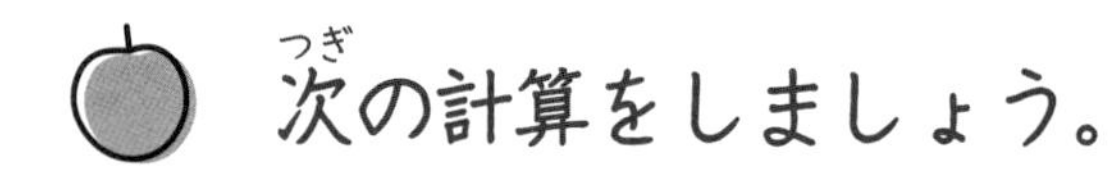

次の計算をしましょう。

①

	3	5	4
×			7
		²	8

②

	8	7	4
×			3

③

	5	9	6
×			5

月　　日 名前

かけ算（×１けた）⑧

３けた×１けた

次の計算をしましょう。

①

	3	9	3
×			6
			8

②

	5	7	9
×			4

③

	9	8	3
×			6

④

	6	3	8
×			7

⑤

	7	5	4
×			8

⑥

	9	8	7
×			7

⑦

	3	7	0
×			4

⑧

	4	0	8
×			8

⑨

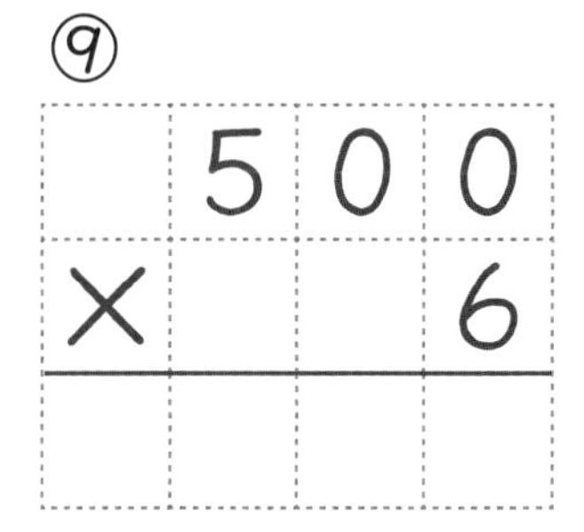

	5	0	0
×			6

まとめテスト　　月　　日 名前

まとめ ⑪

かけ算（×１けた）

／50点

1 次の計算をしましょう。（１つ６点／30点）

①

	2	1
×		3

②

	5	2
×		4

③

	4	7
×		7

④

	3	1	4
×			5

⑤

	7	5	4
×			6

2 １こ95円のまんじゅうを６つ買います。代金はいくらですか。（10点）

式

答え

3 １しゅう150mの運動場のトラックを７しゅう走りました。何m走りましたか。（10点）

式

答え

まとめテスト

月　　日 名前

まとめ ⑫

かけ算（×１けた）

/50点

1 次の計算をしましょう。

（１つ６点／30点）

①

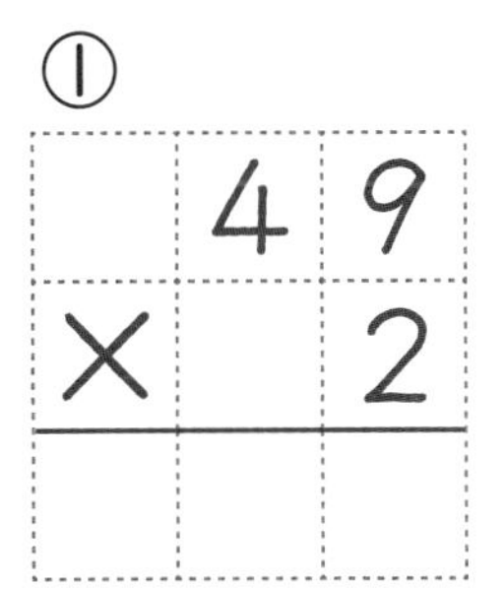

②

	9	3
×		3

③

	3	5
×		9

④

	2	5	6
×			2

⑤

	4	7	8
×			3

2 １本68円のえんぴつを５本買います。代金はいくらですか。

（10点）

式

答え

3 １箱（はこ）256円のおかしを８箱買いました。代金はいくらですか。

（10点）

式

答え

かけ算（×２けた）①

２けた×２けた

ジュースが１箱（はこ）に24本入っています。12箱では何本ありますか。

① 何本あるか、もとめる式（しき）をかきましょう。

（　　　　）×（　　　　）

１箱あたりの数　　いくつ分（箱の数）

② 筆算（ひっさん）のしかたを考えましょう。

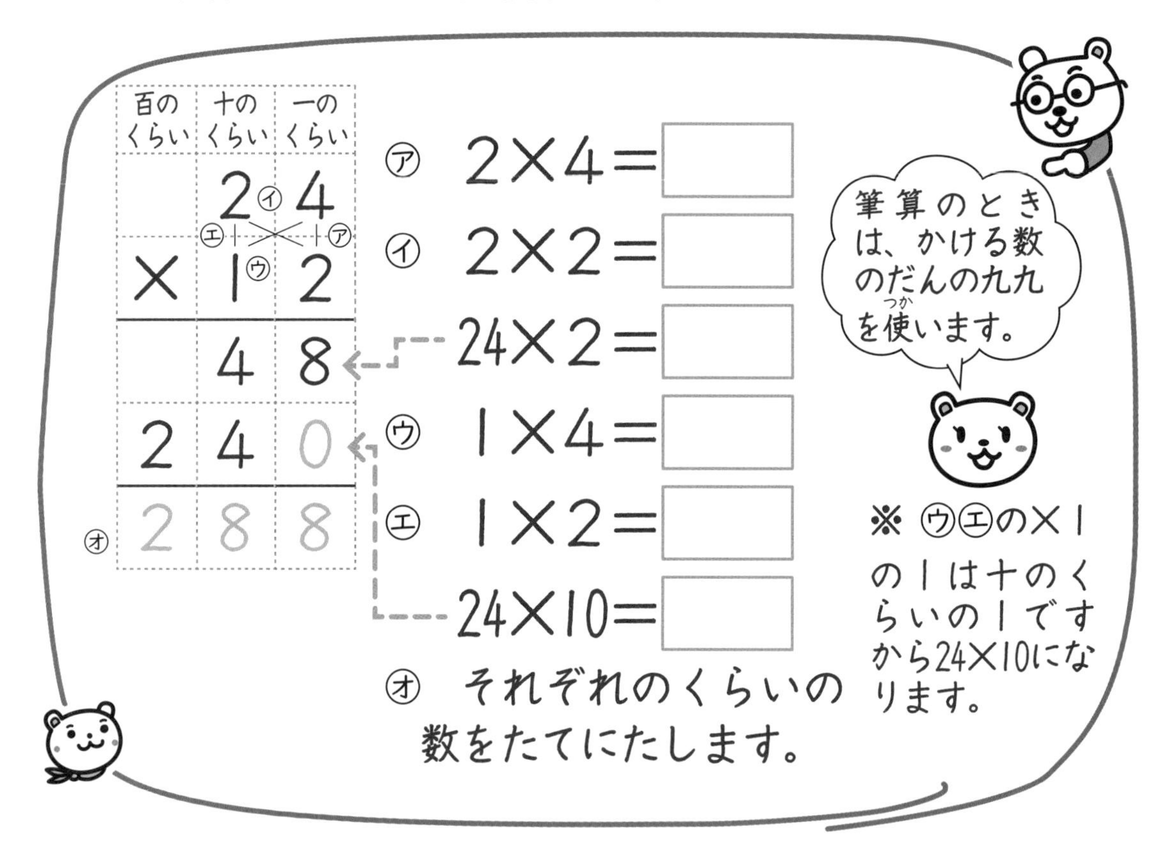

百のくらい
十のくらい
一のくらい
2 ㋑ 4
㋓ ㋐
× 1 ㋒ 2
4 8
2 4 0
㋔ 2 8 8
㋐ 2×4＝
㋑ 2×2＝
24×2＝
㋒ 1×4＝
㋓ 1×2＝
24×10＝
㋔ それぞれのくらいの数をたてにたします。
筆算のときは、かける数のだんの九九を使（つか）います。
※ ㋒㋓の×１の１は十のくらいの１ですから24×10になります。

③ 式と答えをかきましょう。

式　24×12＝288

答え ＿＿＿＿＿＿

月　　日 名前

かけ算（×２けた）②

２けた×２けた

次(つぎ)の計算をしましょう。

①

	3	3
×	2	3
	9	9
6	6	

②

	1	2
×	4	3

③

	2	1
×	3	4

④

	1	2
×	2	4

⑤

	3	2
×	3	1

⑥

	4	3
×	2	1

⑦

	2	3
×	3	2

⑧

	4	2
×	2	2

⑨

	2	2
×	3	3

かけ算（×２けた）③

２けた×２けた

1 筆算（ひっさん）のしかたを考えます。□に数をかきましょう。

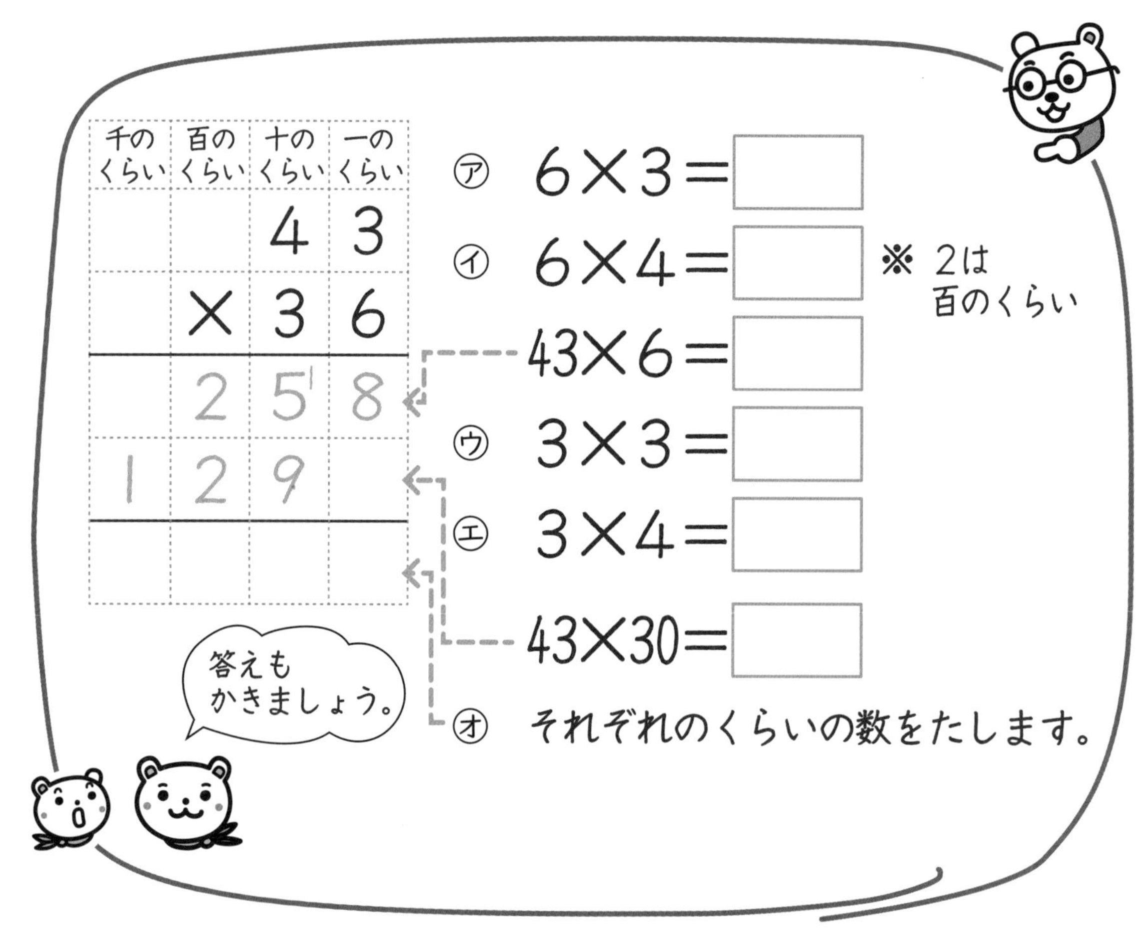

2 次（つぎ）の計算をしましょう。

①

	7	3
×	3	8

②

	8	2
×	4	7

③

	6	4
×	2	7

月　　日 名前

かけ算（×２けた）④

２けた×２けた

① 筆算のしかたを考えます。□に数をかきましょう。

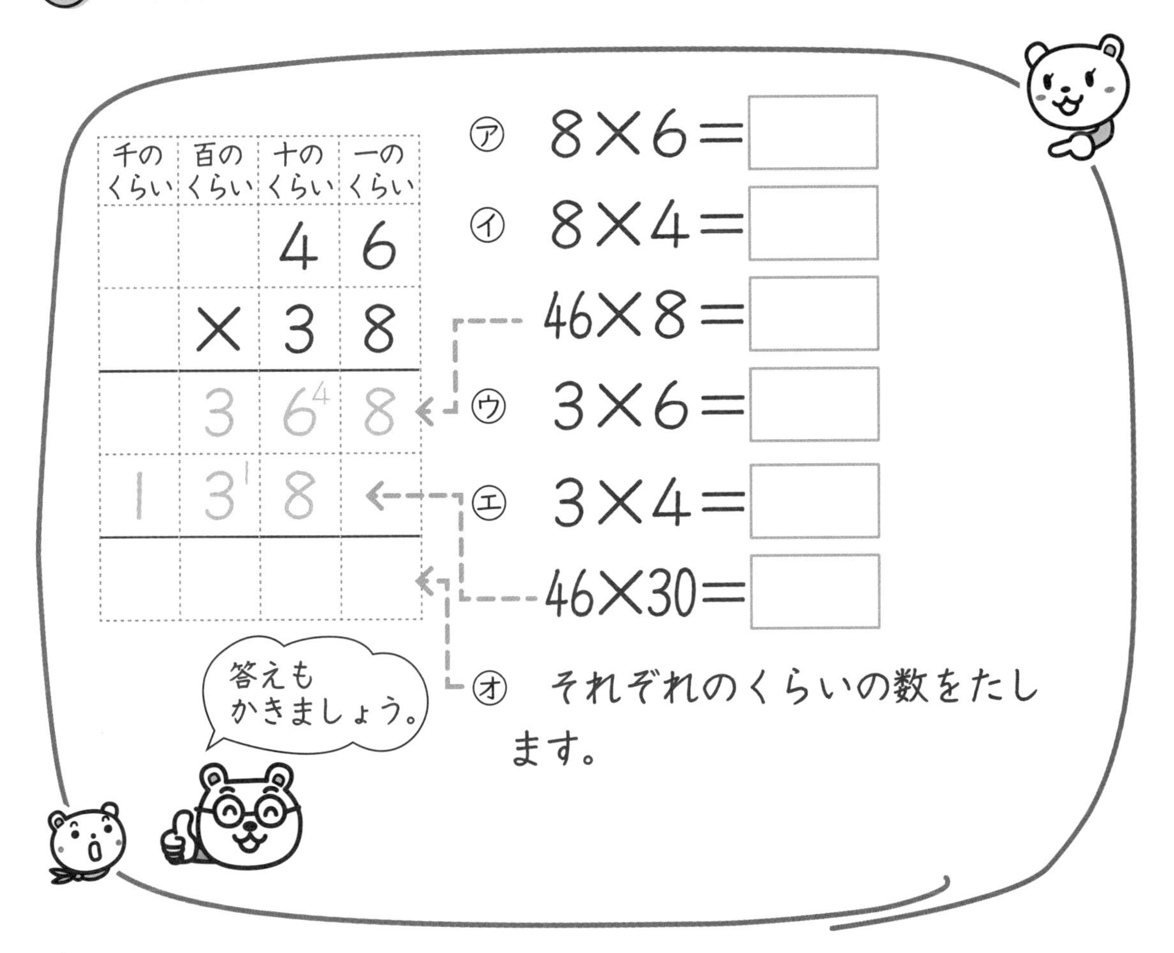

② 次の計算をしましょう。

①
$$\begin{array}{r} 69 \\ \times\ 47 \\ \hline \end{array}$$

②
$$\begin{array}{r} 94 \\ \times\ 36 \\ \hline \end{array}$$

③
$$\begin{array}{r} 48 \\ \times\ 54 \\ \hline \end{array}$$

月　　日 名前

かけ算（×２けた）⑤

３けた×２けた

① 筆算(ひっさん)のしかたを考えます。□に数をかきましょう。うすい字を計算のじゅんになぞりましょう。

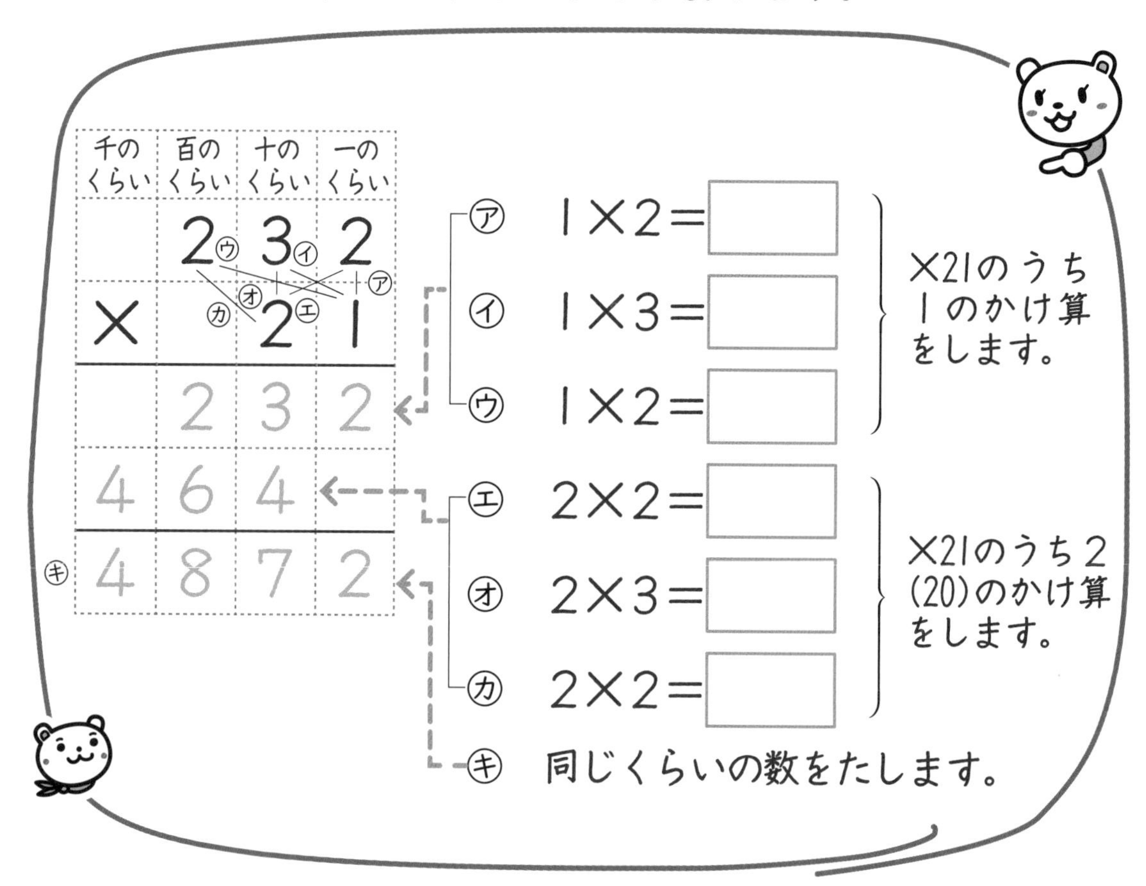

② 次(つぎ)の計算をしましょう。

①

	2	2	0
×		4	3

②

	3	1	2
×		2	3

③

	2	3	3
×		2	1

月　　日 名前

かけ算（×２けた）⑥

３けた×２けた

次の計算をしましょう。

①
	1	0	2
×		4	4

②
	1	0	4
×		2	2

③
	1	1	1
×		5	6

④
	1	2	2
×		3	4

⑤
	1	1	2
×		4	1

⑥
	1	3	3
×		1	2

⑦
	1	1	3
×		2	1

⑧
	3	0	1
×		3	2

⑨
	3	1	0
×		2	3

月　　日 名前

かけ算（×２けた）⑦

３けた×２けた

次（つぎ）の計算をしましょう。

①

	2	9	1
×		1	2
	5	8	2
2	9	1	

・2×9＝18 の1を
次のくらい（百のくらい）
に小さくかきます。
2×2＝4　4＋1＝5

②

	3	1	4
×		2	3

③

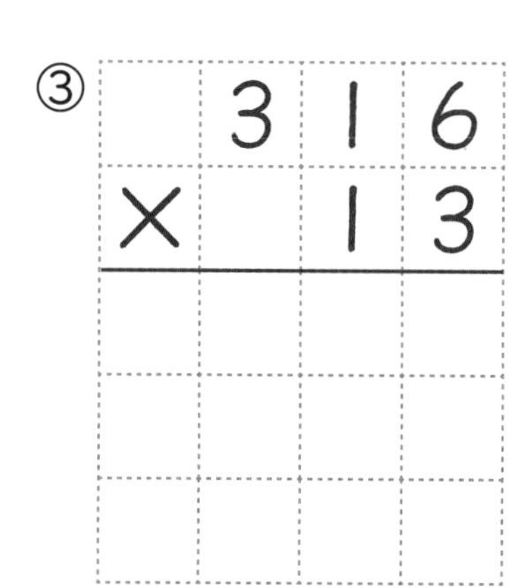

④

	4	2	5
×		1	2

⑤

	2	0	7
×		4	1

月　　日 名前

かけ算（×２けた）⑧

３けた×２けた

次の計算をしましょう。

①

		6	1	8
	×		3	4
			3	
		2		

- 4×8＝32 の3を次のくらい（十のくらい）に小さくかきます。
  4×1＝4　4＋3＝7
- 3×8＝24 の2を次のくらい（百のくらい）に小さくかきます。
  3×1＝3　3＋2＝5

②

		3	8	4
	×		5	2

③

		4	7	2
	×		4	3

④

		5	8	5
	×		4	1
	3	2		

⑤

		3	9	8
	×		7	2

月　　日 名前

まとめ ⑬

かけ算（×２けた）

／50点

① 次(つぎ)の計算をしましょう。

（１つ８点／40点）

① 22×13

② 82×24

③ 64×36

④ 506×34

⑤ 417×69

② □にあてはまる数をかきましょう。

（10点）

$32 \times 25 = 32 \times \square + 32 \times 5$

$= \square + 160$

$= 800$

月　　日 名前

まとめ ⑭

かけ算（×２けた）

／50点

1 次の計算をしましょう。

（１つ８点／40点）

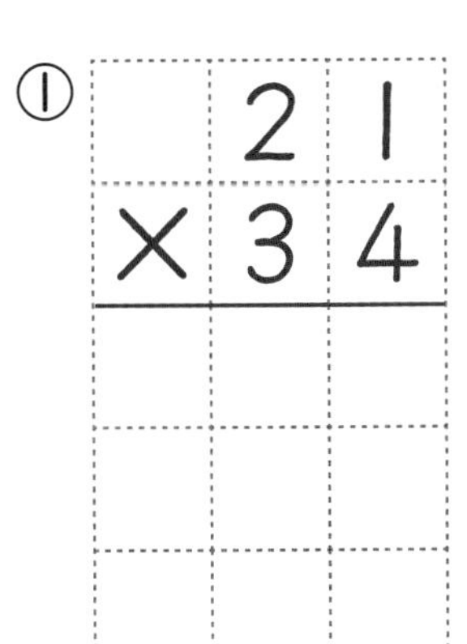

①
	2	1
×	3	4

②
		6	9
	×	4	8

③
		2	8
	×	5	4

④
		4	3	6
	×		5	2

⑤
		7	4	5
	×		6	3

2 □にあてはまる数をかきましょう。

（10点）

$250 \times 48 = 250 \times \square + 250 \times 8$

$= \square + 2000$

$= 12000$

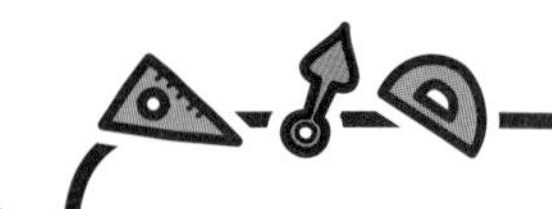

月　　日 名前

表とグラフ ①

整理する

学校で１週間に、けがをした人をしゅるいべつに分けた表(ひょう)です。

けがをした人

しゅるい	人　数	
すりきず	正 正 下	13
うちみ	正 丅	
つき指(ゆび)	正	
鼻(はな)血(ぢ)	正	
切りきず	丅	

① 上の表の正(しょう)の字（５人）でかいている人数を、右のわくにかきましょう。

② けがをした人の人数を、下の表にまとめましょう。

けがをした人

しゅるい	人数（人）
すりきず	
うちみ	
つき指	
その他	
合計	

③ 「その他(た)」は、どんなけがですか。

（　　　　　　　　）

（　　　　　　　　）

④ いちばん多いけがは何ですか。

（　　　　　　　　）

月　　日 名前

表とグラフ ②

グラフを読む

グラフを見て、答えましょう。

① たてじくは、人数を表(あらわ)しています。1めもりは何人ですか。

(　　　　　　　　)

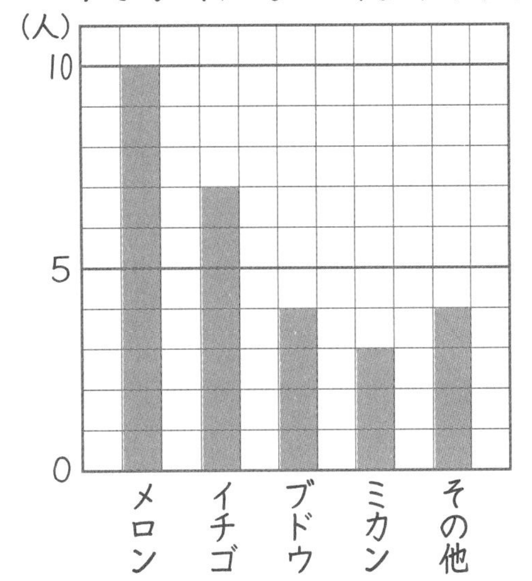

② 横(よこ)じくには、何をかいていますか。

(　　　　　　　　)

③ すきな人がいちばん多いくだものは何ですか。

(　　　　　　　　)

上のグラフをぼうグラフといいます。ぼうグラフは、ふつう、大きいものじゅんに左からならべます。「その他」はいちばん右にします。

日、月、火、…、1年、2年、3年、…など、じゅんが決(き)まっているものは、そのじゅんにならべます。

グラフに表すと、多い・少ないがひと目でわかります。

表とグラフ ③

グラフをかく

下の表(ひょう)をぼうグラフに表(あらわ)しましょう。

すきなスポーツ

スポーツ	サッカー	野球(やきゅう)	ドッジボール	その他(た)
人数（人）	12	8	6	7

① 横(よこ)じくに、スポーツのしゅるいをかきましょう。

② たてじくに、いちばん多い人数がかけるように１めもり分の大きさを決(き)め、０、５、10などの数をかきましょう。

③ たてじくのいちばん上の（　）の中に、たんいをかきましょう。

④ 表題(ひょうだい)をかきましょう。

⑤ 人数にあわせて、ぼうをかきましょう。

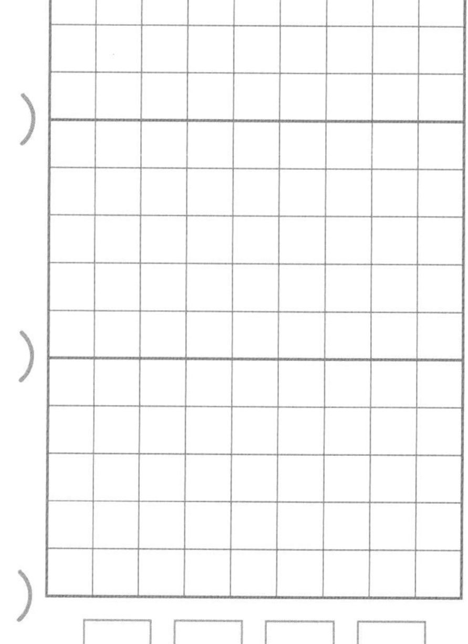

月　　日 名前

表とグラフ ④

整理する

ある食どうで売れたメニューのしゅるいと数の表です。

売れたメニュー（1日目）

しゅるい	人
ラーメン	28
うどん	9
そば	11
その他	5
合計	㋐

売れたメニュー（2日目）

しゅるい	人
ラーメン	21
うどん	19
そば	17
その他	9
合計	㋑

売れたメニュー（3日目）

しゅるい	人
ラーメン	26
うどん	17
そば	13
その他	9
合計	㋒

① 1日目から3日目までのそれぞれの合計を、上の㋐㋑㋒のらんにかきましょう。

② 一番多く売れた日はいつですか。　（　　　日目）

③ 上の3つの表を1つに整理（せいり）しましょう。あいているところに数をかきましょう。

売れたメニュー

日 / しゅるい	1日目	2日目	3日目	合計
ラーメン	28	21	26	
うどん	9			
そば	11			
その他				
合計				

まとめテスト　　月　　日　名前

まとめ ⑮

表とグラフ

／50点

ぼうグラフは、ぼうを横(よこ)にして表(あらわ)すこともできます。下の表(ひょう)をぼうグラフに表しましょう。（1つ10点／50点）

ほけん室に来た人

曜日	人数（人）
月	10
火	3
水	6
木	4
金	6

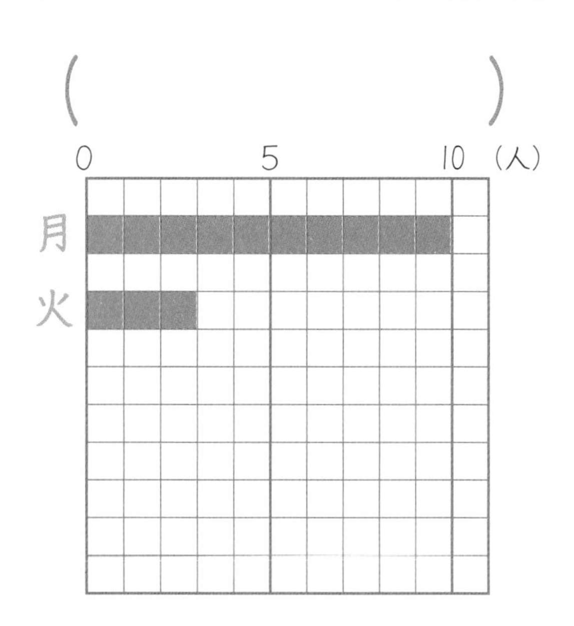

① たてじくに曜日をかきましょう。

② グラフの題（表題）をグラフの上の（　　）にかきましょう。

③ 横じくの１めもりは、何人を表していますか。

（　　　　）

④ ぼうをかき入れて、グラフを仕上(しあ)げましょう。

⑤ ほけん室に来た人がいちばん多いのは、何曜日ですか。

（　　　　）

月　　日 名前

まとめ ⑯

表とグラフ

/50点

6月にほけん室に来た3年生の表です。

① 表のあいているところ（①～⑧）に数をかきましょう。

（1つ5点／40点）

ほけん室に来た人（3年生）

しゅるい＼学級（がっきゅう）	1 組	2 組	3 組	合 計
すりきず	4	2	①	8
ふくつう	2	1	2	③
ずつう	1	②	0	④
切りきず	0	1	0	1
その他（た）	1	1	1	⑤
合計	⑥	6	⑦	⑧

② ほけん室に来た人がいちばん多いのは、何組ですか。

（5点）

（　　　　　　）

③ ⑧の人数は何を表していますか。○をつけましょう。

（5点）

㋐（　　）学校でけがをした3年生全員（ぜんいん）の人数

㋑（　　）ほけん室に来た3年1組の人数

㋒（　　）ほけん室に来た3年生全員の人数

小　数 ①

小数とは

1Lますを10等分した1めもり分は0.1Lです。
れい点一リットルと読みます。

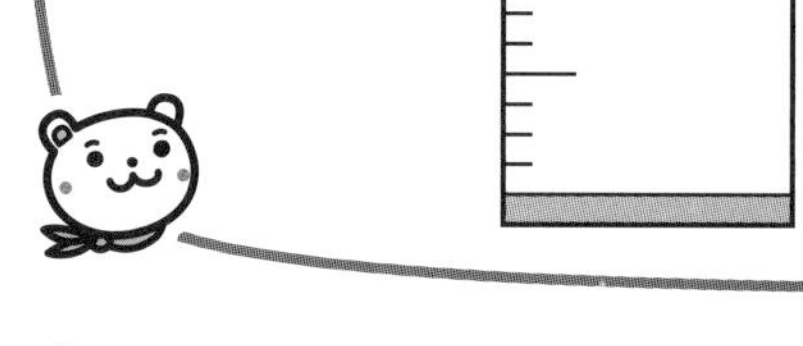

0.1L（れい点一リットル）

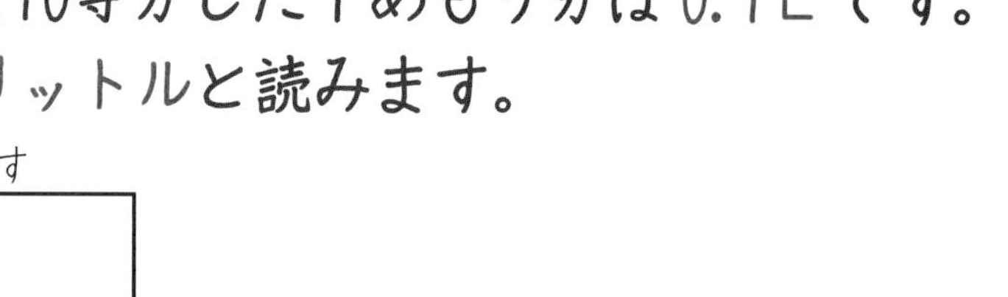

1 かさは、何Lですか。

① 1Lます

・0.1Lの5つ分は、0.5Lです。

（　　　L）

②

（　　　L）

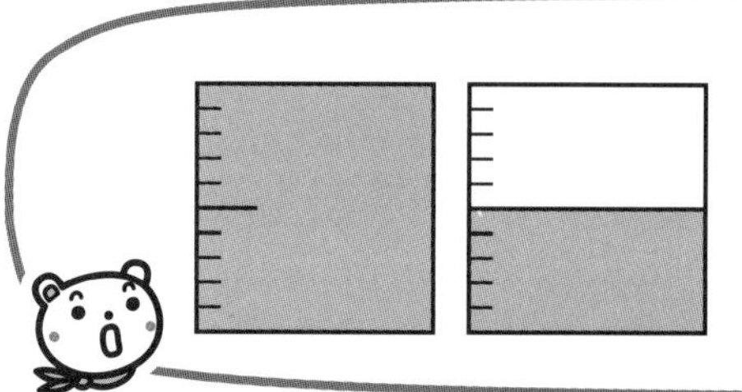

1Lと0.5Lをあわせると、
1.5Lになります。
一点五リットルと読みます。

2 かさは、何Lですか。

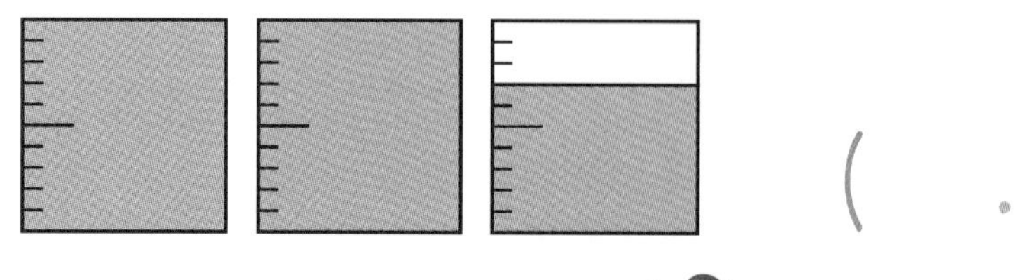

（　.　L）

月　　日 名前

小　数 ②

小数とは

0.1、0.5、1.5などを小数といいます。数の間の「.」を小数点といいます。小数点の右のくらいを小数第一位(しょうすうだいいちい)といいます。または、$\frac{1}{10}$のくらいといいます。

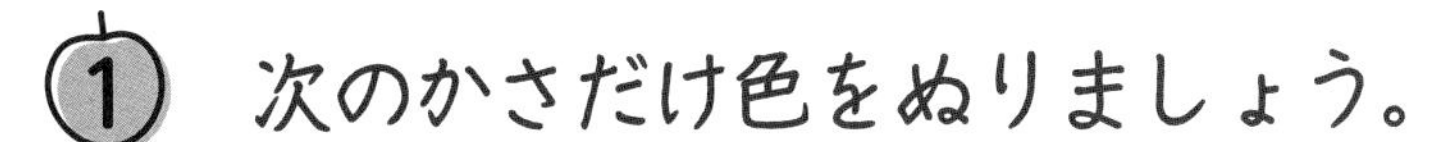

1 次のかさだけ色をぬりましょう。

① 0.3L　　1Lます

② 1.7L

③ 3.4L

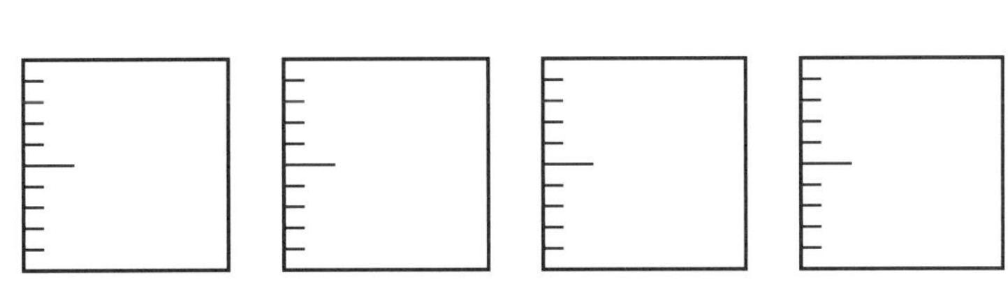

一のくらい	小数第一位
0.	1
1.	5

2 次の小数を、数直線に↑でかきましょう。

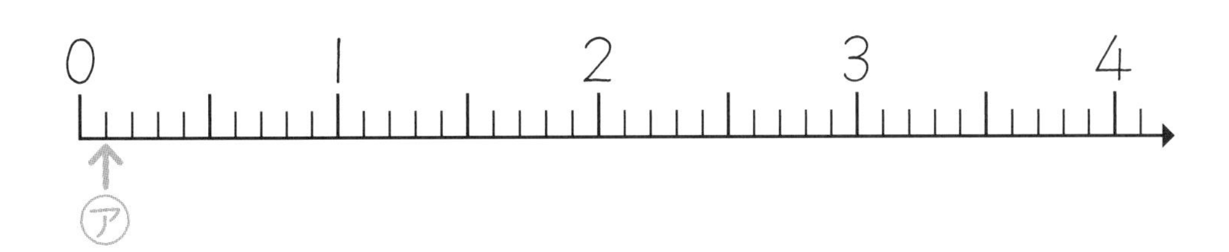

㋐ 0.1　　㋑ 0.7　　㋒ 1.8　　㋓ 2.2　　㋔ 3.9

月　　日 名前

小　数 ③

小数のせいしつ

1 次の数をかきましょう。

① 0.1を4こ集めた数。　0.4

② 0.1を7こ集めた数。

③ 0.1を12こ集めた数。

④ 0.1を18こ集めた数。

⑤ 0.1を25こ集めた数。

2 次の数をかきましょう。

① 1と0.4をあわせた数。　1.4

② 1と0.7をあわせた数。

③ 2と0.1をあわせた数。

④ 2と0.1を4こあわせた数。

⑤ 3と0.1を2こあわせた数。

月　　日 名前

小　数④

小数のせいしつ

1 次の□にあてはまる数をかきましょう。

① 0.8は、0.1が □ こ集まった数。

② 0.5は、0.1が □ こ集まった数。

③ 1.3は、0.1が □ こ集まった数。

④ 2.6は、0.1が □ こ集まった数。

⑤ 3.4は、1が □ こと、0.1が □ こ集まった数。

⑥ 5.9は、1が □ こと、0.1が □ こ集まった数。

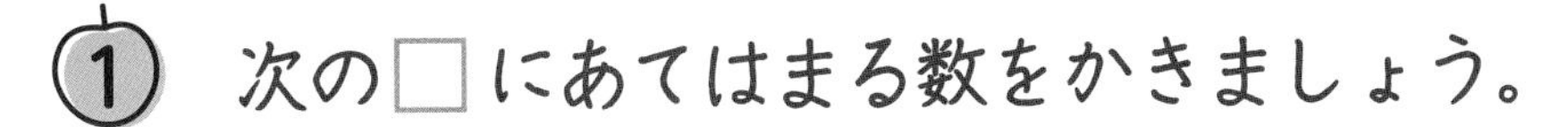

2 大きい方の数に○をつけましょう。

① 0.2 , 2

④ 0.7 , 1.7

② 1.3 , 3.1

⑤ 4.2 , 24

③ 45 , 4.5

⑥ 3 , 3.8

月　　　日 名前

小　数 ⑤

たし算

① ソースが1.2Lあります。0.7Lたすと、何Lになりますか。

式（しき） 1.2＋0.7＝1.9

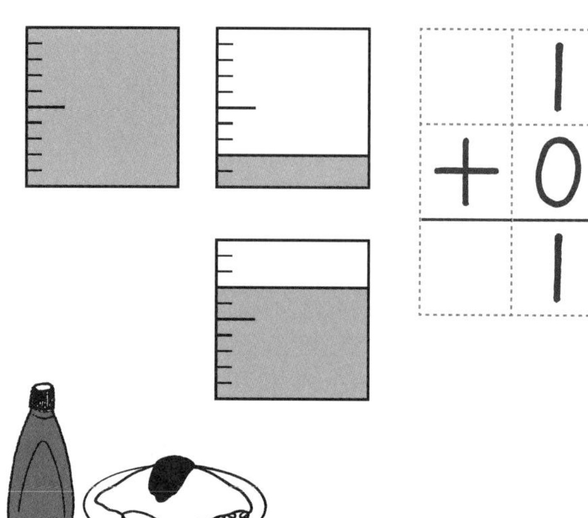

	1.	2
＋	0.	7
	1.	9

① くらいをそろえてかく。

② たし算をする。

③ 答えに小数点をうつ。

答え ＿＿＿＿＿＿＿＿

② かぼちゃの大きい方は2.8kg、小さい方は1.3kgです。あわせて何kgですか。

式

答え ＿＿＿＿＿＿＿＿

③ 遠足で、昼までに1.7km、昼からは1.4km歩きました。全部（ぜんぶ）で何km歩いたことになりますか。

式

答え ＿＿＿＿＿＿＿＿

月　　日 名前

小　数⑥
たし算

次(つぎ)の計算をしましょう。

①

	4.	1
＋	3.	7
	7.	8

②

	2.	5
＋	4.	2

③

	5.	6
＋	3.	8

④

	2.	8
＋	6.	4

⑤

	2.	6
＋	3.	4
	6.	0

答えが整数(せいすう)に
なるときは、
右はしの0
は、線で消(け)し
ます。

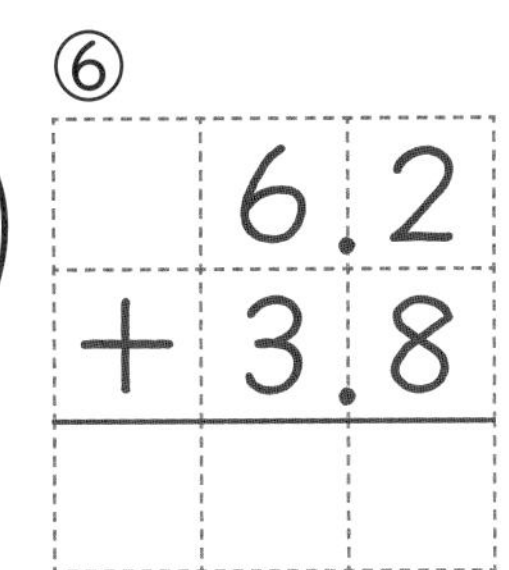

⑥

	6.	2
＋	3.	8

⑦

	8.	1
＋	4.	9

⑧

	4.	5
＋	5	
	9.	5

一のくらいを
そろえて計算
します。

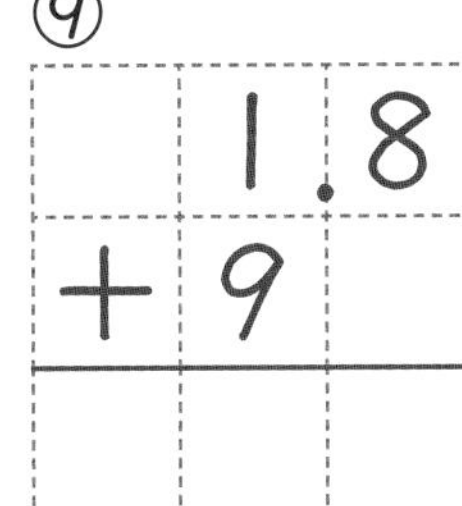

⑨

	1.	8
＋	9	

⑩

	3.	9
＋	8	

⑪

	3	
＋	8.	6
1	1.	6

一のくらいを
そろえて計算
します。

⑫

	4	
＋	7.	1

⑬

	5	
＋	3.	8

月　　日 名前

小　数 ⑦

ひき算

① 1.8Lのしょうゆのうち、0.7L使(つか)うと、のこりは何Lですか。

式(しき)　1.8−0.7=1.1

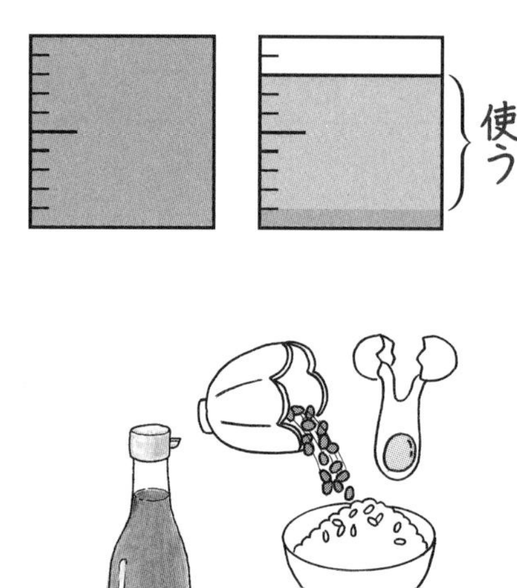

	1.	8
−	0.	7
	1.	1

① くらいをそろえてかく。
② ひき算をする。
③ 答えに小数点をうつ。

答え＿＿＿＿＿＿＿＿

② ごみが2.7kgありました。そのうち1.5kg運(はこ)び出しました。のこりは何kgですか。

式

答え＿＿＿＿＿＿＿＿

③ 2.9mあるリボンのうち、0.5m切って使いました。のこりは何mですか。

式

答え＿＿＿＿＿＿＿＿

月　　日 名前

小数⑧
ひき算

次(つぎ)の計算をしましょう。

①

	9	.4
−	3	.4
	6	.0

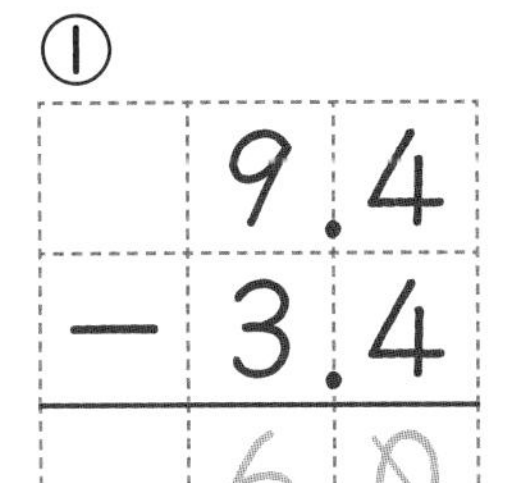

②

	4	.8
−	3	.8

③

	9	.2
−	1	.2

④

	6	.3
−	6	.1
	0	.2

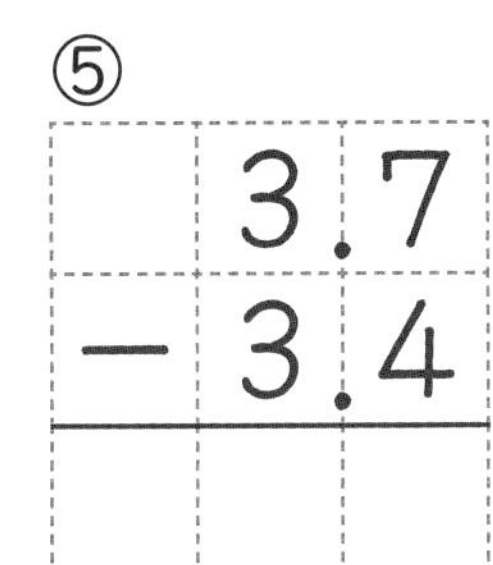

小数点より小さいくらいだけ数があるとき、一のくらいに0をかきます。

⑤

	3	.7
−	3	.4

⑥

	5	.6
−	4	.8

⑦

	9	.0
−	2	.6
	6	.4

9を9.0と考えて計算します。

⑧

	6	
−	4	.3

⑨

	8	
−	7	.2

⑩

	1	3	.6
−		4	.5
		9	.1

答えの十のくらいの0はかきません。

⑪

	1	0	
−		2	.8

まとめテスト

月　　日 名前

まとめ ⑰

小　数

／50点

① 次(つぎ)の数をかきましょう。

（1つ5点／20点）

① 1と0.8をあわせた数。（　　　　）

② 3と0.2をあわせた数。（　　　　）

③ 0.1を5こ集(あつ)めた数。（　　　　）

④ 0.1を16こ集めた数。（　　　　）

② 次の計算をしましょう。

（1つ5点／20点）

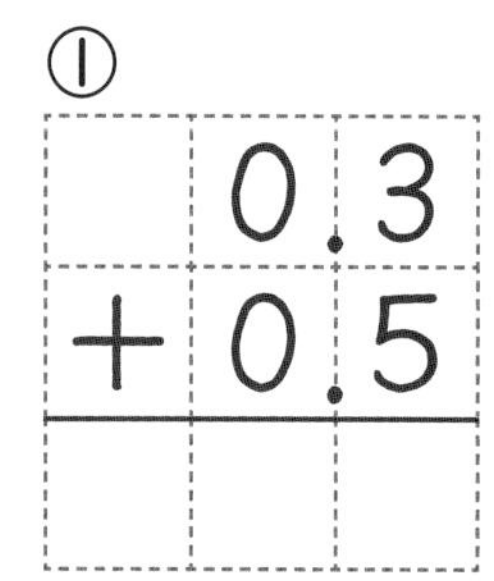

①
$$\begin{array}{r} 0.3 \\ +\ 0.5 \\ \hline \end{array}$$

②
$$\begin{array}{r} 3.6 \\ +\ 2.9 \\ \hline \end{array}$$

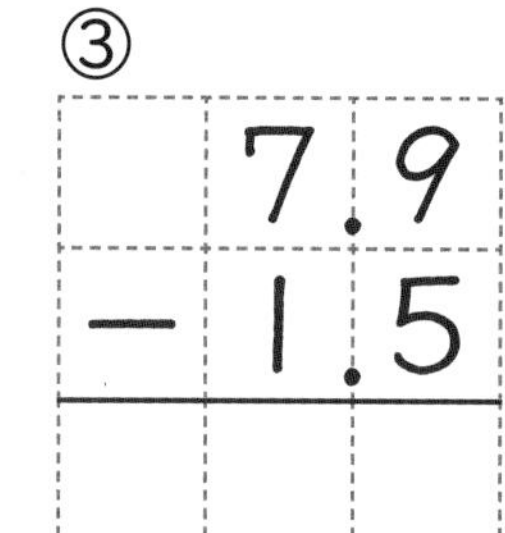

③
$$\begin{array}{r} 7.9 \\ -\ 1.5 \\ \hline \end{array}$$

④
$$\begin{array}{r} 6.3 \\ -\ 2.7 \\ \hline \end{array}$$

③ 4.8mのリボンと3.6mのリボンをつなぎました。あわせて何mになりますか。

（10点）

式(しき)

答え

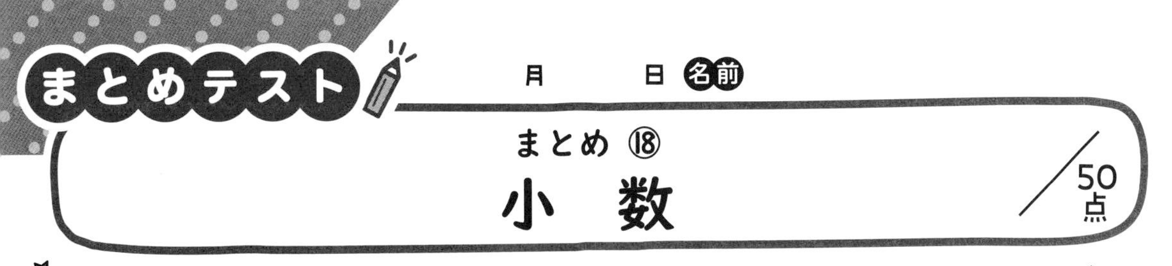

まとめ ⑱

小　数

50点

1 数直線で①～④が表(あらわ)す小数をかきましょう。（1つ5点／20点）

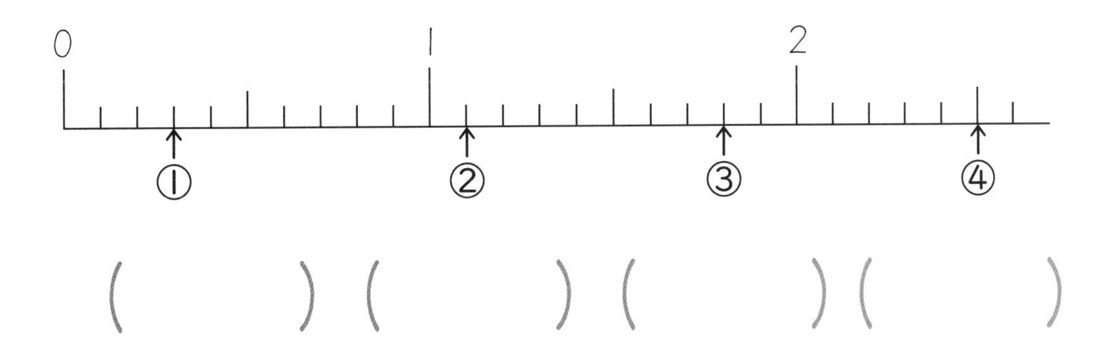

（　　　）（　　　）（　　　）（　　　）

2 次の計算をしましょう。（1つ5点／20点）

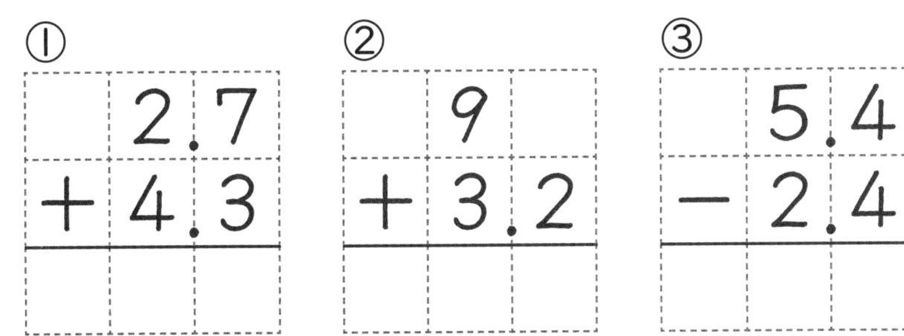

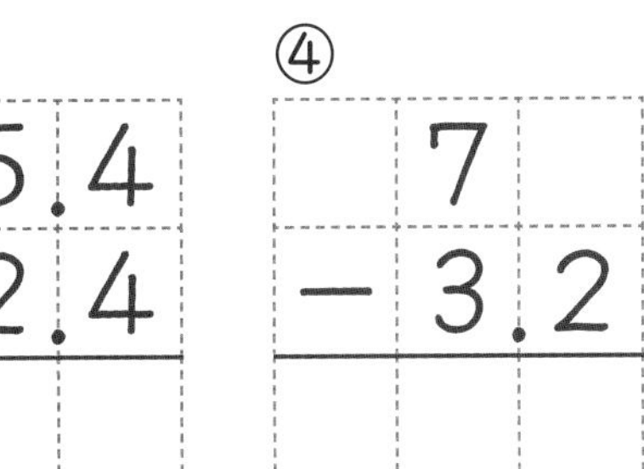

3 ジュースが3Lあります。1.2L飲(の)みました。
のこりは何Lですか。（10点）

式

答え

分　数 ①

分数とは

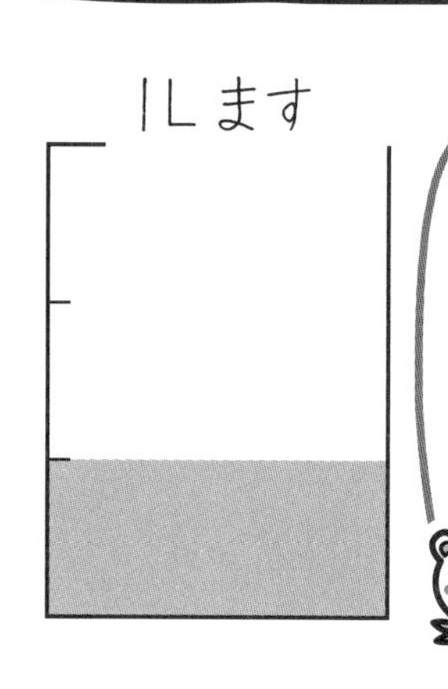

水が、1Lますを3等分(とうぶん)した1こ分入っています。

これは$\frac{1}{3}$Lです。

三分の一リットルと読みます。

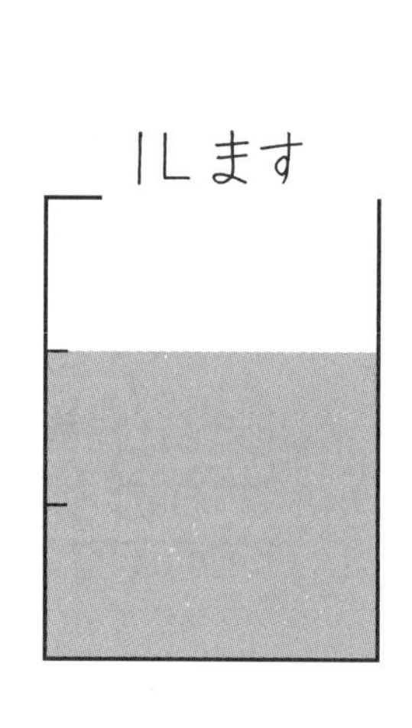

$\frac{1}{3}$Lの2こ分は$\frac{2}{3}$Lです。

$\frac{1}{3}$や$\frac{2}{3}$を分数といいます。

$\frac{2}{3}$ 2……分子、3……分母

● 次(つぎ)のかさを分数で表(あらわ)しましょう。

① 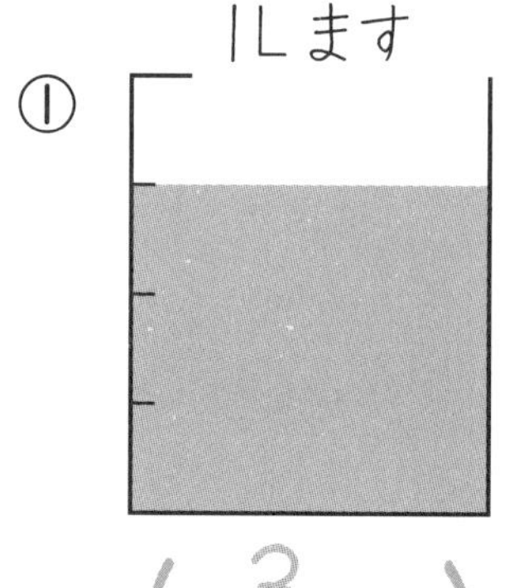

（ $\frac{3}{4}$L ）

② 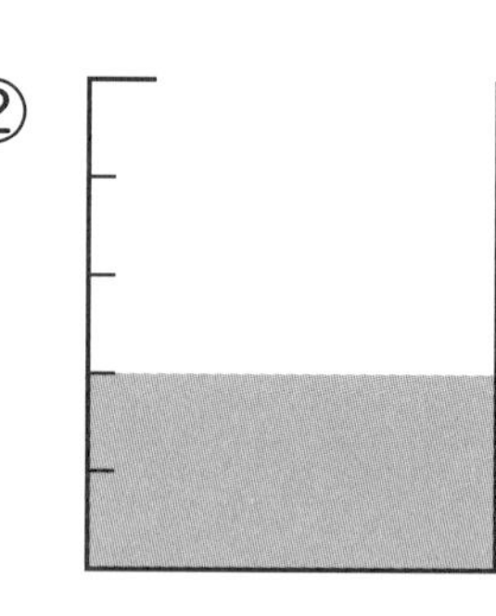

（　　　　）

③ 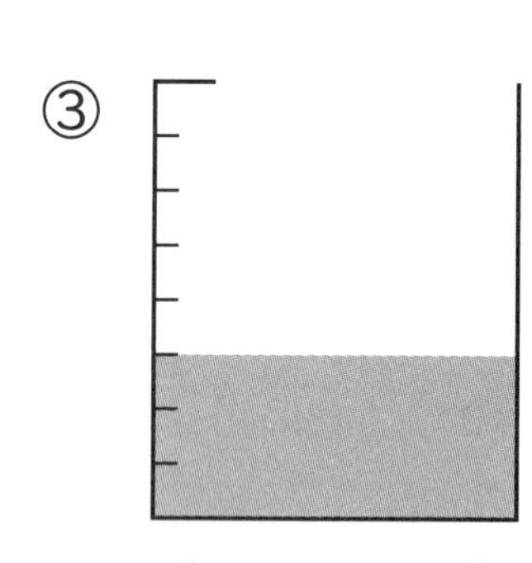

（　　　　）

月　　日 名前

分　数②

分数とは

① 次のかさだけ1Lますに色をぬりましょう。

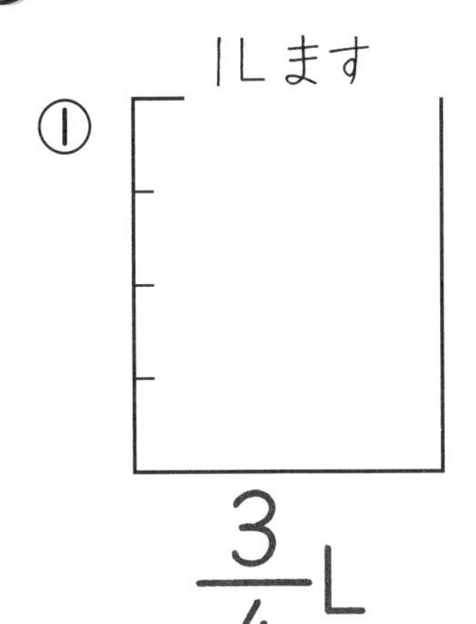

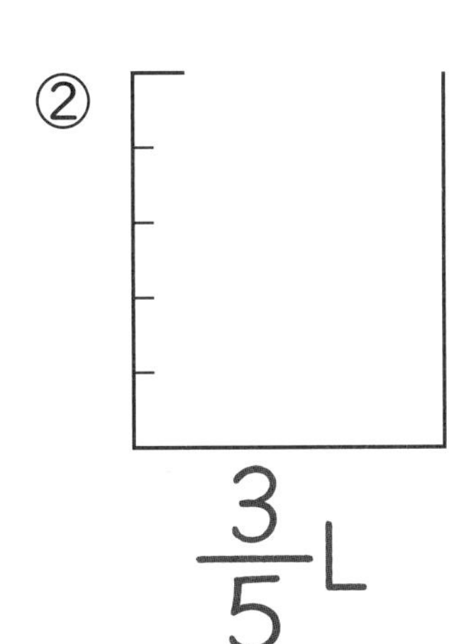

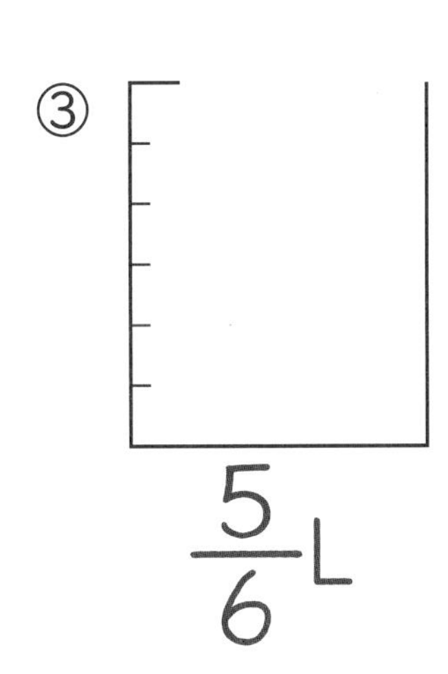

$\frac{3}{4}$L　　$\frac{3}{5}$L　　$\frac{5}{6}$L

② 0.6Lを分数を使って表しましょう。

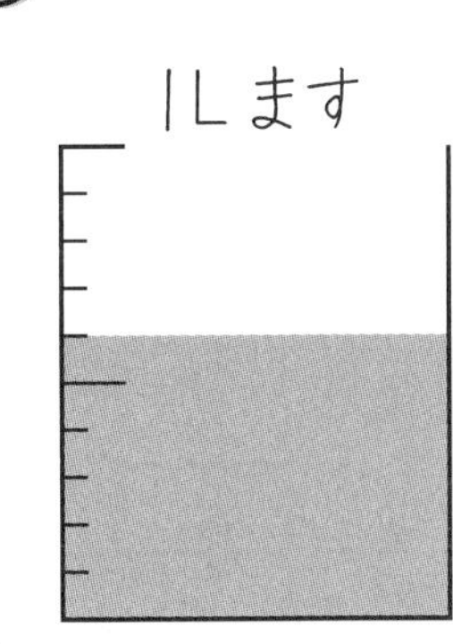

$0.1=\frac{1}{10}$

0.6Lは、0.1L$\left(\frac{1}{10}\text{L}\right)$が6つ分だから

0.6L＝□L

③ 次の分数は小数で、小数は分数で表しましょう。

① $0.6=\frac{}{10}$　　② $0.8=\frac{}{10}$

③ $0.3=\frac{}{10}$　　④ $\frac{5}{10}=$

⑤ $\frac{8}{10}=$　　⑥ $\frac{7}{10}=$

月　　日 名前

分　数③

分数の大きさ

1 次(つぎ)の長さを分数で表(あらわ)して、(　　)にかきましょう。

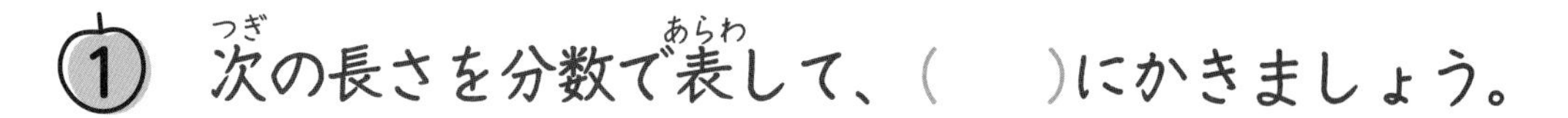

① 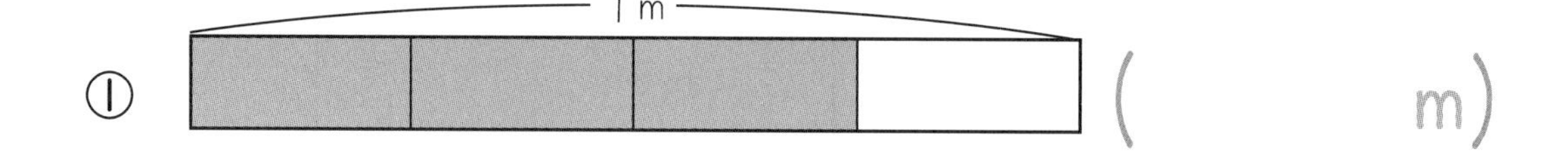 (　　　m)

② 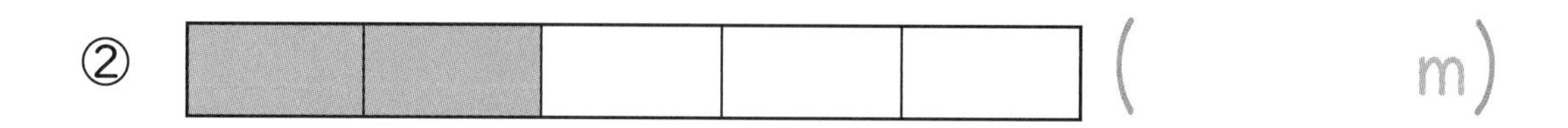 (　　　m)

③ 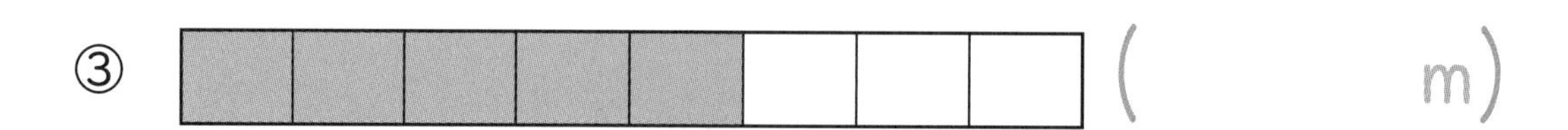 (　　　m)

2 次の長さだけテープに色をぬりましょう。

① 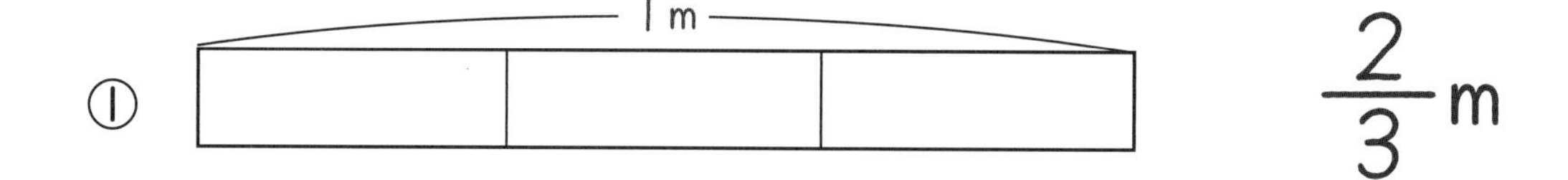 $\frac{2}{3}$m

② $\frac{1}{4}$m

③ $\frac{4}{5}$m

月　　日 名前

分　数 ④

分数の大きさ

図を見て、答えましょう。

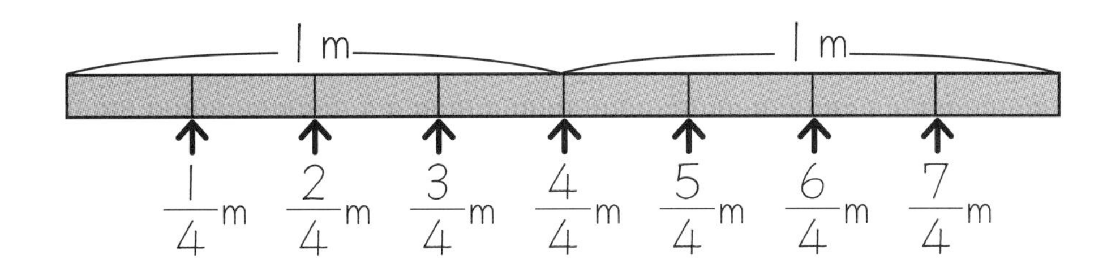

① 1mと同じ長さを分数で表しましょう。

$$1\text{m} = \frac{\square}{\square}\text{m}$$

※1は、分子と分母が同じ分数で表すことができます。

② 次の2つの数をくらべて、不等号（<，>）か等号（＝）をかきましょう。

㋐ $\frac{1}{4}$ $\boxed{<}$ $\frac{3}{4}$　　㋑ 1 $\square$ $\frac{4}{4}$

㋒ $\frac{5}{4}$ $\square$ $\frac{2}{4}$　　㋓ $\frac{3}{3}$ $\square$ 1

㋔ 1 $\square$ $\frac{4}{3}$　　㋕ $\frac{4}{5}$ $\square$ 1

月　　日 名前

分数⑤
たし算

① $\frac{1}{5}+\frac{2}{5}$を考えましょう。

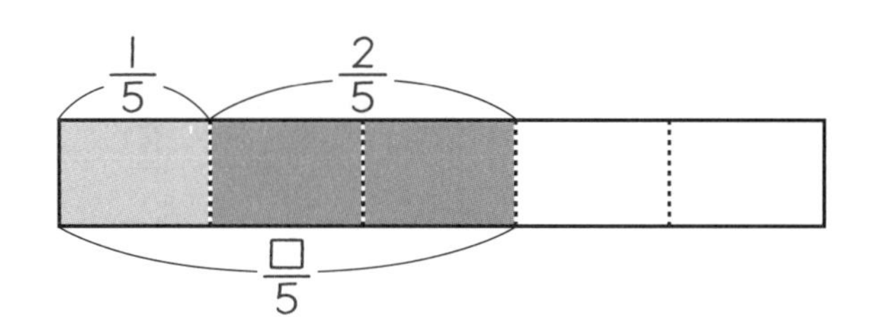

計算をすると

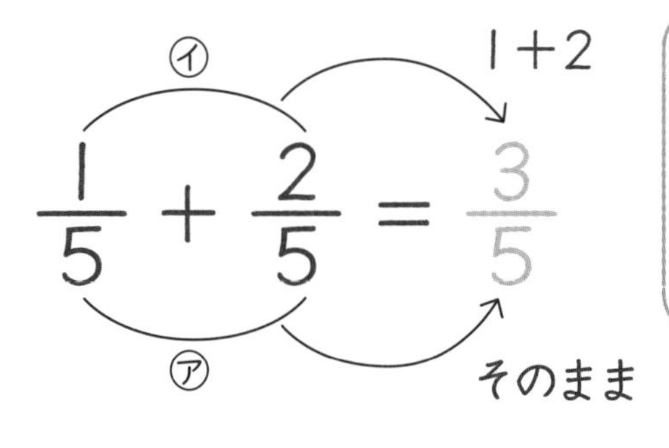

分母が同じ分数のたし算は、
㋐　分母はそのまま。
㋑　分子をたし算する。
（1＋2＝3）

② 次(つぎ)の計算をしましょう。

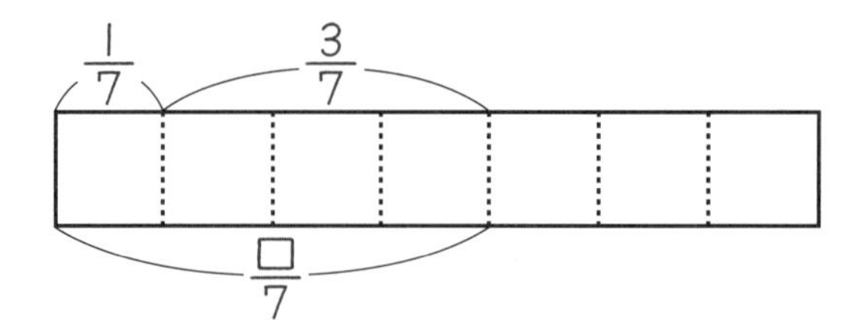

$\frac{1}{7}+\frac{3}{7}=$ □

月　　日 名前

分数⑥

たし算

次の計算をしましょう。

① $\frac{1}{3}+\frac{1}{3}=\frac{2}{3}$　　② $\frac{2}{7}+\frac{3}{7}=$

③ $\frac{1}{5}+\frac{3}{5}=$　　④ $\frac{1}{9}+\frac{4}{9}=$

次の計算をしましょう。

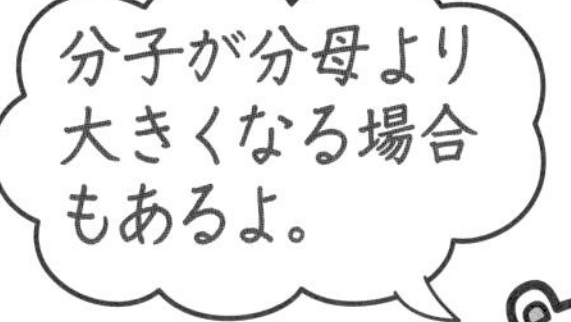

分子が分母より
大きくなる場合
もあるよ。

答えが整数(せいすう)になるときは、
整数で答えましょう。

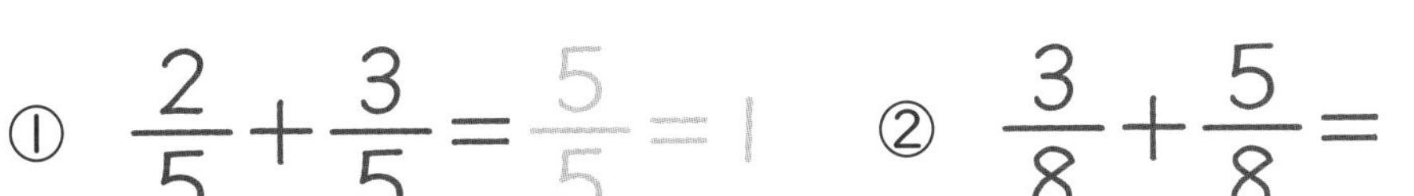

① $\frac{2}{5}+\frac{3}{5}=\frac{5}{5}=1$　　② $\frac{3}{8}+\frac{5}{8}=$

③ $\frac{3}{7}+\frac{4}{7}=$　　④ $\frac{4}{9}+\frac{5}{9}=$

⑤ $\frac{3}{4}+\frac{2}{4}=$　　⑥ $\frac{4}{8}+\frac{7}{8}=$

月　　日 名前

分数⑦

ひき算

1 $\frac{3}{5}-\frac{2}{5}$ を考えましょう。

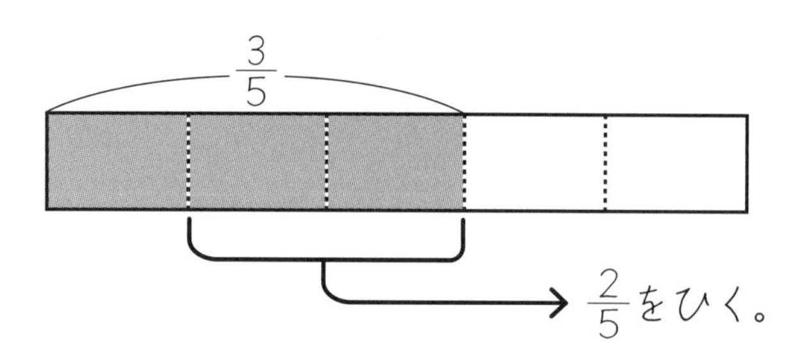

計算をすると

$$\frac{3}{5}-\frac{2}{5}=\frac{1}{5}$$

㋑ 3−2

㋐ そのまま

分母が同じ分数のひき算は、
㋐ 分母はそのまま。
㋑ 分子をひき算する。
(3−2=1)

2 次(つぎ)の計算をしましょう。

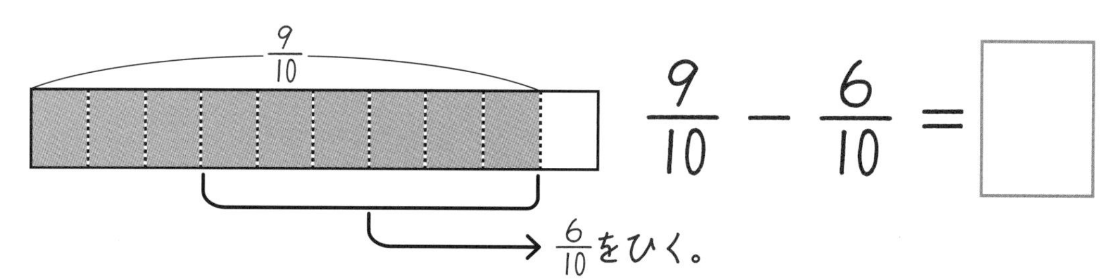

3 次の計算をしましょう。

① $\frac{3}{5}-\frac{2}{5}=$

② $\frac{7}{8}-\frac{4}{8}=$

③ $\frac{6}{7}-\frac{2}{7}=$

④ $\frac{8}{9}-\frac{4}{9}=$

月　　日 名前

分　数⑧
ひき算

1 次の計算をしましょう。

① $\frac{7}{5}-\frac{3}{5}=$　　② $\frac{5}{4}-\frac{2}{4}=$

③ $\frac{9}{6}-\frac{4}{6}=$　　④ $\frac{9}{7}-\frac{3}{7}=$

2 次の計算をしましょう。

① ㋐ $1-\frac{1}{6}=\frac{6}{6}-\frac{1}{6}$

$=\frac{5}{6}$

㋐ 1を、ひく数 $\frac{1}{6}$ の分母とあわせて、$\frac{6}{6}$ にします。

1は、分母と分子が同じならどんな分数にもなります。

② $1-\frac{1}{3}=$

$=$

③ $1-\frac{3}{5}=$

$=$

④ $1-\frac{4}{7}=$

$=$

⑤ $1-\frac{5}{8}=$

$=$

月　日 名前

まとめ ⑲

分　数

/50点

1 次(つぎ)のかさを分数で表(あらわ)しましょう。

（1つ5点／10点）

①

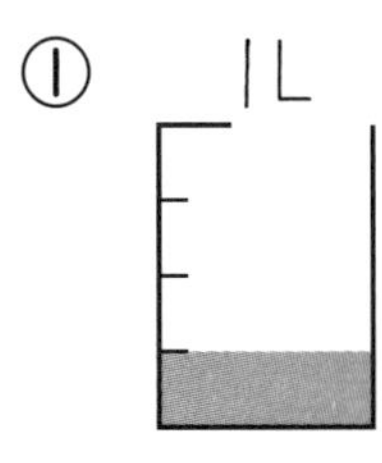

（　　　）L

②

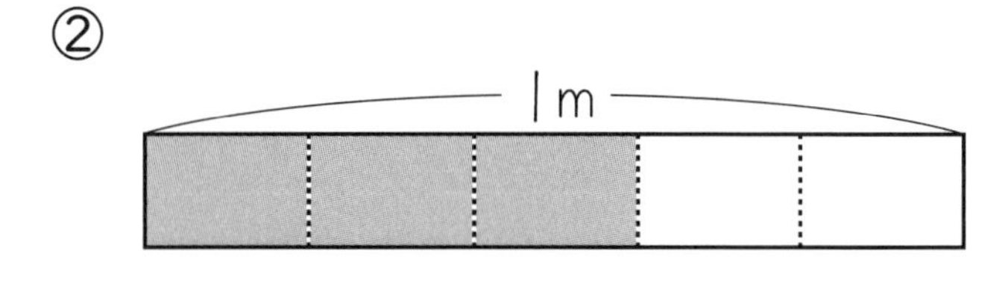

（　　　）m

2 □にあてはまる等号(とうごう)や不等号(ふとうごう)をかきましょう。

（1つ5点／10点）

① $\frac{1}{7}$ □ $\frac{3}{7}$

② $\frac{4}{4}$ □ 1

3 次の計算をしましょう。

（1つ5点／20点）

① $\frac{2}{5}+\frac{1}{5}=$

② $\frac{2}{9}+\frac{3}{9}=$

③ $\frac{7}{8}-\frac{4}{8}=$

④ $\frac{5}{6}-\frac{1}{6}=$

4 赤いテープは$\frac{1}{4}$m、青いテープは$\frac{2}{4}$mあります。あわせて何mになりますか。

（10点）

式(しき)

答え

月　　日 名前

まとめ ⑳

分数

1 □にあてはまる数をかきましょう。（1つ5点／20点）

① $\frac{1}{5}$を3こ集(あつ)めた数は$\frac{\square}{\square}$です。

② $\frac{1}{7}$を□こ集めた数は$\frac{5}{7}$です。

③ $0.1=\frac{\square}{10}$です。

④ $0.8=\frac{\square}{10}$です。

2 次の計算をしましょう。（1つ5点／20点）

① $\frac{5}{10}+\frac{4}{10}=$

② $\frac{3}{8}+\frac{5}{8}=$

③ $\frac{6}{7}-\frac{2}{7}=$

④ $1-\frac{1}{4}=$

3 ジュースが1Lあります。
$\frac{2}{5}$L飲(の)むとのこりは何Lですか。（10点）

式

答え

円と球 ①

円のせいしつ

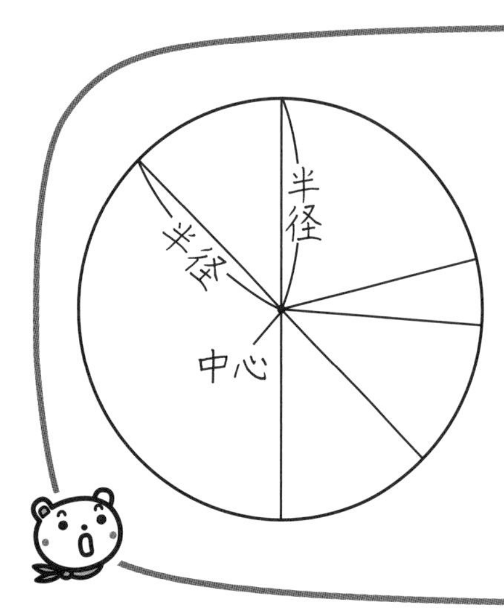

1つの点から、同じ長さになるように線をひいてできた形を円といいます。
円のまん中の点を円の中心といいます。円の中心から円のまわりまでを半径(はんけい)といいます。
半径は何本でもあります。

円のまわりから、円の中心を通り、反対(はんたい)がわの円のまわりまでひいた直線を直径(ちょっけい)といいます。直径の長さは、半径の2倍(ばい)です。直径も何本でもあります。

図を見て答えましょう。

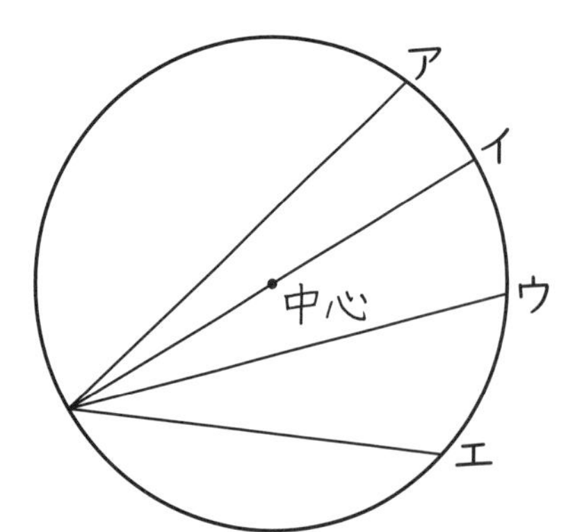

① いちばん長い直線はどれですか。

（　　　　）

② いちばん長い直線は、どこを通っていますか。

（　　　　）

月　　日 名前

円と球 ②

円のせいしつ

1 (　　)にあてはまる言葉(ことば)や数をかきましょう。

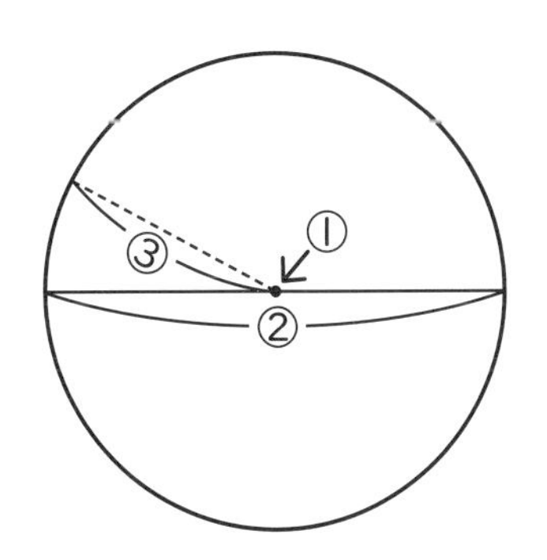

① 円の (　　　　　)

② 円の (　　　　　)

③ 円の (　　　　　)

④ 直径(ちょっけい)の長さは、半径の (　　　) 倍です。

⑤ 直径は、円の (　　　　　) を通ります。

2 (　　)にあてはまる数をかきましょう。

① 半径5cmの円の直径は (　　　) cm。

② 半径10cmの円の直径は (　　　) cm。

③ 直径8cmの円の半径は (　　　) cm。

④ 直径12cmの円の半径は (　　　) cm。

月　　日 名前

円と球 ③

円をかく

コンパスの使い方

半径（はんけい）5cmの円をかいてみましょう。

①

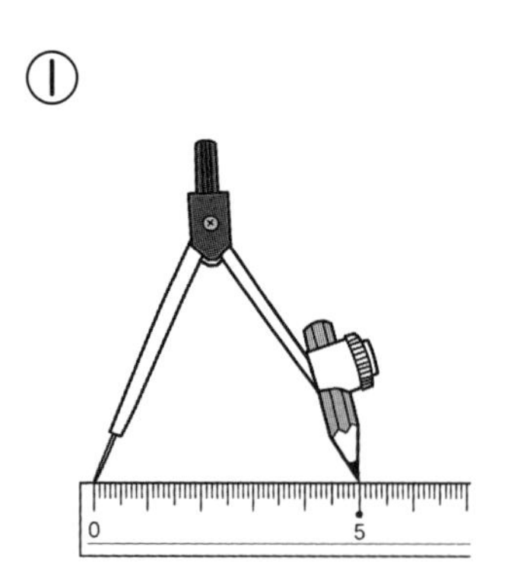

コンパスを
5cmに開（ひら）く。

②

中心を決（き）めて、
はりをさす。

（時計の40分のところからかき始（はじ）めるとかきやすい。）

ひとまわりさせる。

（なれるまでは、はりがぬけないように軽（かる）く持（も）ってもよい。）

・中心
（はりをさす）

↖かきはじめ

月　　日 名前

円と球 ④

円をかく

コンパスを使(つか)って、円をかきましょう。

① 半径2cmの円

② 半径3cmの円

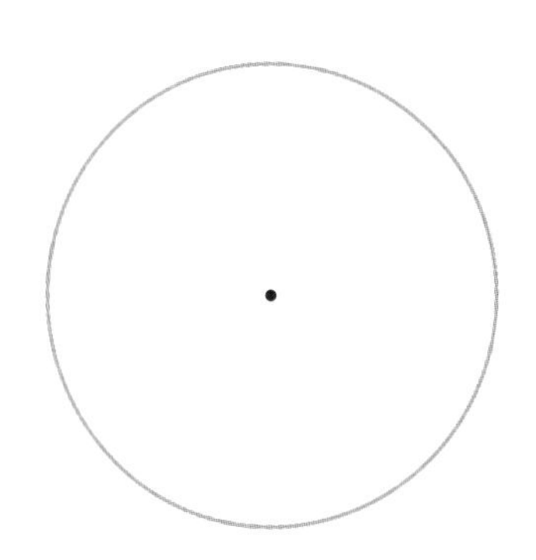

③ 中心は同じで、半径4cmの円と半径5cmの円

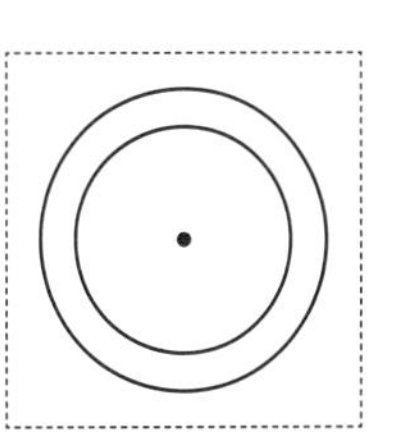

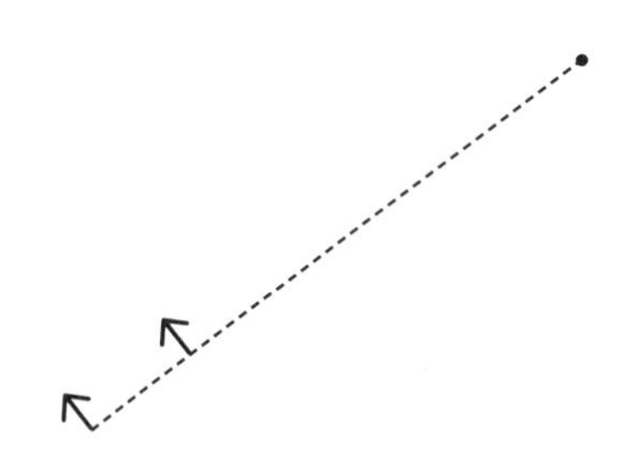

月　　日 名前

円と球 ⑤

円をかく

1 コンパスを使(つか)って、円をかきましょう。

① 直径(ちょっけい)4cmの円

② 直径6cmの円

③ 直径8cmの円

2 コンパスで、下の直線を3cmずつに区切(くぎ)りましょう。

月　　日 名前

円と球 ⑥

球

ボールのように、どこから見ても円に見える形を、球(きゅう)といいます。

1 下の図は、球を半分に切ったところです。

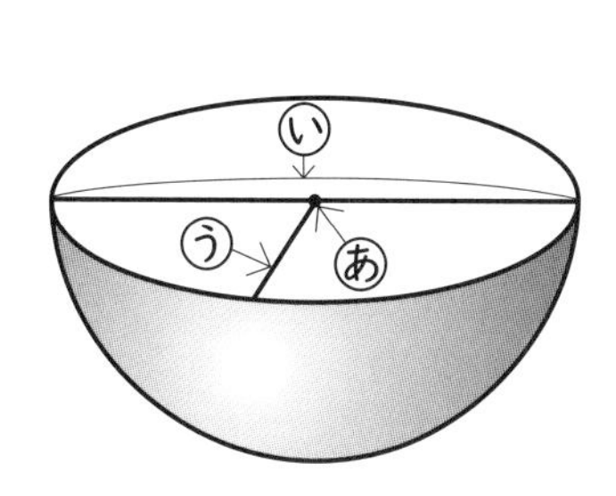

① あ、い、うは、それぞれ何といいますか。

あ　球の（　　　　　　）

い　球の（　　　　　　）

う　球の（　　　　　　）

② 切り口は何という形ですか。

（　　　　　　）

2 箱(はこ)の中にボール6こがぴったり入っています。

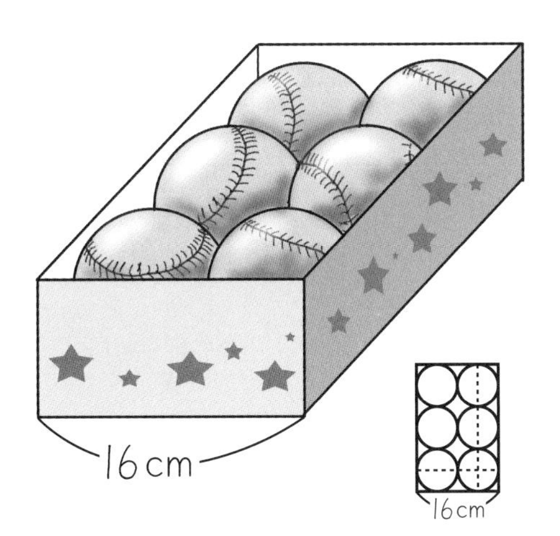

このボールの直径は何cmですか。

式(しき)

（　　　　　　）

まとめテスト　　月　　日 名前

まとめ ㉑

円と球

50点

1 (　　)にあてはまる言葉や数をかきましょう。

（1つ5点／30点）

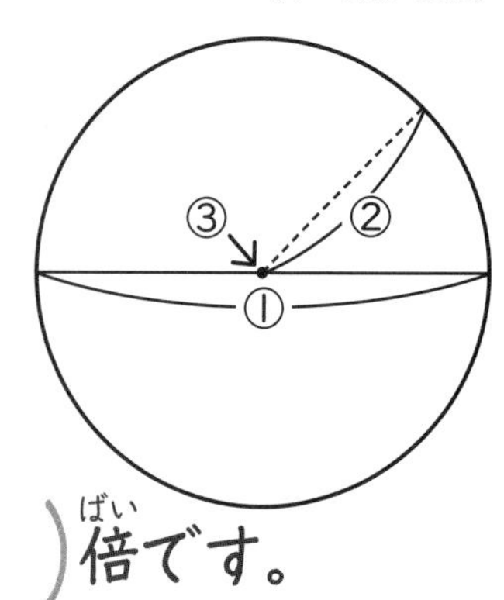

① 円の(　　　　)

② 円の(　　　　)

③ 円の(　　　　)

④ 直径の長さは半径の長さの(　　　　)倍です。

⑤ 直径は円の(　　　　)を通ります。

⑥ 半径5cmの円の直径は(　　　　)cmです。

2 コンパスを使って円をかきましょう。（1つ10点／20点）

① 半径3cmの円　　　② 直径4cmの円

まとめテスト　月　日 名前

まとめ ㉒

円と球

／50点

1 右の図は、球（きゅう）を半分に切ったものです。（1つ5点／20点）

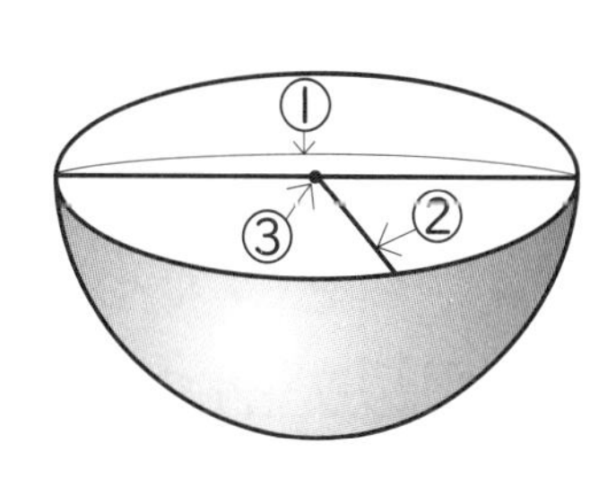

① 球の（　　　　　　）

② 球の（　　　　　　）

③ 球の（　　　　　　）

④ 切り口はどんな形ですか。（　　　　　　）

2 つつの中にボールが4こ入っています。
このボールの直径は何cmですか。（10点）

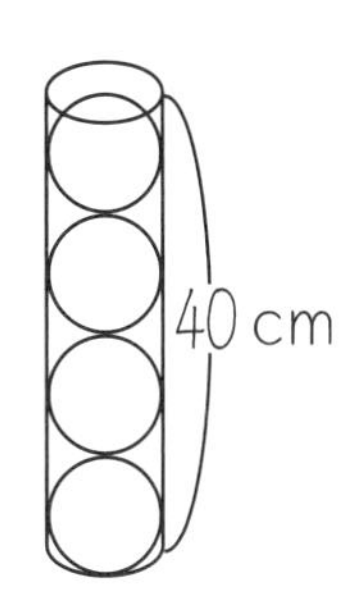

式（しき）

答え

3 箱（はこ）の中にボールが6こ入っています。

① このボールの直径は何cmですか。（10点）

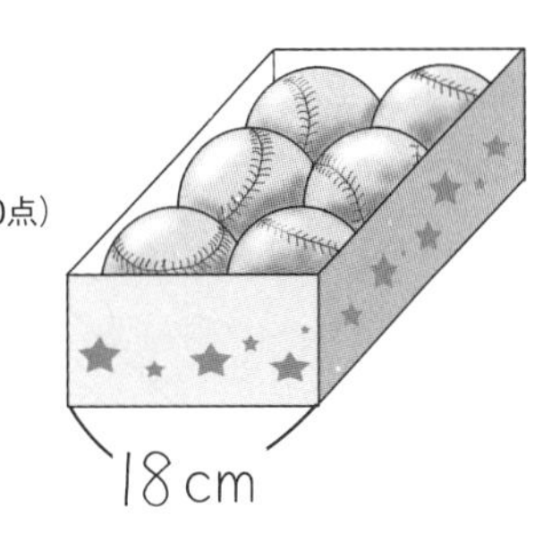

式

答え

② 箱のたての長さは何cmですか。（10点）

式

答え

三角形と角 ①

二等辺三角形・正三角形

1つの点を通る2本の直線がつくる形を角といいます。
角をつくる直線を辺(へん)といいます。
辺があう所(ところ)をちょう点といいます。

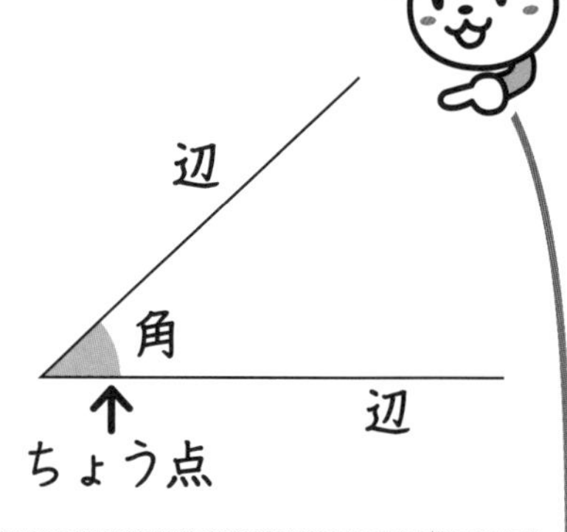

2つの辺の長さが等しい三角形を二等辺三角形(にとうへんさんかくけい)といいます。

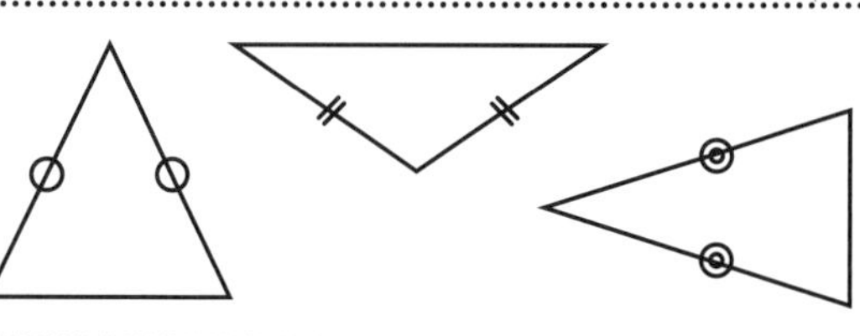

3つの辺の長さがみんな等しい三角形を正三角形といいます。

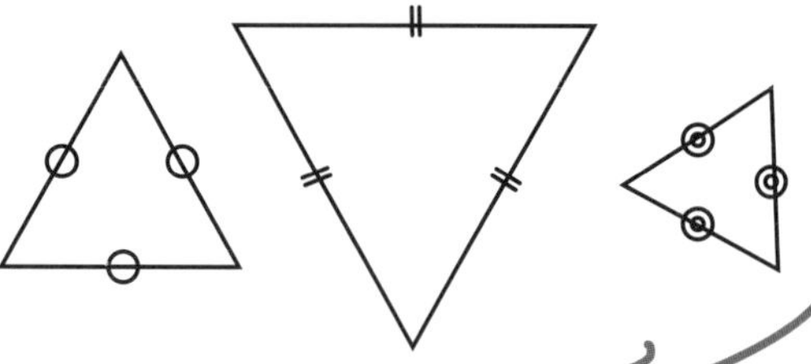

● 正三角形と二等辺三角形に分けましょう。

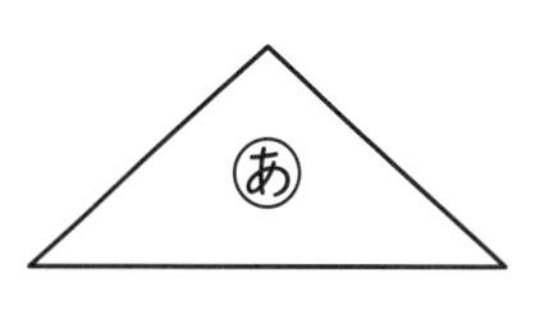

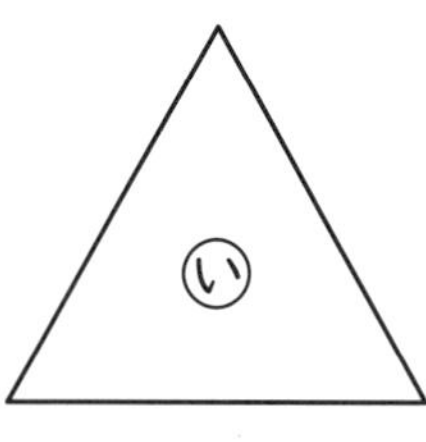

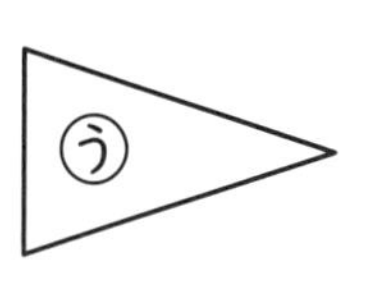

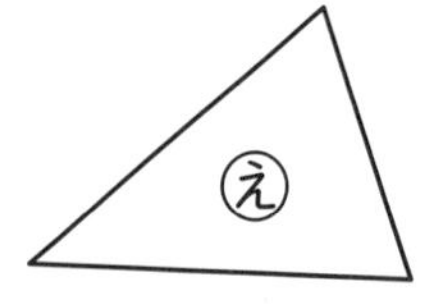

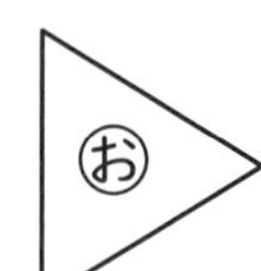

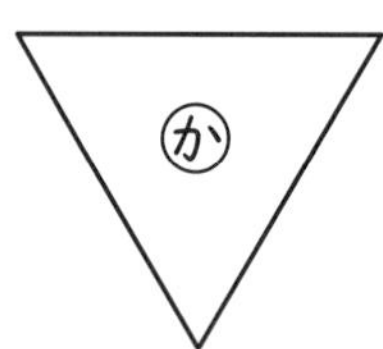

正三角形		二等辺三角形	

月　　日 名前

三角形と角 ②

二等辺三角形をかく

1 二等辺三角形をかきましょう。

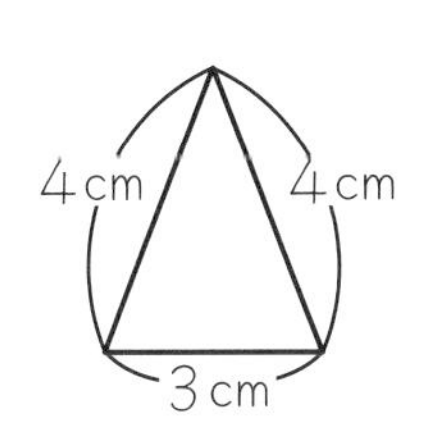

① 3cmの辺を引く

② コンパスで4cmのところにしるしをつける

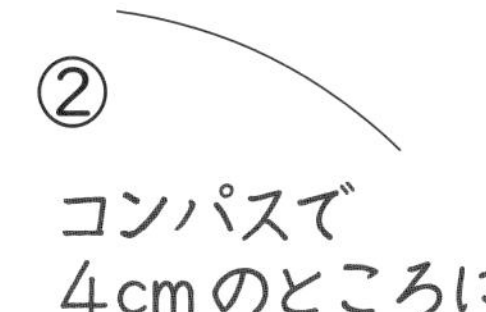

はり

③ 下の辺の反対(はんたい)がわから4cmの線が交わるようにしるしをつける

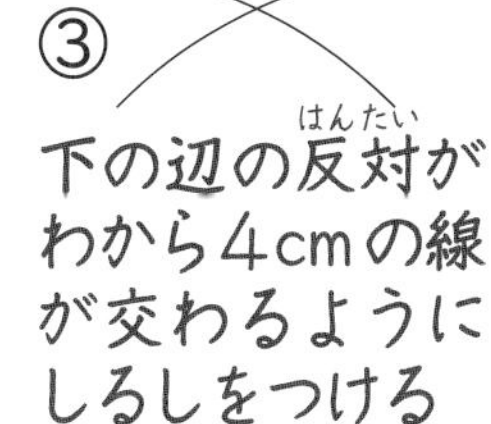

はり

④ 辺をむすぶ

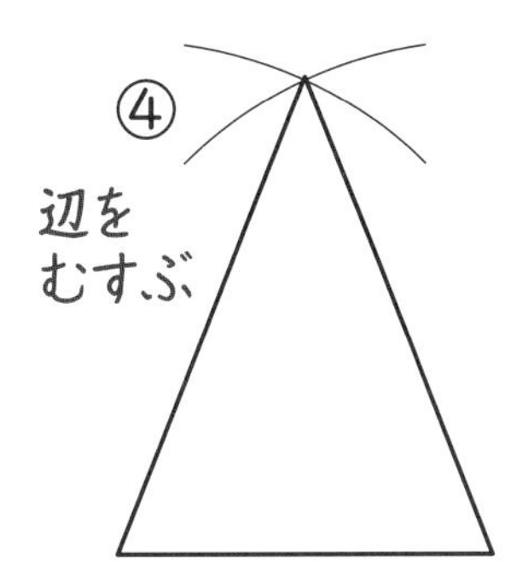

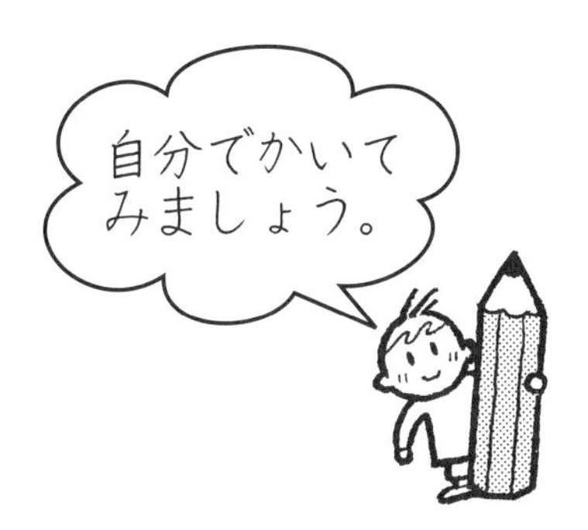

2 二等辺三角形をかきましょう。

①

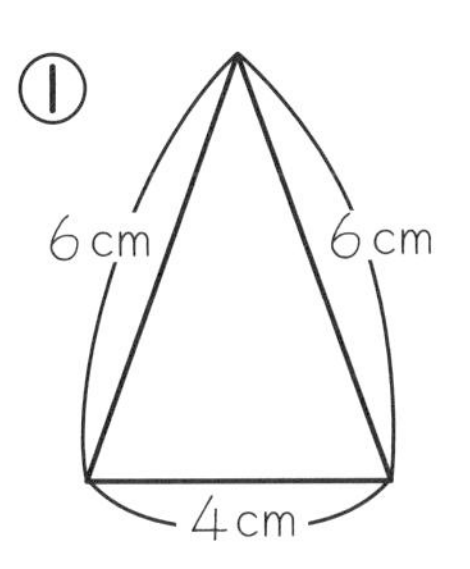

②

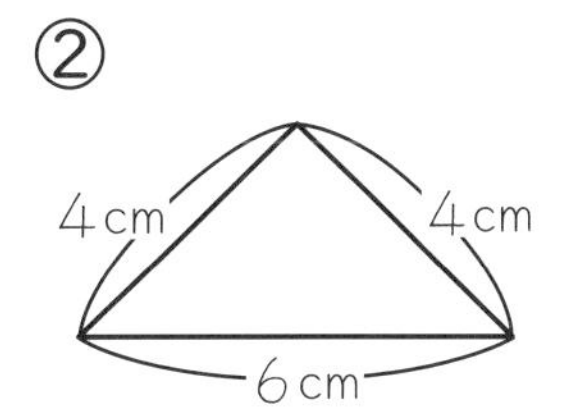

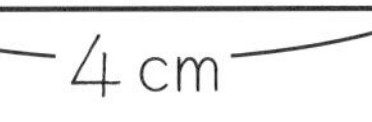

月　　日 名前

三角形と角 ③

正三角形をかく

正三角形をかきます。

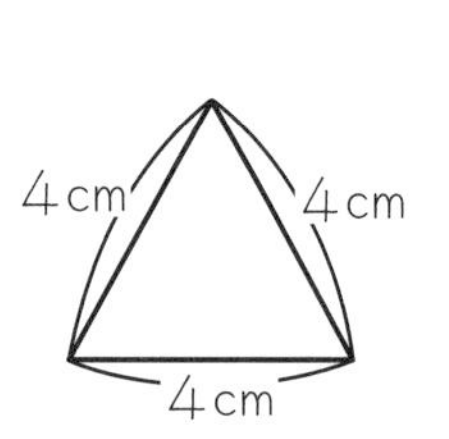

①

4cmの辺を
引く

②

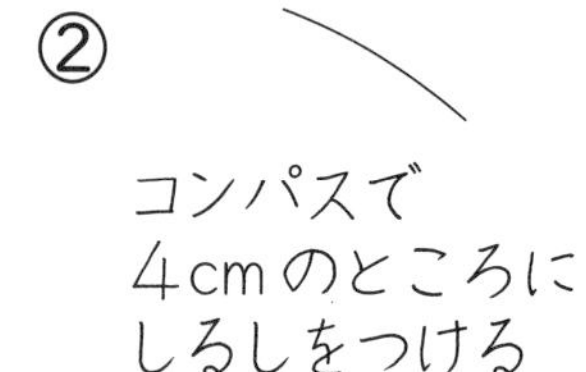

コンパスで
4cmのところに
しるしをつける

はり

③

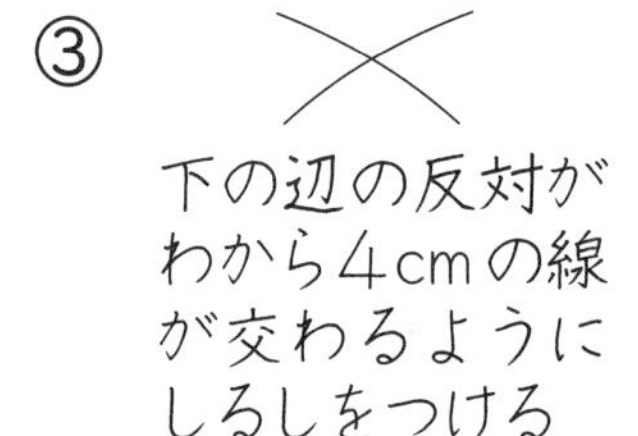

下の辺の反対がわから4cmの線が交わるようにしるしをつける

はり

④

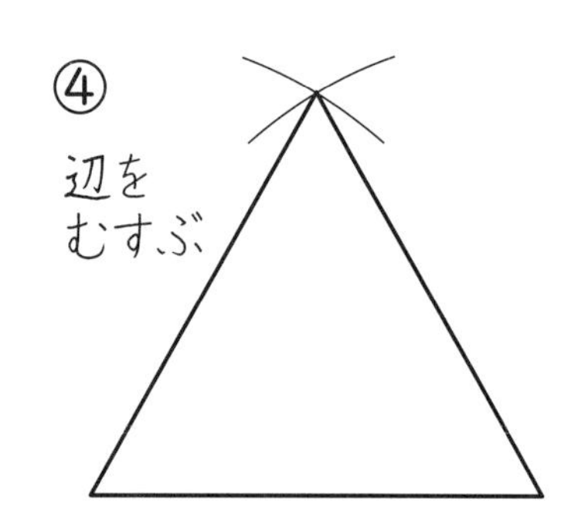

辺を
むすぶ

辺の長さが5cmの正三角形と、辺の長さが6cmの正三角形をかきましょう。

① 5cm

② 6cm

月　　日 名前

三角形と角 ④

正三角形と二等辺三角形の角

紙にかいた二等辺三角形を切りとり、角が重なるようにして、大きさをくらべましょう。

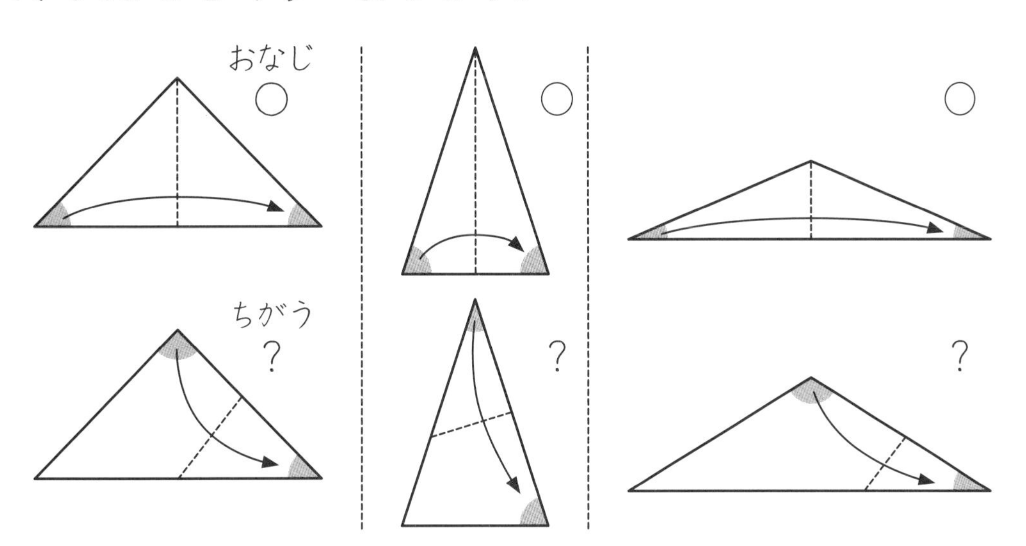

紙にかいた正三角形を切りとり、角が重なるようにして、大きさをくらべましょう。

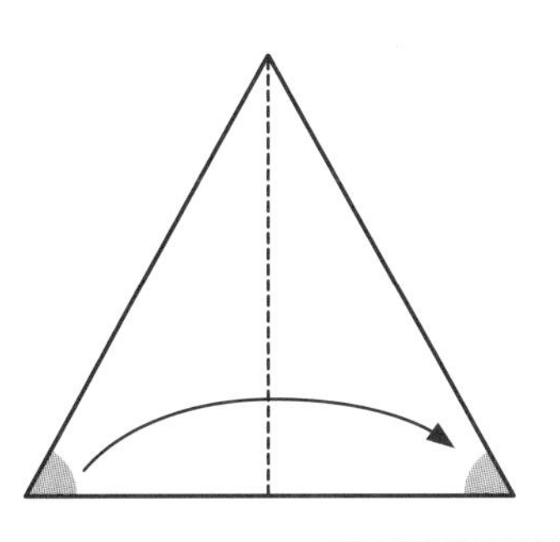

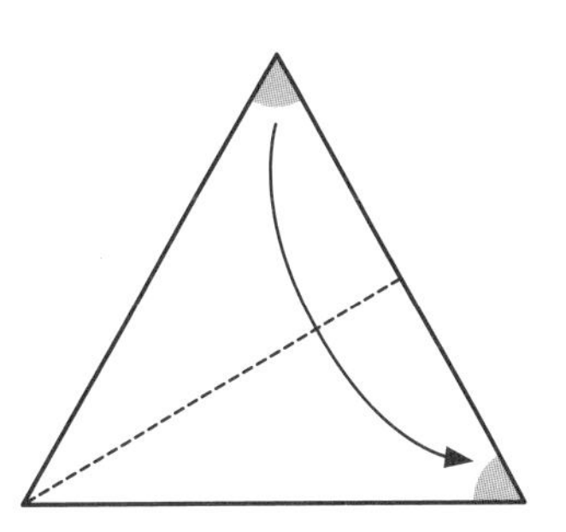

二等辺三角形は、２つの角の大きさが同じです。

正三角形は、３つの角の大きさがみな同じです。

まとめテスト　月　日 名前

まとめ ㉓

三角形と角

① 次の三角形の中から二等辺三角形と正三角形をえらびましょう。

（1つ5点／20点）

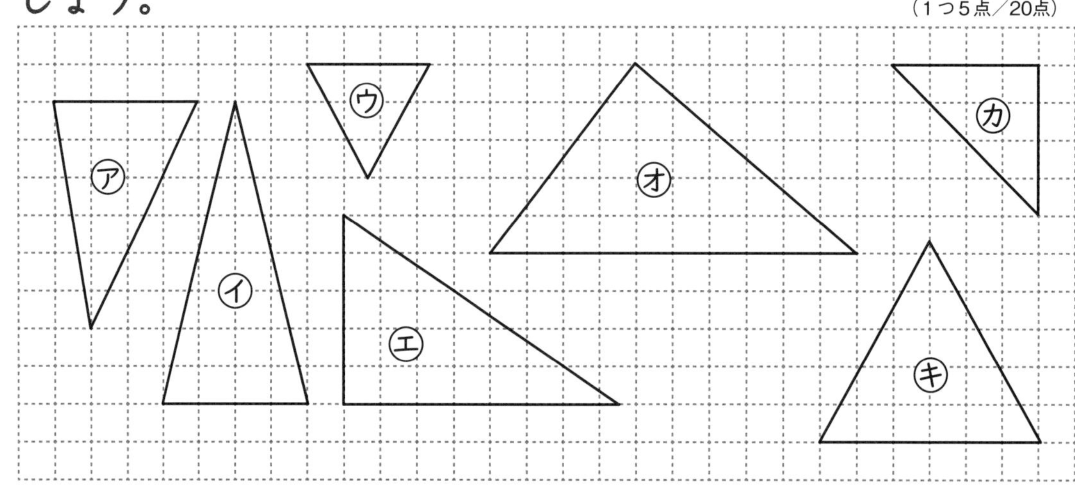

二等辺三角形（　　）（　　）　正三角形（　　）（　　）

② 次の円を使って二等辺三角形と正三角形をかきましょう。

（1つ5点／10点）

二等辺三角形　　正三角形

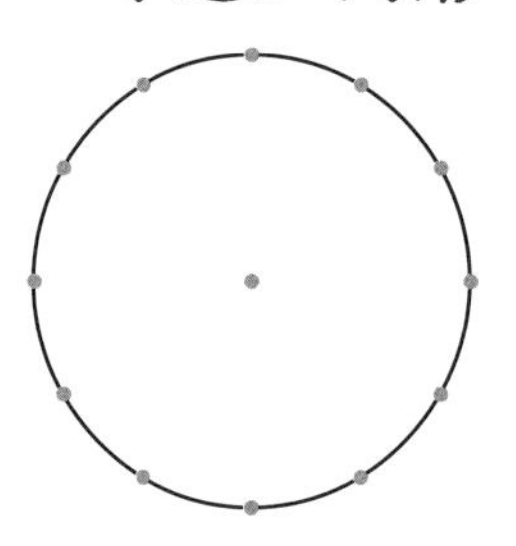

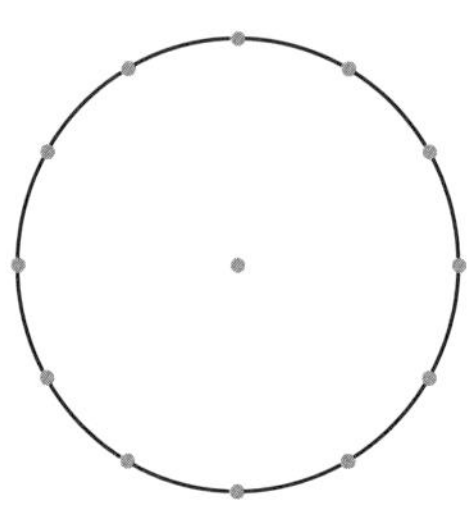

③ □にあてはまる数をかきましょう。

（□1つ5点／20点）

① 二等辺三角形は□つの辺の長さが等しく、□つの角の大きさが等しい三角形です。

② 正三角形は□つの辺の長さが等しく、□つの角の大きさが等しい三角形です。

まとめテスト

月　　日 名前

まとめ ㉔

三角形と角

/50点

1 (　　)にあてはまる言葉(ことば)をかきましょう。 (1つ5点／15点)

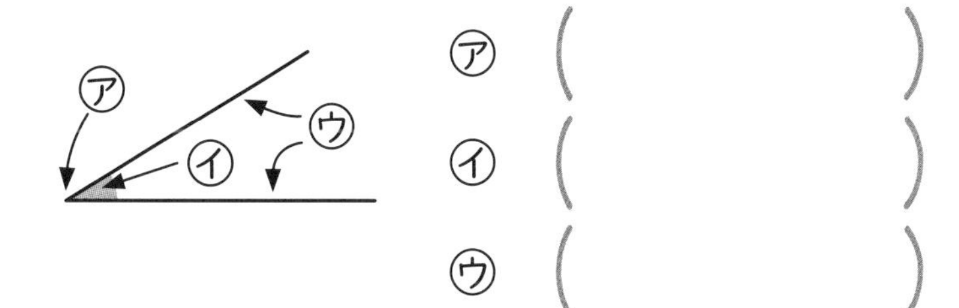

ア (　　　　　)

イ (　　　　　)

ウ (　　　　　)

2 同じ形の三角じょうぎ2まいを、図のようにならべました。何という三角形になりましたか。名前をかきましょう。 (1つ5点／15点)

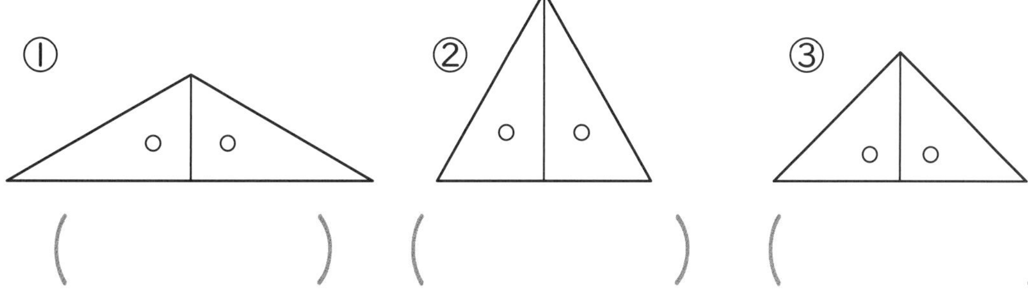

(　　　　　)　(　　　　　)　(　　　　　)

3 次の三角形をかきましょう。 (1つ10点／20点)

① 3つの辺が4cmの正三角形

② 辺の長さが5cm、4cm、4cmの二等辺三角形

月　　日 名前

□を使った式 ①

たし算の式

1 色紙を20まい持(も)っていました。姉から何まいかもらったので25まいになりました。

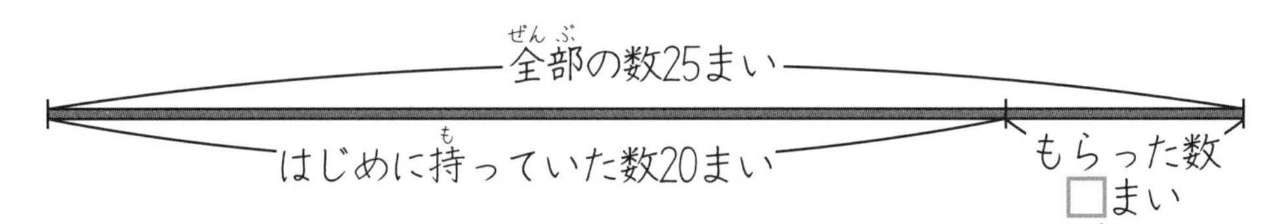

① 姉にもらった数を□まいとして、たし算の式(しき)に表(あらわ)しましょう。

はじめの数　　もらった数　　全部

式（　　　＋　　　＝　　　）

② □をもとめる式と答えをかきましょう。

式

答え

2 色紙を30まい持っていました。兄から何まいかもらったので37まいになりました。兄からもらった数を□まいとして式に表し、答えを出しましょう。

式

答え

□を使った式 ②

ひき算の式

1 色紙を何まいか持っていました。8まい使(つか)ってのこりを数えると12まいでした。

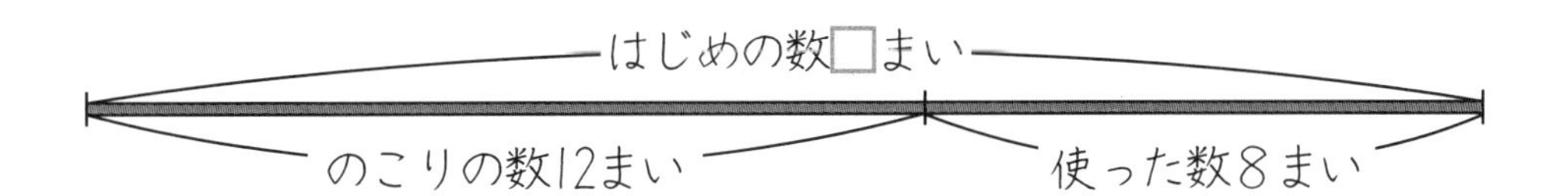

① はじめに持っていた数を□まいとして、ひき算の式(しき)に表しましょう。

はじめの数　　使った数　　のこりの数

式（　　　－　　　＝　　　）

② □をもとめる式と答えをかきましょう。

式

答え

2 色紙を何まいか持っていました。10まい使ってのこりを数えると14まいでした。はじめに持っていた数を□まいとして式に表し、答えを出しましょう。

式

答え

月　　日 名前

□を使った式 ③

かけ算の式

1 クッキーが□まいずつ入った箱(はこ)が5つあります。
クッキーは全部(ぜんぶ)で30まいあります。

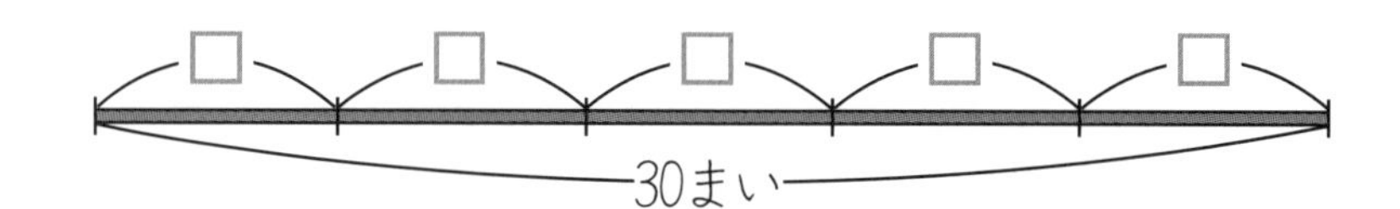

① 1箱のクッキーの数を□まいとして、かけ算の式(しき)をかきましょう。

式（　　　　×　　　　＝　　　　）

② □をもとめる式と答えをかきましょう。

式

答え＿＿＿＿＿＿＿＿

2 クッキーが□まいずつ入った箱が7つあります。クッキーは全部で56まいあります。1箱のクッキーの数□まいとして、式に表(あらわ)し、答えを出しましょう。

式

答え＿＿＿＿＿＿＿＿

□を使った式 ④

わり算の式

1 あめを５人に同じ数だけ配(くば)ったら、１人分は６こになりました。

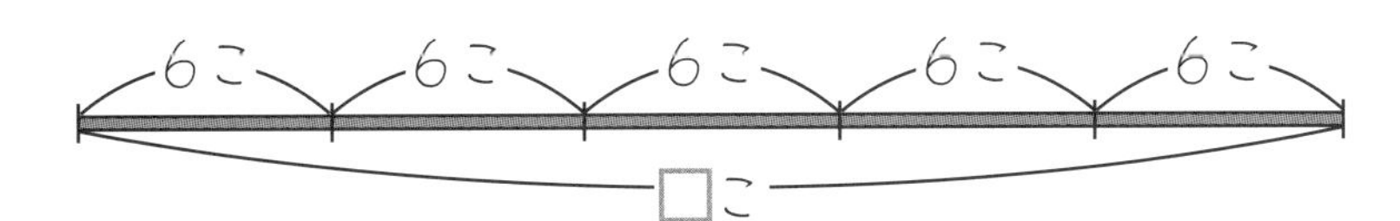

① 全部のあめの数を□こととして、わり算の式(しき)をかきましょう。

式（　　÷　　＝　　）

② □をもとめる式と答えをかきましょう。

式

答え

2 あめを６人に同じ数だけ配ったら、１人分は８こになりました。全部のあめの数を□こととして、式に表し、答えを出しましょう。

式

答え

初級算数習熟プリント　小学3年生

2023年２月20日　第１刷　発行

著　者　金井（かない）　敬之（のりゆき）

発行者　面屋　洋

企　画　フォーラム・A

発行所　清 風 堂 書 店

〒530-0057　大阪市北区曽根崎２-11-16

TEL　06-6316-1460／FAX　06-6365-5607

振 替　00920-6-119910

制作編集担当　蒔田　司郎

表紙デザイン　ウエナカデザイン事務所

※乱丁・落丁本はおとりかえいたします。

学力の基礎をきたえどの子も伸ばす研究会

HPアドレス　http://gakuryoku.info/

常任委員長　岸本ひとみ
事務局　〒675-0032 加古川市加古川町備後 178－1－2－102 岸本ひとみ方 ☎・Fax 0794－26－5133

① めざすもの

私たちは、すべての子どもたちが、日本国憲法と子どもの権利条約の精神に基づき、確かな学力の形成を通して豊かな人格の発達が保障され、民主平和の日本の主権者として成長することを願っています。しかし、発達の基盤ともいうべき学力の基礎を鍛えられないまま落ちこぼれている子どもたちが普遍化し、「荒れ」の情況があちこちで出てきています。

私たちは、「見える学力、見えない学力」を共に養うこと、すなわち、基礎の学習をやり遂げさせることと、読書やいろいろな体験を積むことを通して、子どもたちが「自信と誇りとやる気」を持てるようになると考えています。

私たちは、人格の発達が歪められている情況の中で、それを克服し、子どもたちが豊かに成長するような実践に挑戦します。

そのために、つぎのような研究と活動を進めていきます。

① 「読み・書き・計算」を基軸とした学力の基礎をきたえる実践の創造と普及。
② 豊かで確かな学力づくりと子どもを励ます指導と評価の探究。
③ 特別な力量や経験がなくても、その気になれば「いつでも・どこでも・だれでも」ができる実践の普及。
④ 子どもの発達を軸とした父母・国民・他の民間教育団体との協力、共同。

私たちの実践が、大多数の教職員や父母・国民の方々に支持され、大きな教育運動になるよう地道な努力を継続していきます。

② 会　　員

- 本会の「めざすもの」を認め、会費を納入する人は、会員になることができる。
- 会費は、年 4000 円とし、7 月末までに納入すること。①または②

①郵便振替　口座番号　00920－9－319769
　名　　称　学力の基礎をきたえどの子も伸ばす研究会

②ゆうちょ銀行
　店番099　店名〇九九店（ゼロキュウキュウ）　当座0319769

- 特典　研究会をする場合、講師派遣の補助を受けることができる。
　大会参加費の割引を受けることができる。
　学力研ニュース、研究会などの案内を無料で送付してもらうことができる。
　自分の実践を学力研ニュースなどに発表することができる。
　研究の部会を作り、会場費などの補助を受けることができる。
　地域サークルを作り、会場費の補助を受けることができる。

③ 活　　動

全国家庭塾連絡会と協力して以下の活動を行う。

- 全 国 大 会　全国の研究、実践の交流、深化をはかる場とし、年１回開催する。通常、夏に行う。
- 地域別集会　地域の研究、実践の交流、深化をはかる場とし、年１回開催する。
- 合宿研究会　研究、実践をさらに深化するために行う。
- 地域サークル　日常の研究、実践の交流、深化の場であり、本会の基本活動である。
　可能な限り月１回の月例会を行う。
- 全国キャラバン　地域の要請に基づいて講師派遣をする。

全 国 家 庭 塾 連 絡 会

① めざすもの

私たちは、日本国憲法と子どもの権利条約の精神に基づき、すべての子どもたちが確かな学力と豊かな人格を身につけて、わが国の主権者として成長することを願っています。しかし、わが子も含めて、能力があるにもかかわらず、必要な学力が身につかないままになっている子どもたちがたくさんいることに心を痛めています。

私たちは学力研が追究している教育活動に学びながら、「全国家庭塾連絡会」を結成しました。

この会は、わが子に家庭学習の習慣化を促すことを主な活動内容とする家庭塾運動の交流と普及を目的としています。

私たちの試みが、多くの父母や教職員、市民の方々に支持され、地域に根ざした大きな運動になるよう学力研と連携しながら努力を継続していきます。

② 会　　員

本会の「めざすもの」を認め、会費を納入する人は会員になれる。
会費は年額 1500 円とし（団体加入は年額 3000 円）、7月末までに納入する。
会員は会報や連絡交流会の案内、学力研集会の情報などをもらえる。

事務局　〒564-0041　大阪府吹田市泉町 4－29－13　影浦邦子方　☎・Fax 06－6380－0420
郵便振替　口座番号　00900－1－109969　名称　全国家庭塾連絡会

初級
算数3年生
習熟プリント
答え

月　日 名前

時こくと時間 ①

午前・午後

昼の12時までを午前、夜の12時までを午後といいます。

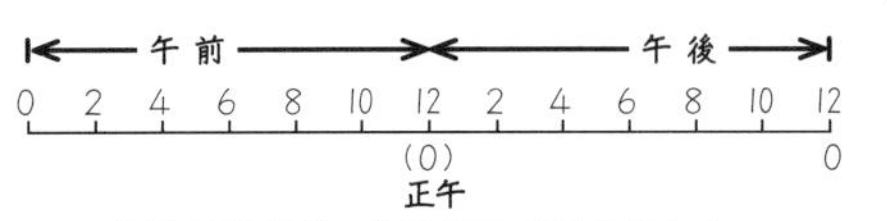

午前は12時間、午後は12時間あります。

時計の短(みじか)いはりが1回りする時間は、12時間です。

1日＝24時間

● 次(つぎ)の時計が指(さ)している時こくを、午前か午後を入れてかきましょう。

① 朝の読書

（午前８時30分）

② 1時間目

（午前８時50分）

③ 5時間目の始(はじ)まり

（午後１時50分）

④ 家に着(つ)いた

（　午後３時　）

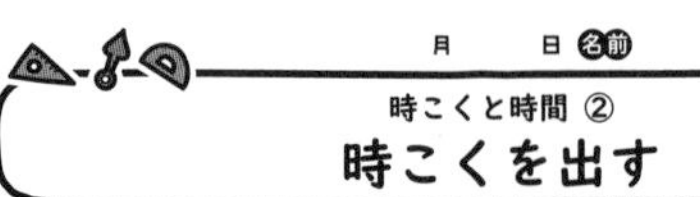

月　日 名前

時こくと時間 ②

時こくを出す

① 今、午前10時10分です。20分たつと、何時何分ですか。

式(しき)　10時10分＋20分＝10時30分

答え　午前10時30分

② 今、午前９時50分です。30分前は、何時何分ですか。

式　９時50分－30分＝９時20分

答え　午前９時20分

③ プールに行くのに、家を午後３時15分に出ました。プールまでは、40分かかります。何時何分に着きますか。

式　３時15分＋40分＝３時55分

答え　午後３時55分

月　日 名前

時こくと時間 ③

1分＝60秒

50ｍ走の時間を計るとき、ストップウォッチを使(つか)います。1分より短(みじか)い時間のたんいは秒(びょう)です。

1分＝60秒

① 50ｍをたかおさんは９秒で、ともみさんは10秒で走りました。どちらが何秒速(はや)く走りましたか。

（たかおさんが　1　秒速く走った。）

② なつきさんは、れんぞくなわとびの時間を計ってもらいました。タイム係(がかり)が、「おしい、あと３秒で１分」といいました。何秒間とんでいましたか。

式　60－３＝57

答え　57秒間

③ 次(つぎ)の時間を秒に直しましょう。

〈れい〉 1分20秒＝80秒
60秒＋20秒

① 1分5秒＝（　65　秒）

② 1分30秒＝（　90　秒）

④ 次の時間を分と秒に直しましょう。

〈れい〉 90秒＝1分30秒
90秒－60秒＝30秒

① 95秒＝（　1　分　35　秒）

② 110秒＝（　1　分　50　秒）

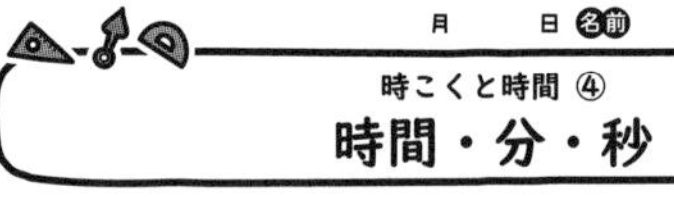

月　日 名前

時こくと時間 ④

時間・分・秒

① □に数をかきましょう。

① 1分＝ 60 秒　　② 1時間＝ 60 分

③ 午前は 12 時間、午後は 12 時間

④ 1日＝ 24 時間　　⑤ 昼の 12 時は正午

② □に時間のたんいをかきましょう。

① 50ｍ走るのにかかった時間………… 9 秒

② 学校の昼休みの時間…………………… 20 分

③ 学校へ行っている時間……………… 7 時間

③ あの時こくからいの時こくまでの時間をもとめましょう。

①

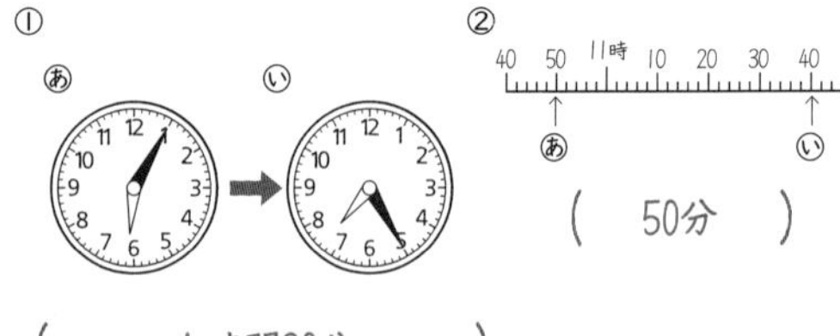

（　1時間20分　）

②

（　50分　）

月　日 名前

かけ算九九 ①

おぼえているかな

1 次の計算をしましょう。

① 5×7＝35　② 3×8＝24

③ 4×8＝32　④ 2×5＝10

⑤ 1×6＝6　⑥ 4×7＝28

⑦ 3×6＝18　⑧ 2×9＝18

⑨ 5×4＝20　⑩ 3×7＝21

⑪ 4×6＝24　⑫ 5×9＝45

2 1人に3まいずつ色紙を配ります。6人では色紙は何まいいりますか。

式 3×6＝18

答え 18まい

3 かけ算で●の数を数えましょう。

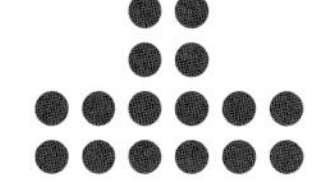

式 2×2＋2×6＝4＋12＝16

答え 16

月　日 名前

かけ算九九 ②

おぼえているかな

1 次の計算をしましょう。

① 6×7＝42　② 7×9＝63

③ 8×8＝64　④ 9×7＝63

⑤ 7×8＝56　⑥ 6×9＝54

⑦ 8×7＝56　⑧ 6×8＝48

⑨ 9×8＝72　⑩ 8×9＝72

⑪ 9×9＝81　⑫ 7×7＝49

2 4週間は何日ですか。

式 7×4＝28

答え 28日

3 5人に8こずつあめを配ります。あめは全部で何こいりますか。

式 8×5＝40

答え 40こ

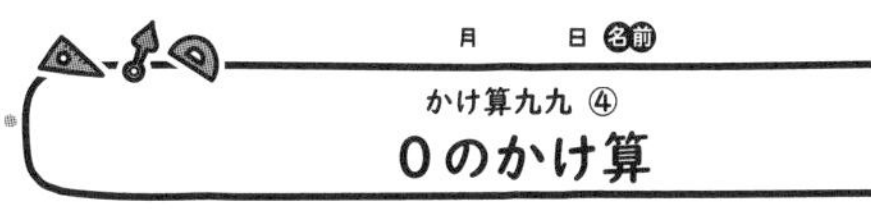

月　日 名前

かけ算九九 ③

0のかけ算

おはじきゲームをしました。

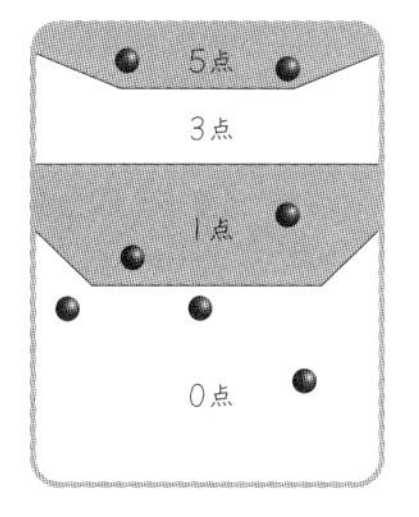

① おはじきが入った数を表にかきましょう。

5点	3点	1点	0点
2	0	2	3

② とく点を調べましょう。

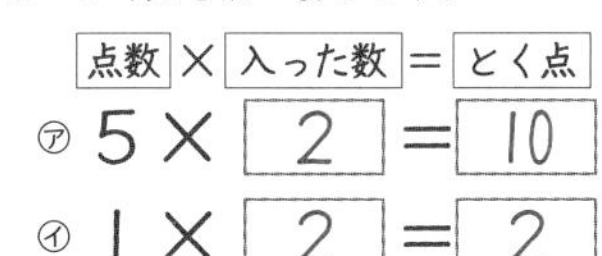

点数 × 入った数 ＝ とく点

㋐ 5 × 2 ＝ 10

㋑ 1 × 2 ＝ 2

③ 3点のところは、おはじきがないので0点です。とく点をもとめる式をかきましょう。

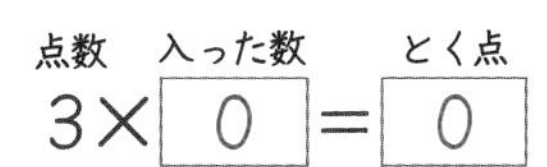

点数　入った数　とく点

3 × 0 ＝ 0

④ 0点のところは、おはじきが入っても0点です。とく点をもとめる式をかきましょう。

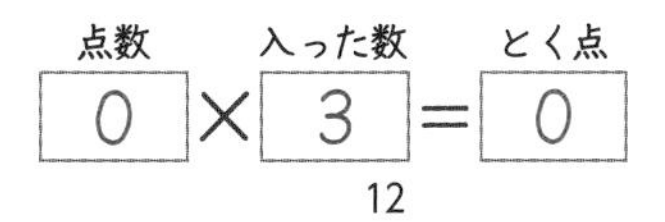

点数　入った数　とく点

0 × 3 ＝ 0

月　日 名前

かけ算九九 ④

0のかけ算

1 次の計算をしましょう。

① 1×0＝0　② 2×0＝0

③ 3×0＝0　④ 5×0＝0

⑤ 7×0＝0　⑥ 9×0＝0

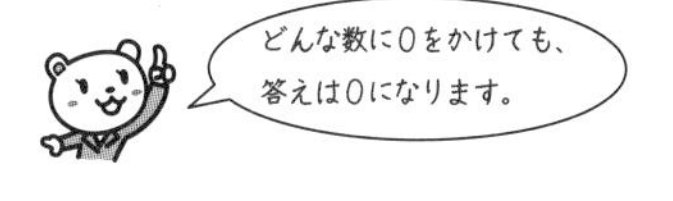

どんな数に0をかけても、答えは0になります。

2 次の計算をしましょう。

① 0×1＝0　② 0×2＝0

③ 0×5＝0　④ 0×8＝0

⑤ 0×9＝0　⑥ 0×0＝0

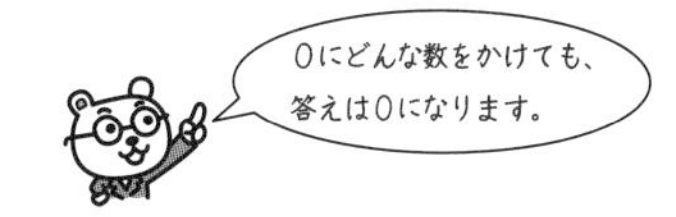

0にどんな数をかけても、答えは0になります。

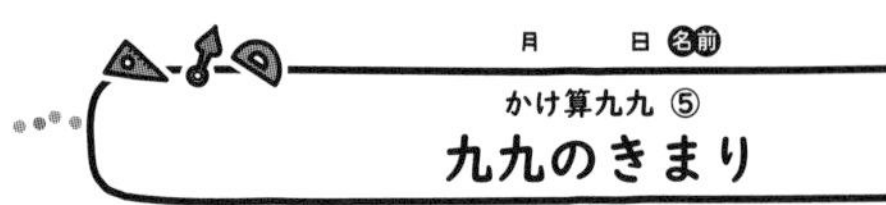

かけ算九九 ⑤

九九のきまり

① 下の図を見て、4のだんについて考えましょう。

㋐ 4×3

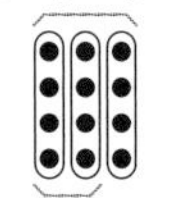

㋑ 4×2+4

① 次の□に数をかきましょう。

㋐ 4×[3]=12

㋑ 4×[2]+4=12

② ㋐の式も㋑の式も12になります。

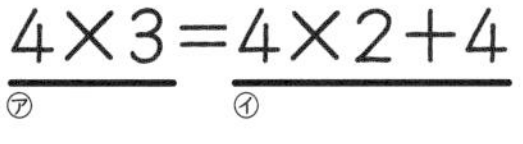

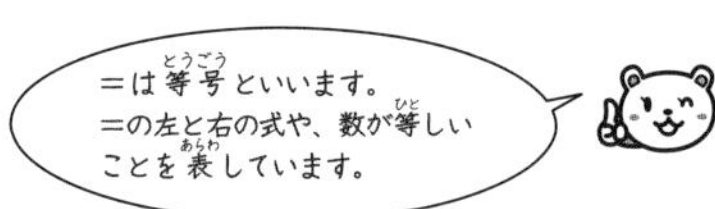

② 次の□に数をかきましょう。

㋐ 4×3

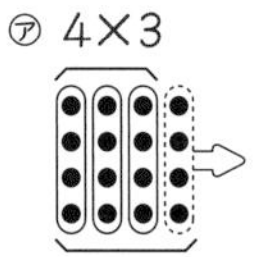

㋑ 4×4−4

4×3=4×4−[4]

4×3の答えは、4×4の答えより [4] 小さい。

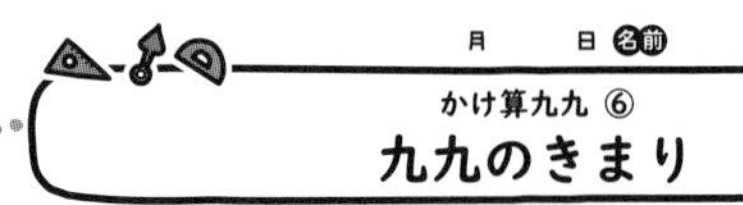

かけ算九九 ⑥

九九のきまり

次の□に数をかきましょう。

	かける数								
かけられる数	1	2	3	4	5	6	7	8	9
5	5	10	15	20	25	30	35	40	45

① 5×2=5×[1]+5

② 5×3=5×[2]+5

③ 5×8=5×[9]−5

④ 5×7=5×[8]−5

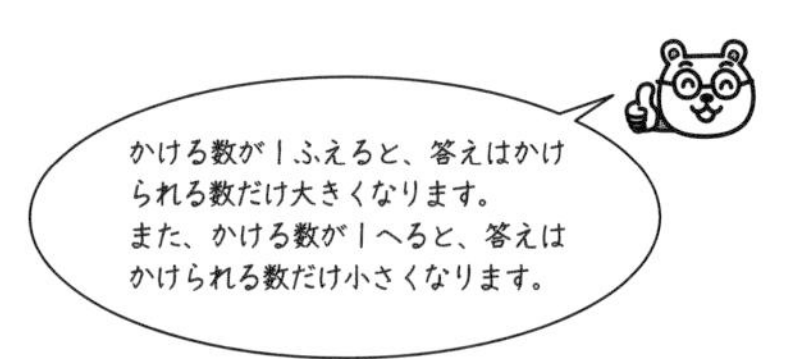

かける数が1ふえると、答えはかけられる数だけ大きくなります。
また、かける数が1へると、答えはかけられる数だけ小さくなります。

月　日 名前

かけ算九九 ⑦

九九のきまり

下の図を見て、3×4について考えましょう。

① おかしが、たてに3こずつ、横に4列ならんでいます。全部で何こありますか。

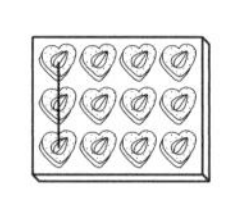

式 たて[3]×横[4]=[12]

答え 12こ

② 上のおかしの箱の向きをかえました。おかしは、全部で何こありますか。

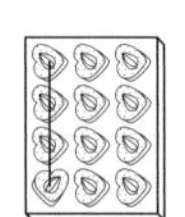

式 4×3=12

答え 12こ

③ おかしは、箱の向きをかえても、数はかわりません。

①の式　②の式

3×4 = 4×[3]

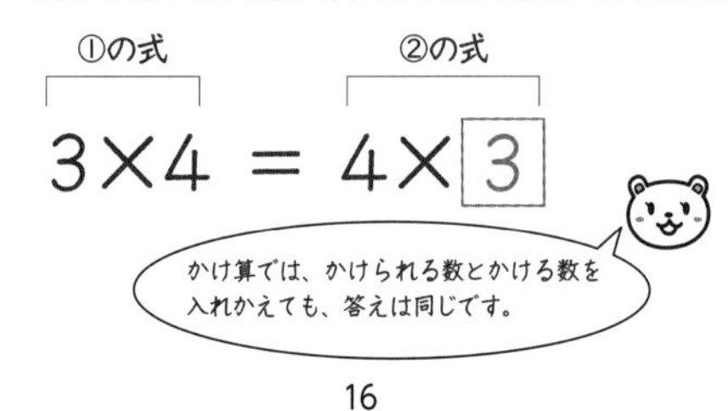

かけ算では、かけられる数とかける数を入れかえても、答えは同じです。

月　日 名前

かけ算九九 ⑧

九九のきまり

① 次の□に数をかきましょう。

① 5×4=[4]×5

② 8×5=[5]×8

③ 7×9=9×[7]

④ 6×7=7×[6]

② 九九の表を見て、答えが同じ数を見つけましょう。

九九の表

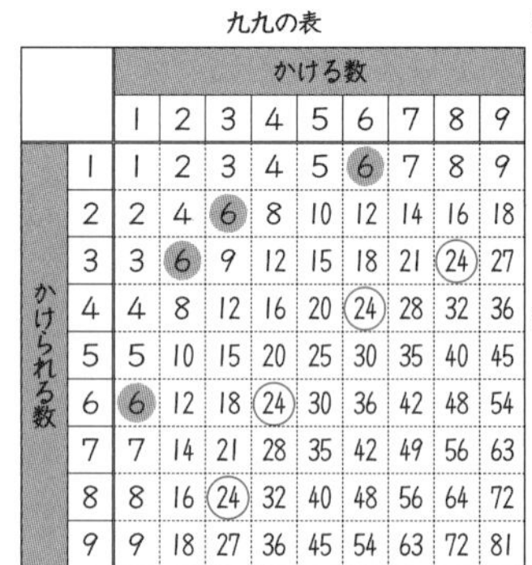

		かける数								
		1	2	3	4	5	6	7	8	9
かけられる数	1	1	2	3	4	5	6	7	8	9
	2	2	4	6	8	10	12	14	16	18
	3	3	6	9	12	15	18	21	24	27
	4	4	8	12	16	20	24	28	32	36
	5	5	10	15	20	25	30	35	40	45
	6	6	12	18	24	30	36	42	48	54
	7	7	14	21	28	35	42	49	56	63
	8	8	16	24	32	40	48	56	64	72
	9	9	18	27	36	45	54	63	72	81

① 答えが6になる九九は、下の4つです。

1×6=6
6×1=6
2×3=6
3×2=6

② 答えが 24 になる九九に○をつけましょう。

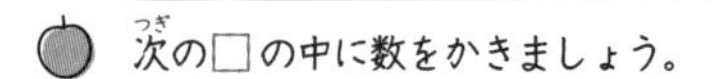

月　日 名前

あなあき九九 ①

20問練習

次（つぎ）の□の中に数をかきましょう。

① $1 \times \boxed{2} = 2$	② $1 \times \boxed{4} = 4$
③ $2 \times \boxed{5} = 10$	④ $2 \times \boxed{7} = 14$
⑤ $3 \times \boxed{3} = 9$	⑥ $3 \times \boxed{8} = 24$
⑦ $4 \times \boxed{3} = 12$	⑧ $4 \times \boxed{7} = 28$
⑨ $5 \times \boxed{1} = 5$	⑩ $5 \times \boxed{4} = 20$
⑪ $6 \times \boxed{2} = 12$	⑫ $6 \times \boxed{4} = 24$
⑬ $7 \times \boxed{1} = 7$	⑭ $7 \times \boxed{8} = 56$
⑮ $8 \times \boxed{1} = 8$	⑯ $8 \times \boxed{6} = 48$
⑰ $8 \times \boxed{9} = 72$	⑱ $9 \times \boxed{3} = 27$
⑲ $9 \times \boxed{5} = 45$	⑳ $9 \times \boxed{8} = 72$

月　日 名前

あなあき九九 ②

20問練習

次の□の中に数をかきましょう。

① $1 \times \boxed{3} = 3$	② $1 \times \boxed{5} = 5$
③ $2 \times \boxed{2} = 4$	④ $2 \times \boxed{3} = 6$
⑤ $3 \times \boxed{4} = 12$	⑥ $3 \times \boxed{7} = 21$
⑦ $4 \times \boxed{4} = 16$	⑧ $4 \times \boxed{8} = 32$
⑨ $5 \times \boxed{3} = 15$	⑩ $5 \times \boxed{5} = 25$
⑪ $6 \times \boxed{4} = 24$	⑫ $6 \times \boxed{5} = 30$
⑬ $7 \times \boxed{2} = 14$	⑭ $7 \times \boxed{4} = 28$
⑮ $8 \times \boxed{3} = 24$	⑯ $8 \times \boxed{5} = 40$
⑰ $8 \times \boxed{7} = 56$	⑱ $9 \times \boxed{2} = 18$
⑲ $9 \times \boxed{4} = 36$	⑳ $9 \times \boxed{7} = 63$

月　日 名前

あなあき九九 ③

20問練習

次（つぎ）の□の中に数をかきましょう。

① $1 \times \boxed{7} = 7$	② $2 \times \boxed{4} = 8$
③ $3 \times \boxed{6} = 18$	④ $4 \times \boxed{5} = 20$
⑤ $5 \times \boxed{7} = 35$	⑥ $6 \times \boxed{6} = 36$
⑦ $7 \times \boxed{3} = 21$	⑧ $8 \times \boxed{4} = 32$
⑨ $9 \times \boxed{1} = 9$	⑩ $3 \times \boxed{5} = 15$
⑪ $2 \times \boxed{8} = 16$	⑫ $4 \times \boxed{9} = 36$
⑬ $5 \times \boxed{6} = 30$	⑭ $1 \times \boxed{9} = 9$
⑮ $7 \times \boxed{6} = 42$	⑯ $9 \times \boxed{3} = 27$
⑰ $4 \times \boxed{6} = 24$	⑱ $8 \times \boxed{2} = 16$
⑲ $6 \times \boxed{8} = 48$	⑳ $2 \times \boxed{9} = 18$

月　日 名前

あなあき九九 ④

20問練習

次の□の中に数をかきましょう。

① $3 \times \boxed{8} = 24$	② $4 \times \boxed{7} = 28$
③ $5 \times \boxed{2} = 10$	④ $6 \times \boxed{7} = 42$
⑤ $8 \times \boxed{8} = 64$	⑥ $7 \times \boxed{7} = 49$
⑦ $9 \times \boxed{5} = 45$	⑧ $7 \times \boxed{5} = 35$
⑨ $5 \times \boxed{8} = 40$	⑩ $8 \times \boxed{9} = 72$
⑪ $9 \times \boxed{9} = 81$	⑫ $6 \times \boxed{9} = 54$
⑬ $7 \times \boxed{8} = 56$	⑭ $3 \times \boxed{9} = 27$
⑮ $8 \times \boxed{6} = 48$	⑯ $7 \times \boxed{9} = 63$
⑰ $9 \times \boxed{6} = 54$	⑱ $5 \times \boxed{9} = 45$
⑲ $9 \times \boxed{8} = 72$	⑳ $6 \times \boxed{3} = 18$

月　日 名前

わり算（あまりなし）①

にこにこわり算

● あめ12こを、4人に同じ数ずつ分けます。1人分は何こになりますか。

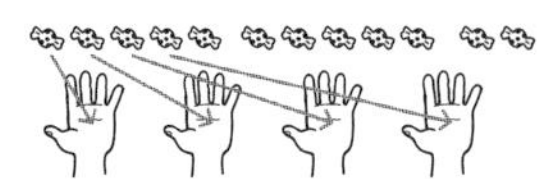

1こずつ配りましたが、まだあるので、もう1こずつ配ります。

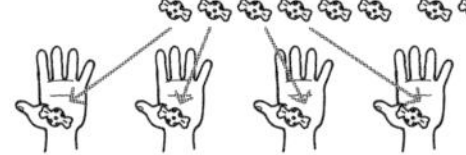

1人につき2こずつになりましたが、まだあるので、もう1こずつ配ります。

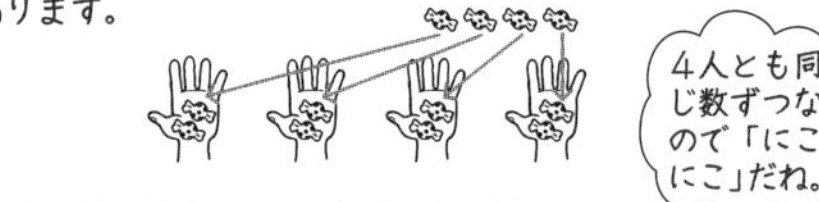

4人とも同じ数ずつなので「にこにこ」だね。

1人に3こずつ配ると、みんななくなりました。

式　12÷4＝3

答え　3こ

全部を同じ数ずついくつ分かに分けて、1あたり何こになるかの計算をわり算といいます。

月　日 名前

わり算（あまりなし）②

にこにこわり算

① 9このビスケットを、3人に同じ数ずつ分けます。
1人分は何こになりますか。絵の皿にビスケットを○でかいて、考えましょう。

式　9÷3＝3

答え　3こ

② 10このいちごを、5人に同じ数ずつ分けます。
1人分は何こになりますか。

式　10÷5＝2

ヒント　5×①＝5　5×②＝10

答え　2こ

③ 18このビー玉を、6人に同じ数ずつ分けます。
1人分は何こになりますか。

式　18÷6＝3

答え　3こ

月　日 名前

わり算（あまりなし）③

にこにこわり算

① 8このおはじきを、2人に同じ数ずつ分けると、1人分は、何こになりますか。

●●●●●●●●

式　8÷2＝4

答え　4こ

② 30このビー玉を、5つの箱に同じ数ずつ入れます。
1つの箱に何こ入りますか。

式　30÷5＝6

答え　6こ

③ 42まいの色紙を、7人に同じ数ずつ分けると、1人分は、何まいになりますか。

式　42÷7＝6

答え　6まい

④ 27まいのシールを、9人に同じ数ずつ分けると、1人分は、何まいになりますか。

式　27÷9＝3

答え　3まい

月　日 名前

わり算（あまりなし）④

にこにこわり算

① 35本のえんぴつを、5人に同じ数ずつ分けると、1人分は、何本になりますか。

式　35÷5＝7

答え　7本

② 64まいの色紙を、8つのグループに同じまい数ずつ配ります。1グループ何まいずつ配ればよいですか。

式　64÷8＝8

答え　8まい

③ 公園で遊んでいる人が、2つのグループに分かれて、おにごっこをすることにしました。遊んでいる人は、10人です。1つのグループは、何人ですか。

式　10÷2＝5

答え　5人

④ 6人で貝をひろったので、同じ数ずつに分けることにしました。ひろった貝は、全部で54こでした。
1人分は、何こになりますか。

式　54÷6＝9

答え　9こ

月　日 名前

わり算（あまりなし）⑤

どきどきわり算

① 12このくりを、1人に4こずつ分けます。何人に分けられますか。

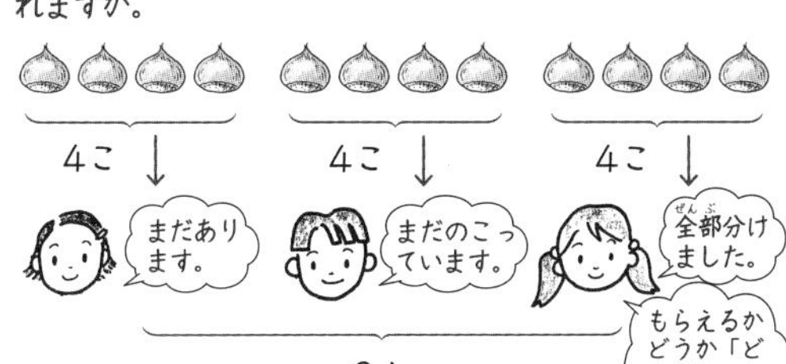

4こ
4こ
4こ
まだあります。
まだのこっています。
全部分けました。
もらえるかどうか「どきどき」したよ。
3人

式 $12 \div 4 = 3$

答え 3人

全部をいくつかずつに分けると、いくつ分できるかという計算もわり算です。

② 12まいの色紙を、1人に3まいずつあげます。何人にあげられますか。

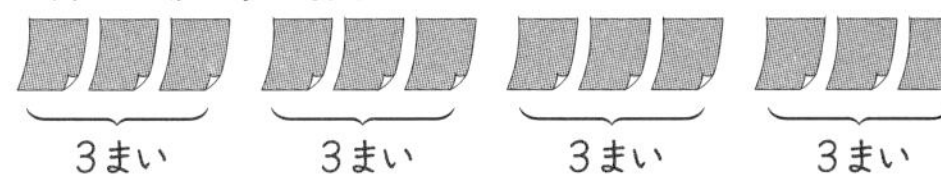

式 $12 \div 3 = 4$

答え 4人

月　日 名前

わり算（あまりなし）⑥

どきどきわり算

① クッキーを20まいやきました。1つの箱に4まいずつ入れます。箱は何こいりますか。

式 $20 \div 4 = 5$

答え 5こ

② 30このお手玉を、5こずつ箱に入れます。箱は何こいりますか。

式 $30 \div 5 = 6$

答え 6こ

③ チョコレートが15こあります。1人に3こずつあげると、何人にあげられますか。

式 $15 \div 3 = 5$

答え 5人

④ 12mのロープを2mずつ切ると、何本のロープができますか。

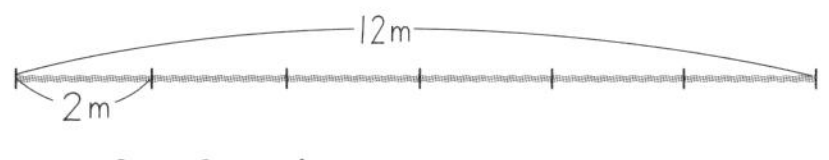

式 $12 \div 2 = 6$

答え 6本

月　日 名前

わり算（あまりなし）⑦

どきどきわり算

① 40本のえんぴつを1人に5本ずつ配ると、何人に配れますか。

式 $40 \div 5 = 8$

答え 8人

② 24このおはじきを、1人に8こずつあげると、何人にあげられますか。

式 $24 \div 8 = 3$

答え 3人

③ 35人の子どもたちで、7人ずつのグループをつくると、何グループできますか。

式 $35 \div 7 = 5$

答え 5グループ

④ 48cmのリボンを8cmずつに切ると、何本のリボンがとれますか。

式 $48 \div 8 = 6$

答え 6本

月　日 名前

わり算（あまりなし）⑧

いろいろなわり算

① 24まいの色紙がありました。

① 4まいずつ分けると、何人に配れますか。

式 $24 \div 4 = 6$

答え 6人

② 8人に同じ数ずつ配ると、1人分は何まいになりますか。

式 $24 \div 8 = 3$

答え 3まい

② クッキーを36まいやきました。

① 9まいの皿に同じ数ずつ分けると、1まいの皿にクッキーは何まいのりますか。

式 $36 \div 9 = 4$

答え 4まい

② 1まいの皿に4まいずつのせると、皿は何まいいりますか。

式 $36 \div 4 = 9$

答え 9まい

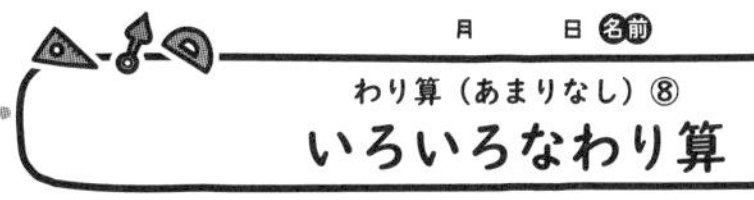

月　日 名前

わり算（あまりなし）⑨

わり算のとき方

わり算表

わられる数										わる数	
0	1	2	3	4	5	6	7	8	9	÷	1
0	2	4	6	8	10	12	14	16	18	÷	2
0	3	6	9	12	15	18	21	24	27	÷	3
0	4	8	12	16	20	24	28	32	36	÷	4
0	5	10	15	20	25	30	35	40	45	÷	5
0	6	12	18	24	30	36	42	48	54	÷	6
0	7	14	21	28	35	42	49	56	63	÷	7 ①
0	8	16	24	32	40	48	56	64	72	÷	8
0	9	18	27	36	45	54	63	72	81	÷	9
0	1	2	3	4	5	6	7	8	9		
答え ④											

使い方：わり算の答えがわかりにくいときに使います。

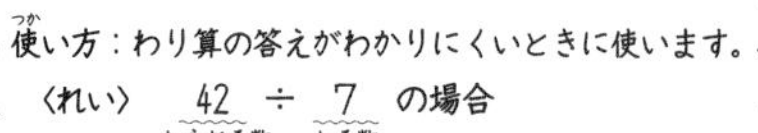

〈れい〉 42 ÷ 7 の場合
わられる数 わる数

① わる数が7だから、右のらんの÷7を見る。
② ÷7のらんを左にたどる。
③ わられる数の42が見つかる。
④ 42を下にたどると、答えの6が見つかる。

わり算表を見ながら、次のわり算をしましょう。

① 63÷7＝9　② 56÷7＝8

③ 48÷6＝8　④ 64÷8＝8

月　日 名前

わり算（あまりなし）⑩

0÷，÷1のわり算

1 箱のクッキーを、3人で同じ数ずつ分けます。1人分は何まいになりますか。

① 6まいのとき　式 6÷3＝2　答え 2まい

② 3まいのとき　式 3÷3＝1　答え 1まい

③ 0まいのとき（入っていないとき）　式 0÷3＝0　答え 0まい

2 ミルクを、1dLずつコップに入れます。コップは、何こいりますか。

① 5dLのとき　式 5÷1＝5　答え 5こ

② 2dLのとき　式 2÷1＝2　答え 2こ

3 次の計算をしましょう。

① 0÷4＝0　② 0÷9＝0

③ 6÷1＝6　④ 7÷1＝7

月　日 名前

わり算（あまりなし）⑪

30問練習

次の計算をしましょう。

① 2÷1＝2　② 5÷1＝5　③ 0÷2＝0

④ 0÷4＝0　⑤ 2÷2＝1　⑥ 6÷3＝2

⑦ 8÷4＝2　⑧ 0÷5＝0　⑨ 3÷1＝3

⑩ 15÷5＝3　⑪ 12÷3＝4　⑫ 7÷1＝7

⑬ 12÷2＝6　⑭ 21÷3＝7　⑮ 30÷5＝6

⑯ 16÷4＝4　⑰ 24÷3＝8　⑱ 14÷2＝7

⑲ 9÷1＝9　⑳ 0÷7＝0　㉑ 15÷3＝5

㉒ 8÷2＝4　㉓ 27÷3＝9　㉔ 12÷4＝3

㉕ 20÷5＝4　㉖ 1÷1＝1　㉗ 28÷4＝7

㉘ 18÷3＝6　㉙ 6÷2＝3　㉚ 0÷3＝0

月　日 名前

わり算（あまりなし）⑫

30問練習

次の計算をしましょう。

① 0÷6＝0　② 4÷1＝4　③ 24÷4＝6

④ 14÷7＝2　⑤ 25÷5＝5　⑥ 20÷4＝5

⑦ 6÷1＝6　⑧ 21÷7＝3　⑨ 36÷6＝6

⑩ 8÷1＝8　⑪ 3÷3＝1　⑫ 30÷6＝5

⑬ 35÷5＝7　⑭ 10÷2＝5　⑮ 40÷8＝5

⑯ 45÷9＝5　⑰ 4÷2＝2　⑱ 40÷5＝8

⑲ 12÷6＝2　⑳ 27÷9＝3　㉑ 4÷4＝1

㉒ 18÷2＝9　㉓ 32÷4＝8　㉔ 10÷5＝2

㉕ 8÷8＝1　㉖ 35÷7＝5　㉗ 45÷5＝9

㉘ 6÷6＝1　㉙ 36÷4＝9　㉚ 16÷2＝8

月　日 名前

わり算（あまりなし）⑬

30問練習

次(つぎ)の計算をしましょう。

① 0÷1=0　② 9÷3=3　③ 18÷6=3

④ 24÷6=4　⑤ 42÷6=7　⑥ 48÷6=8

⑦ 54÷6=9　⑧ 56÷7=8　⑨ 7÷7=1

⑩ 28÷7=4　⑪ 42÷7=6　⑫ 49÷7=7

⑬ 63÷7=9　⑭ 0÷8=0　⑮ 8÷8=1

⑯ 16÷8=2　⑰ 24÷8=3　⑱ 32÷8=4

⑲ 48÷8=6　⑳ 56÷8=7　㉑ 64÷8=8

㉒ 72÷8=9　㉓ 0÷9=0　㉔ 9÷9=1

㉕ 18÷9=2　㉖ 36÷9=4　㉗ 54÷9=6

㉘ 63÷9=7　㉙ 72÷9=8　㉚ 81÷9=9

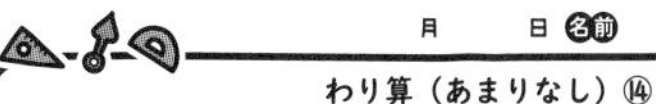

月　日 名前

わり算（あまりなし）⑭

30問練習

次の計算をしましょう。

① 4÷2=2　② 3÷1=3　③ 21÷7=3

④ 12÷3=4　⑤ 14÷2=7　⑥ 24÷4=6

⑦ 6÷1=6　⑧ 35÷5=7　⑨ 18÷6=3

⑩ 8÷2=4　⑪ 18÷3=6　⑫ 0÷6=0

⑬ 2÷1=2　⑭ 10÷5=2　⑮ 14÷7=2

⑯ 27÷9=3　⑰ 24÷8=3　⑱ 15÷3=5

⑲ 40÷8=5　⑳ 0÷7=0　㉑ 25÷5=5

㉒ 0÷9=0　㉓ 8÷4=2　㉔ 2÷2=1

㉕ 30÷6=5　㉖ 72÷8=9　㉗ 18÷9=2

㉘ 12÷4=3　㉙ 1÷1=1　㉚ 0÷3=0

月　日 名前

わり算（あまりなし）⑮

30問練習

次(つぎ)の計算をしましょう。

① 4÷4=1　② 28÷7=4　③ 36÷9=4

④ 30÷5=6　⑤ 0÷1=0　⑥ 8÷8=1

⑦ 6÷3=2　⑧ 6÷2=3　⑨ 15÷5=3

⑩ 20÷4=5　⑪ 36÷6=6　⑫ 32÷4=8

⑬ 10÷2=5　⑭ 24÷6=4　⑮ 9÷3=3

⑯ 16÷8=2　⑰ 4÷1=4　⑱ 42÷7=6

⑲ 40÷5=8　⑳ 16÷4=4　㉑ 45÷5=9

㉒ 49÷7=7　㉓ 0÷8=0　㉔ 5÷1=5

㉕ 54÷9=6　㉖ 12÷6=2　㉗ 3÷3=1

㉘ 45÷9=5　㉙ 16÷2=8　㉚ 48÷6=8

月　日 名前

わり算（あまりなし）⑯

30問練習

次の計算をしましょう。

① 56÷7=8　② 54÷6=9　③ 48÷8=6

④ 72÷9=8　⑤ 12÷2=6　⑥ 7÷7=1

⑦ 0÷4=0　⑧ 7÷1=7　⑨ 21÷3=7

⑩ 64÷8=8　⑪ 24÷3=8　⑫ 56÷8=7

⑬ 27÷3=9　⑭ 20÷5=4　⑮ 8÷1=8

⑯ 42÷6=7　⑰ 32÷8=4　⑱ 9÷1=9

⑲ 9÷9=1　⑳ 28÷4=7　㉑ 6÷6=1

㉒ 36÷4=9　㉓ 18÷2=9　㉔ 35÷7=5

㉕ 63÷9=7　㉖ 5÷5=1　㉗ 81÷9=9

㉘ 0÷2=0　㉙ 0÷5=0　㉚ 63÷7=9

まとめテスト　月　日 名前

まとめ ①
わり算（あまりなし）

/50点

① 次(つぎ)の計算をしましょう。（1つ5点／30点）

① 40÷5＝8　② 27÷9＝3

③ 64÷8＝8　④ 36÷4＝9

⑤ 54÷6＝9　⑥ 49÷7＝7

② 48このいちごを8人に同じ数ずつ分けます。1人分は何こですか。（10点）

式(しき) 48÷8＝6

答え 6こ

③ 56まいの色紙を7まいずつ分けます。何人に分けられますか。（10点）

式 56÷7＝8

答え 8人

まとめテスト　月　日 名前

まとめ ②
わり算（あまりなし）

/50点

① 次の計算をしましょう。（1つ5点／30点）

① 36÷6＝6　② 56÷7＝8

③ 81÷9＝9　④ 0÷5＝0

⑤ 4÷4＝1　⑥ 8÷1＝8

② 9÷3 の式になるのは、どれですか。（10点）

㋐ 9本のえんぴつを3本使(つか)いました。のこりは何本になりますか。

㋑ 9人に3本ずつえんぴつを配(くば)ります。えんぴつは何本いりますか。

㋒ 9このみかんを3こずつふくろに入れます。ふくろは何ふくろいりますか。

（ ㋒ ）

③ 赤いリボンが45cm、青いリボンが9cmあります。赤いリボンは青いリボンの何倍(なんばい)になりますか。（10点）

式 45÷9＝5

答え 5倍

月　日 名前

たし算・ひき算 ①
おぼえているかな

① 次(つぎ)の計算をしましょう。

①

	3	5
＋	2	4
	5	9

②

	4	8
＋	1	9
	6	7

③

	5	4
＋	7	8
1	3	2

④ 63＋47

	6	3
＋	4	7
1	1	0

⑤ 23＋9

	2	3
＋		9
	3	2

⑥ 7＋36

		7
＋	3	6
	4	3

② 花だんに赤い花が36本、白い花が48本さいています。あわせて花は何本さいていますか。

式(しき) 36＋48＝84

答え 84本

③ 98円のチョコレートと76円のポテトチップスを買いました。代金(だいきん)はいくらですか。

式 98＋76＝174

答え 174円

月　日 名前

たし算・ひき算 ②
おぼえているかな

① 次の計算をしましょう。

①

	9	8
−	6	3
	3	5

②

	³~~4~~	5
−	1	8
	2	7

③

	1	²~~3~~	2
−		7	5
		5	7

④ 85−7

	⁷~~8~~	5
−		7
	7	8

⑤ 102−68

	~~1~~	⁹0	2
−		6	8
		3	4

⑥ 173−9

	1	⁶~~7~~	3
−			9
	1	6	4

② どんぐりをわたしが45こ、妹が37こひろいました。ちがいは何こですか。

式 45−37＝8

答え 8こ

③ 色紙が103まいあります。36まい使(つか)うと、のこりは何まいですか。

式 103−36＝67

答え 67まい

月　日 名前

たし算・ひき算 ③

たし算（くり上がりなし）

なわとびを、きのう225回、今日(きょう)260回とびました。全部(ぜんぶ)で何回とびましたか。

① 式(しき)をかきましょう。

式　225＋260

② 筆算(ひっさん)のしかたを考えましょう。

㋐ くらいをそろえてかく。

㋑ 一のくらいの計算をする。
5＋0＝5

㋒ 次(つぎ)に、十のくらいの計算をする。
2＋6＝8

㋓ 次は、百のくらいの計算をする。
2＋2＝4

	2	2	5
＋	2	6	0
	4	8	5
	㋓	㋒	㋑

225＋260＝ 485

答え　485回

たし算の筆算は、けた数が多くなっても、くらいをそろえてかいて、一のくらいからじゅんに計算します。

月　日 名前

たし算・ひき算 ④

たし算（くり上がりなし）

次の計算をしましょう。

① 253＋746＝999

② 149＋550＝699

③ 404＋194＝598

④ 137＋832＝969

⑤ 268＋630＝898

⑥ 418＋271＝689

⑦ 625＋213＝838

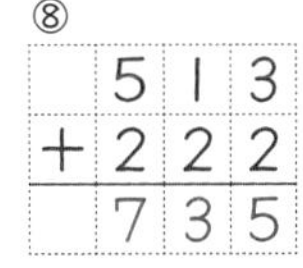

⑧ 513＋222＝735

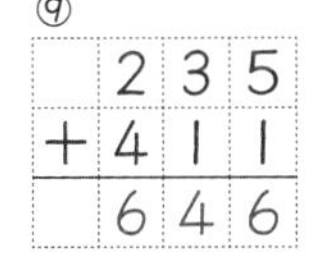

⑨ 235＋411＝646

⑩ 236＋540＝776

⑪ 302＋471＝773

⑫ 625＋374＝999

月　日 名前

たし算・ひき算 ⑤

たし算（くり上がり１回）

1 ひかるさんは605円、妹は376円持(も)っています。あわせて何円ですか。

式(しき)　605＋376

① くらいをそろえてかく。

② 一のくらいの計算をする。
5＋6＝11
くり上がりがある。
小さな１を十のくらいにかく。

③ 十のくらい、百のくらいの計算をする。

	6	0	5
＋	3	7	6
	9	8	1

605＋376＝ 981

答え　981円

2 くだもの屋(や)さんで、みかんが午前に162こ、午後に254こ売れました。１日で何こ売れたましたか。

式　162＋254＝416

	1	6	2
＋	2	5	4
	4	1	6

答え　416こ

月　日 名前

たし算・ひき算 ⑥

たし算（くり上がり１回）

次(つぎ)の計算をしましょう。くり上がりに注意(ちゅうい)。

① 826＋127＝953

② 528＋403＝931

③ 215＋645＝860

④ 437＋356＝793

⑤ 175＋316＝491

⑥ 208＋434＝642

⑦ 350＋376＝726

⑧ 299＋170＝469

⑨ 485＋482＝967

⑩ 438＋190＝628

⑪ 256＋683＝939

⑫ 160＋790＝950

月　　日 名前

たし算・ひき算 ⑦

たし算（くり上がり２回）

次（つぎ）の計算をしましょう。

① 269 ＋ 582 ＝ 851

- 一のくらいは　9＋2＝11
- １くり上がって
  十のくらいは　6＋8＋1＝15
- １くり上がって
  百のくらいは　2＋5＋1＝8

② 436 ＋ 275 ＝ 711

③ 379 ＋ 276 ＝ 655

④ 298 ＋ 646 ＝ 944

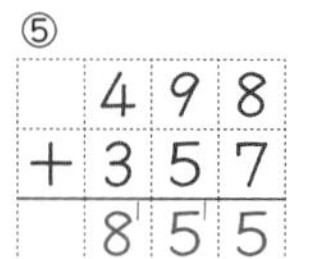

⑤ 498 ＋ 357 ＝ 855

⑥ 189 ＋ 698 ＝ 887

⑦ 565 ＋ 369 ＝ 934

⑧ 277 ＋ 584 ＝ 861

⑨ 142 ＋ 479 ＝ 621

⑩ 753 ＋ 189 ＝ 942

月　　日 名前

たし算・ひき算 ⑧

たし算（くりくり上がり）

次の計算をしましょう。

① 492 ＋ 209 ＝ 701

② 296 ＋ 106 ＝ 402

③ 595 ＋ 307 ＝ 902

④ 378 ＋ 322 ＝ 700

⑤ 533 ＋ 167 ＝ 700

⑥ 205 ＋ 495 ＝ 700

⑦ 125 ＋ 79 ＝ 204

⑧ 663 ＋ 38 ＝ 701

⑨ 456 ＋ 47 ＝ 503

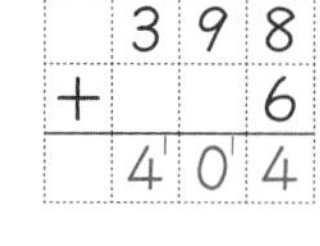

⑩ 398 ＋ 6 ＝ 404

⑪ 193 ＋ 9 ＝ 202

⑫ 596 ＋ 4 ＝ 600

月　　日 名前

たし算・ひき算 ⑨

４けたのたし算

次（つぎ）の計算をしましょう。

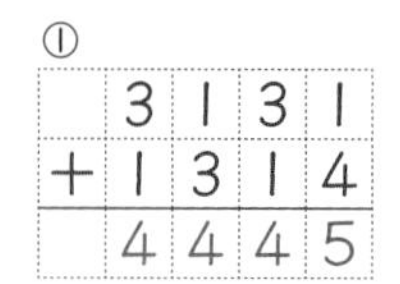

① 3131 ＋ 1314 ＝ 4445

② 5266 ＋ 3712 ＝ 8978

③ 4341 ＋ 4032 ＝ 8373

④ 7476 ＋ 2513 ＝ 9989

⑤ 4577 ＋ 2207 ＝ 6784

⑥ 2637 ＋ 5026 ＝ 7663

⑦ 1485 ＋ 8044 ＝ 9529

⑧ 3369 ＋ 6180 ＝ 9549

月　　日 名前

たし算・ひき算 ⑩

４けたのたし算

次の計算をしましょう。

① 1446 ＋ 2176 ＝ 3622

② 2361 ＋ 4249 ＝ 6610

③ 4242 ＋ 3784 ＝ 8026

④ 7630 ＋ 1886 ＝ 9516

⑤ 2769 ＋ 3854 ＝ 6623

⑥ 3568 ＋ 4974 ＝ 8542

⑦ 5278 ＋ 1836 ＝ 7114

⑧ 2649 ＋ 5351 ＝ 8000

月　日 名前

たし算・ひき算 ⑪

ひき算（くり下がりなし）

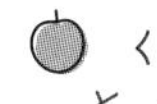

くりひろいで、くりを277こひろいました。135こ食べると、のこりはいくつですか。

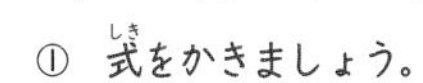

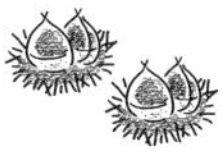

① 式をかきましょう。

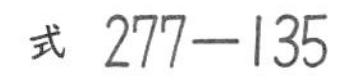

式 277−135

② 筆算のしかたを考えましょう。

㋐ くらいをそろえてかく。

㋑ 一のくらいを計算する。
7−5=2

㋒ 次に、十のくらいの計算をする。
7−3=4

㋓ 次は、百のくらいの計算をする。
2−1=1

	㋓	㋒	㋑
	2	7	7
−	1	3	5
	1	4	2

277−135= 142

答え 142こ

大きな数のひき算の筆算も、くらいをそろえてかいて、一のくらいから、じゅんに計算します。

月　日 名前

たし算・ひき算 ⑫

ひき算（くり下がりなし）

次の計算をしましょう。

番号	ひかれる数	ひく数	答え
①	864	−314	550
②	371	−120	251
③	829	−404	425
④	495	−250	245
⑤	778	−342	436
⑥	476	−362	114
⑦	278	−155	123
⑧	369	−251	118
⑨	589	−369	220
⑩	796	−123	673
⑪	937	−516	421
⑫	648	−423	225

月　日 名前

たし算・ひき算 ⑬

ひき算（くり下がり１回）

① たけしさんは、カードを465まい、あらたさんは328まい持っています。ちがいは、何まいですか。

式 465−328

① くらいをそろえてかく。

② 一のくらいの計算をする。
5−8は、できないので
十のくらいをくずす。
15−8=7
十のくらいの6を5にする。

③ 十のくらいの計算をする。
5−2=3

④ 百のくらいの計算をする。

		5	
	4	~~6~~	15
−	3	2	8
	1	3	7

465−328= 137

答え 137まい

② 538円の花を買って、550円出すと、おつりは何円ですか。

式 550−538=12

		4	
	5	~~5~~	10
−	5	3	8
		1	2

答え 12円

月　日 名前

たし算・ひき算 ⑭

ひき算（くり下がり１回）

次の計算をしましょう。くり下がりに注意。

番号	くり下がり後	ひかれる数	ひく数	答え
①	5	463	−217	246
②	2	631	−427	204
③	8	593	−264	329
④	5	968	−709	259
⑤	3	940	−828	112
⑥	4	450	−129	321
⑦	4	522	−241	281
⑧	8	938	−654	284
⑨	5	687	−297	390
⑩	8	908	−515	393
⑪	3	409	−271	138
⑫	6	719	−460	259

月　日 名前

たし算・ひき算 ⑮

ひき算（くり下がり２回）

次(つぎ)の計算をしましょう。

① 4 3
547 − 178 = 369

- 7から8はひけないので十のくらいをくずす。 17−8=9
- 3から7はひけないので百のくらいをくずす。 13−7=6
- 百のくらいは　4−1=3

② 8 5
963 − 598 = 365

③ 4 2
531 − 162 = 369

④ 7 1
821 − 564 = 257

⑤ 6 2
736 − 547 = 189

⑥ 8 1
920 − 572 = 348

⑦ 4 3
540 − 463 = 77

⑧ 2 0
314 − 287 = 27

⑨ 7 0
815 − 757 = 58

⑩ 5 1
626 − 589 = 37

月　日 名前

たし算・ひき算 ⑯

ひき算（くりくり下がり）

次の計算をしましょう。

① 7 9
800 − 543 = 257

- 0から3はひけない。十のくらいも0なので百のくらいをくずす。
- 10−3=7
- 9−4=5
- 7−5=2

② 3 9
402 − 279 = 123

③ 4 9
500 − 361 = 139

④ 6 9
707 − 488 = 219

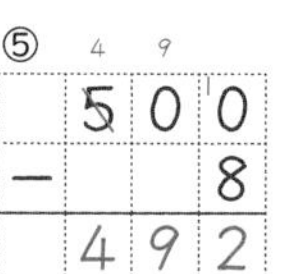

⑤ 4 9
500 − 8 = 492

⑥ 3 9
400 − 9 = 391

⑦ 2 9
300 − 7 = 293

⑧ 5 9
600 − 54 = 546

⑨ 7 9
802 − 35 = 767

⑩ 4 9
500 − 73 = 427

月　日 名前

たし算・ひき算 ⑰

4けたのひき算

次(つぎ)の計算をしましょう。

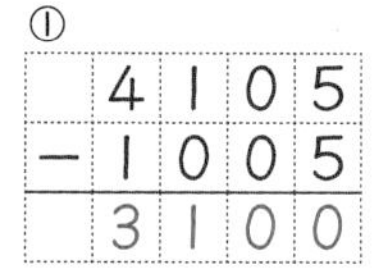

① 4105 − 1005 = 3100

② 7128 − 2113 = 5015

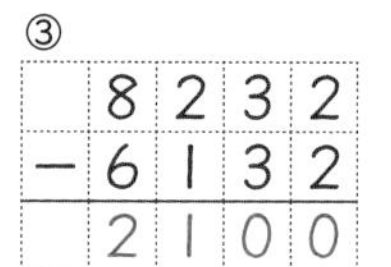

③ 8232 − 6132 = 2100

④ 5248 − 4103 = 1145

⑤ 5
3560 − 1014 = 2546

⑥ 6
9476 − 2458 = 7018

⑦ 4
7568 − 6493 = 1075

⑧ 2
8371 − 5191 = 3180

月　日 名前

たし算・ひき算 ⑱

4けたのひき算

次の計算をしましょう。

① 2 1
5325 − 1228 = 4097

② 3 3
6448 − 2369 = 4079

③ 5 4
6516 − 4764 = 1752

④ 7 5
8641 − 1871 = 6770

⑤ 7 6
8378 − 6909 = 1469

⑥ 8 5
9267 − 4508 = 4759

⑦ 1 0 2
2134 − 1488 = 646

⑧ 2 3 6
3470 − 2574 = 896

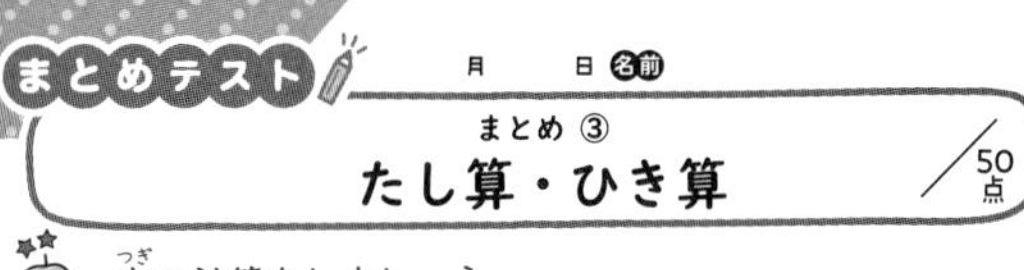

まとめ ③

たし算・ひき算

／50点

1 次(つぎ)の計算をしましょう。（1つ5点／30点）

① $145+623=768$　② $458+527=985$　③ $293+146=439$

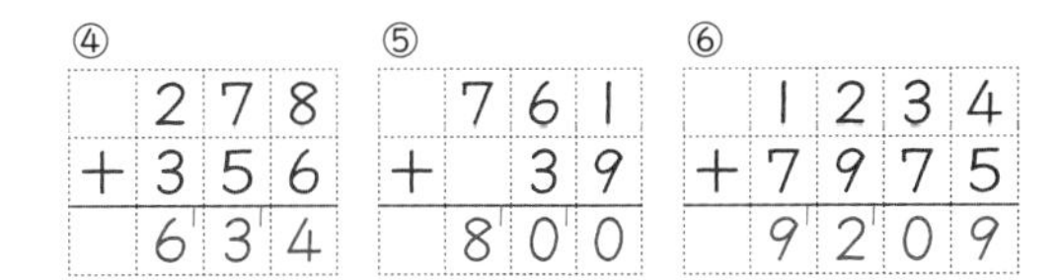

④ $278+356=634$　⑤ $761+39=800$　⑥ $1234+7975=9209$

2 215円のサンドイッチと128円のジュースを買いました。代金(だいきん)は何円ですか。（10点）

式(しき) 215＋128＝343

答え　343円

3 ある学校の２年生は178人、３年生は187人です。あわせて何人ですか。（10点）

式 178＋187＝365

答え　365人

まとめテスト　月　日　名前

まとめ ④

たし算・ひき算

／50点

1 次の計算をしましょう。（1つ5点／30点）

① $875-342=533$　② $641-227=414$　③ $529-364=165$

④ $356-179=177$　⑤ $703-465=238$　⑥ $9468-789=8679$

2 500円玉で198円のおかしを買いました。おつりはいくらですか。（10点）

式 500－198＝302

答え　302円

3 220ページある本を、183ページまで読みました。のこりは何ページですか。（10点）

式 220－183＝37

答え　37ページ

月　日　名前

わり算（あまりあり）①

にこにこわり算

いちごが15こあります。４人で同じ数ずつ分けます。１人分は何こで、何こあまりますか。

① 計算の式(しき)をかきましょう。

15 ÷ 4

全部(ぜんぶ)（わられる数）　分ける人数（わる数）

② １皿(さら)に１こずつおきました。

③ まだ分けられそうです。もう１こずつおきました。

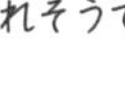
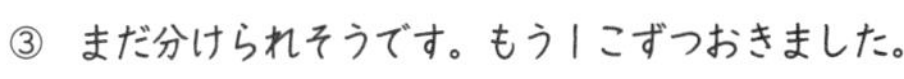

④ まだ分けられそうです。もう１こずつおきました。

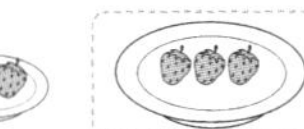

⑤ １人に３こずつ分けると、のこりが３こなので、もう４人に同じ数ずつ分けることができません。
このことを、次(つぎ)のようにかきます。

15÷4＝3あまり3

答え　１人分３こで３こあまる

わり算であまりがあるときは「わり切れない」といい、あまりがないときは「わり切れる」といいます。

月　日　名前

わり算（あまりあり）②

あまりの大きさ

1 クッキーが14まいあります。４まいのお皿に同じ数だけ入れます。１まいのお皿に何まいずつ入り、何まいあまりますか。

① 計算の式をかきましょう。

式 14 ÷ 4

② ４のだんを使(つか)って考えましょう。

4×1＝4　少ない
4×2＝8　少ない
4×3＝12 →14に近い　14 ÷ 4 ＝ 3 あまり 2
4×4＝16 → 多い

答え　１皿に（ 3 ）まいで、（ 2 ）まいあまる

2 □の中を見て、あまりについて考えましょう。

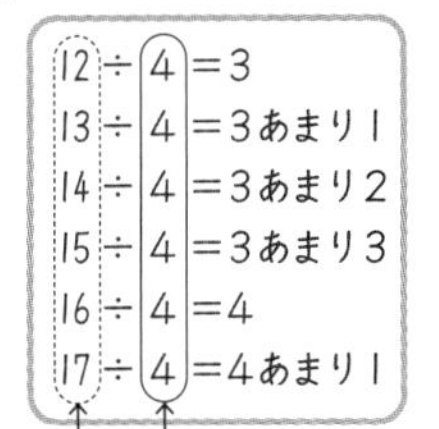

12÷4＝3
13÷4＝3あまり1
14÷4＝3あまり2
15÷4＝3あまり3
16÷4＝4
17÷4＝4あまり1

わる数

わられる数

① わられる数を１つずつふやすと、あまりはいくつずつふえていますか。

（ １つずつ ）

② ４でわるとき、あまりでいちばん大きい数はいくつですか。

（ 3 ）

あまりは、わる数より小さくなります。

月　日 名前

わり算（あまりあり）③

どきどきわり算

1 なすが16本あります。３本ずつパックにつめます。
何パックできて、何本あまりますか。

① 計算の式をかきましょう。

式 16 ÷ 3

② なすを３本ずつパックに入れました。パックはいくつできましたか。

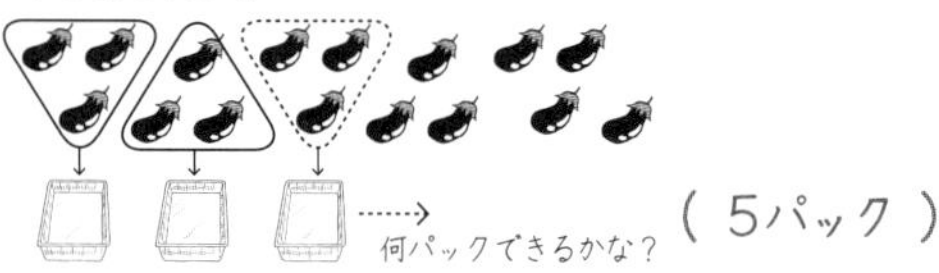

何パックできるかな？ （ 5パック ）

③ あまりは何本ですか。 （ 1本 ）

④ 式と答えをかきましょう。

16 ÷ 3 ＝ 5 あまり 1

答え 5 パックできて、1 本あまる

2 次の計算をしましょう。

① 19÷3＝6 あまり 1　② 22÷4＝5 あまり 2

③ 33÷5＝6 あまり 3　④ 35÷6＝5 あまり 5

月　日 名前

わり算（あまりあり）④

あまりとたしかめ

1 18まいのカードを、1人に5まいずつ配ります。
何人に配れて、何まいあまりますか。答えをたしかめましょう。

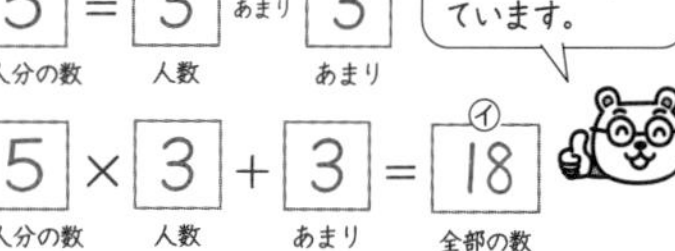

① 式と答えをかきましょう。

式 18÷5＝3 あまり 3

答え 3人に配れて3まいあまる

② □に数を入れて、答えがあっているかをたしかめましょう。

㋐ 18 ÷ 5 ＝ 3 あまり 3
（全部の数）（1人分の数）（人数）（あまり）

㋑と、㋐が同じだと、はじめの式の答えがあっています。

たしかめ算 5 × 3 ＋ 3 ＝ 18 ㋑
（1人分の数）（人数）（あまり）（全部の数）

2 次の計算をして、答えをたしかめましょう。

① 9÷2＝4 あまり 1
たしかめ算 2 × 4 ＋ 1 ＝ 9

② 11÷3＝3 あまり 2
たしかめ算 3 × 3 ＋ 2 ＝ 11

③ 13÷4＝3 あまり 1
たしかめ算 4 × 3 ＋ 1 ＝ 13

④ 20÷6＝3 あまり 2
たしかめ算 6 × 3 ＋ 2 ＝ 20

月　日 名前

わり算（あまりあり）⑤

くり下がりなし（20問練習）

次の計算をしましょう。

① 29÷3＝9 あまり 2（27←3×9 はじめは、かいてみましょう。）
② 13÷2＝6 あまり 1（12）
③ 38÷5＝7 あまり 3（35）
④ 56÷6＝9 あまり 2（54）
⑤ 26÷3＝8 あまり 2（24）
⑥ 45÷6＝7 あまり 3（42）
⑦ 19÷2＝9 あまり 1（18）
⑧ 25÷7＝3 あまり 4（21）
⑨ 19÷3＝6 あまり 1（18）
⑩ 41÷5＝8 あまり 1（40）
⑪ 38÷4＝9 あまり 2（36）
⑫ 29÷7＝4 あまり 1（28）
⑬ 49÷5＝9 あまり 4（45）
⑭ 13÷6＝2 あまり 1（12）
⑮ 27÷4＝6 あまり 3（24）
⑯ 9÷6＝1 あまり 3（6）
⑰ 48÷7＝6 あまり 6（42）
⑱ 13÷3＝4 あまり 1（12）
⑲ 42÷5＝8 あまり 2（40）
⑳ 17÷2＝8 あまり 1（16）

月　日 名前

わり算（あまりあり）⑥

くり下がりなし（20問練習）

次の計算をしましょう。

① 26÷4＝6 あまり 2（24）
② 79÷8＝9 あまり 7（72）
③ 67÷7＝9 あまり 4（63）
④ 19÷8＝2 あまり 3（16）
⑤ 49÷9＝5 あまり 4（45）
⑥ 59÷8＝7 あまり 3（56）
⑦ 8÷3＝2 あまり 2（6）
⑧ 27÷7＝3 あまり 6（21）
⑨ 23÷3＝7 あまり 2（21）
⑩ 68÷8＝8 あまり 4（64）
⑪ 36÷5＝7 あまり 1（35）
⑫ 22÷3＝7 あまり 1（21）
⑬ 15÷2＝7 あまり 1（14）
⑭ 25÷4＝6 あまり 1（24）
⑮ 59÷7＝8 あまり 3（56）
⑯ 23÷4＝5 あまり 3（20）
⑰ 46÷6＝7 あまり 4（42）
⑱ 37÷5＝7 あまり 2（35）
⑲ 11÷2＝5 あまり 1（10）
⑳ 28÷3＝9 あまり 1（27）

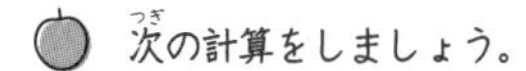

月　日 名前

わり算（あまりあり）⑦

くり下がりなし（20問練習）

次の計算をしましょう。

① 26÷7＝3 あまり 5 (21)	② 58÷8＝7 あまり 2 (56)
③ 26÷5＝5 あまり 1 (25)	④ 21÷4＝5 あまり 1 (20)
⑤ 48÷9＝5 あまり 3 (45)	⑥ 18÷8＝2 あまり 2 (16)
⑦ 57÷7＝8 あまり 1 (56)	⑧ 78÷8＝9 あまり 6 (72)
⑨ 29÷4＝7 あまり 1 (28)	⑩ 48÷5＝9 あまり 3 (45)
⑪ 47÷9＝5 あまり 2 (45)	⑫ 17÷8＝2 あまり 1 (16)
⑬ 11÷5＝2 あまり 1 (10)	⑭ 58÷7＝8 あまり 2 (56)
⑮ 7÷3＝2 あまり 1 (6)	⑯ 28÷8＝3 あまり 4 (24)
⑰ 56÷9＝6 あまり 2 (54)	⑱ 19÷4＝4 あまり 3 (16)
⑲ 69÷7＝9 あまり 6 (63)	⑳ 57÷8＝7 あまり 1 (56)

月　日 名前

わり算（あまりあり）⑧

くり下がりなし（20問練習）

次の計算をしましょう。

① 14÷5＝2 あまり 4 (10)	② 45÷7＝6 あまり 3 (42)
③ 9÷5＝1 あまり 4 (5)	④ 14÷6＝2 あまり 2 (12)
⑤ 33÷4＝8 あまり 1 (32)	⑥ 47÷5＝9 あまり 2 (45)
⑦ 37÷6＝6 あまり 1 (36)	⑧ 46÷8＝5 あまり 6 (40)
⑨ 69÷9＝7 あまり 6 (63)	⑩ 26÷6＝4 あまり 2 (24)
⑪ 37÷4＝9 あまり 1 (36)	⑫ 43÷5＝8 あまり 3 (40)
⑬ 18÷4＝4 あまり 2 (16)	⑭ 7÷2＝3 あまり 1 (6)
⑮ 34÷4＝8 あまり 2 (32)	⑯ 66÷7＝9 あまり 3 (63)
⑰ 5÷3＝1 あまり 2 (3)	⑱ 44÷6＝7 あまり 2 (42)
⑲ 83÷9＝9 あまり 2 (81)	⑳ 5÷2＝2 あまり 1 (4)

月　日 名前

わり算（あまりあり）⑨

くり下がりなし（20問練習）

次の計算をしましょう。

① 34÷8＝4 あまり 2	② 32÷5＝6 あまり 2
③ 74÷9＝8 あまり 2	④ 27÷6＝4 あまり 3
⑤ 65÷9＝7 あまり 2	⑥ 27÷8＝3 あまり 3
⑦ 38÷9＝4 あまり 2	⑧ 46÷7＝6 あまり 4
⑨ 33÷6＝5 あまり 3	⑩ 65÷8＝8 あまり 1
⑪ 28÷6＝4 あまり 4	⑫ 43÷7＝6 あまり 1
⑬ 17÷6＝2 あまり 5	⑭ 9÷7＝1 あまり 2
⑮ 73÷8＝9 あまり 1	⑯ 44÷7＝6 あまり 2
⑰ 49÷8＝6 あまり 1	⑱ 16÷6＝2 あまり 4
⑲ 39÷7＝5 あまり 4	⑳ 31÷5＝6 あまり 1

月　日 名前

わり算（あまりあり）⑩

くり下がりなし（20問練習）

次の計算をしましょう。

① 9÷8＝1 あまり 1	② 59÷9＝6 あまり 5
③ 9÷4＝2 あまり 1	④ 26÷8＝3 あまり 2
⑤ 59÷6＝9 あまり 5	⑥ 5÷4＝1 あまり 1
⑦ 76÷8＝9 あまり 4	⑧ 29÷6＝4 あまり 5
⑨ 37÷7＝5 あまり 2	⑩ 27÷5＝5 あまり 2
⑪ 38÷8＝4 あまり 6	⑫ 47÷6＝7 あまり 5
⑬ 35÷8＝4 あまり 3	⑭ 18÷7＝2 あまり 4
⑮ 7÷4＝1 あまり 3	⑯ 19÷9＝2 あまり 1
⑰ 25÷8＝3 あまり 1	⑱ 24÷5＝4 あまり 4
⑲ 17÷7＝2 あまり 3	⑳ 75÷8＝9 あまり 3

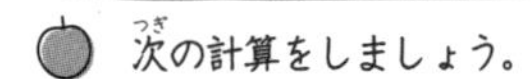

月　日 名前

わり算（あまりあり）⑪

くり下がりあり（20問練習）

次の計算をしましょう。

① 10÷3＝3 あまり 1（9）	② 11÷3＝3 あまり 2（9）
③ 20÷3＝6 あまり 2（18）	④ 10÷4＝2 あまり 2（8）
⑤ 11÷4＝2 あまり 3（8）	⑥ 30÷4＝7 あまり 2（28）
⑦ 31÷4＝7 あまり 3（28）	⑧ 10÷6＝1 あまり 4（6）
⑨ 11÷6＝1 あまり 5（6）	⑩ 20÷6＝3 あまり 2（18）
⑪ 21÷6＝3 あまり 3（18）	⑫ 22÷6＝3 あまり 4（18）
⑬ 23÷6＝3 あまり 5（18）	⑭ 40÷6＝6 あまり 4（36）
⑮ 41÷6＝6 あまり 5（36）	⑯ 50÷6＝8 あまり 2（48）
⑰ 51÷6＝8 あまり 3（48）	⑱ 52÷6＝8 あまり 4（48）
⑲ 53÷6＝8 あまり 5（48）	⑳ 10÷7＝1 あまり 3（7）

月　日 名前

わり算（あまりあり）⑫

くり下がりあり（20問練習）

次の計算をしましょう。

① 11÷7＝1 あまり 4（7）	② 12÷7＝1 あまり 5（7）
③ 13÷7＝1 あまり 6（7）	④ 20÷7＝2 あまり 6（14）
⑤ 30÷7＝4 あまり 2（28）	⑥ 31÷7＝4 あまり 3（28）
⑦ 32÷7＝4 あまり 4（28）	⑧ 33÷7＝4 あまり 5（28）
⑨ 34÷7＝4 あまり 6（28）	⑩ 40÷7＝5 あまり 5（35）
⑪ 41÷7＝5 あまり 6（35）	⑫ 50÷7＝7 あまり 1（49）
⑬ 51÷7＝7 あまり 2（49）	⑭ 52÷7＝7 あまり 3（49）
⑮ 53÷7＝7 あまり 4（49）	⑯ 54÷7＝7 あまり 5（49）
⑰ 55÷7＝7 あまり 6（49）	⑱ 60÷7＝8 あまり 4（56）
⑲ 61÷7＝8 あまり 5（56）	⑳ 62÷7＝8 あまり 6（56）

月　日 名前

わり算（あまりあり）⑬

くり下がりあり（20問練習）

次の計算をしましょう。

① 10÷8＝1 あまり 2（8）	② 11÷8＝1 あまり 3（8）
③ 12÷8＝1 あまり 4（8）	④ 13÷8＝1 あまり 5（8）
⑤ 14÷8＝1 あまり 6（8）	⑥ 15÷8＝1 あまり 7（8）
⑦ 20÷8＝2 あまり 4（16）	⑧ 21÷8＝2 あまり 5（16）
⑨ 22÷8＝2 あまり 6（16）	⑩ 23÷8＝2 あまり 7（16）
⑪ 30÷8＝3 あまり 6（24）	⑫ 31÷8＝3 あまり 7（24）
⑬ 50÷8＝6 あまり 2（48）	⑭ 51÷8＝6 あまり 3（48）
⑮ 52÷8＝6 あまり 4（48）	⑯ 53÷8＝6 あまり 5（48）
⑰ 54÷8＝6 あまり 6（48）	⑱ 55÷8＝6 あまり 7（48）
⑲ 60÷8＝7 あまり 4（56）	⑳ 61÷8＝7 あまり 5（56）

月　日 名前

わり算（あまりあり）⑭

くり下がりあり（20問練習）

次の計算をしましょう。

① 62÷8＝7 あまり 6（56）	② 63÷8＝7 あまり 7（56）
③ 70÷8＝8 あまり 6（64）	④ 71÷8＝8 あまり 7（64）
⑤ 10÷9＝1 あまり 1（9）	⑥ 11÷9＝1 あまり 2（9）
⑦ 12÷9＝1 あまり 3（9）	⑧ 13÷9＝1 あまり 4（9）
⑨ 14÷9＝1 あまり 5（9）	⑩ 15÷9＝1 あまり 6（9）
⑪ 16÷9＝1 あまり 7（9）	⑫ 17÷9＝1 あまり 8（9）
⑬ 20÷9＝2 あまり 2（18）	⑭ 21÷9＝2 あまり 3（18）
⑮ 22÷9＝2 あまり 4（18）	⑯ 23÷9＝2 あまり 5（18）
⑰ 24÷9＝2 あまり 6（18）	⑱ 25÷9＝2 あまり 7（18）
⑲ 26÷9＝2 あまり 8（18）	⑳ 30÷9＝3 あまり 3（27）

月　日 名前

わり算（あまりあり）⑮

くり下がりあり（20問練習）

次(つぎ)の計算をしましょう。

① 31÷9＝3あまり4　② 32÷9＝3あまり5
③ 33÷9＝3あまり6　④ 34÷9＝3あまり7
⑤ 35÷9＝3あまり8　⑥ 40÷9＝4あまり4
⑦ 41÷9＝4あまり5　⑧ 42÷9＝4あまり6
⑨ 43÷9＝4あまり7　⑩ 44÷9＝4あまり8
⑪ 50÷9＝5あまり5　⑫ 51÷9＝5あまり6
⑬ 52÷9＝5あまり7　⑭ 53÷9＝5あまり8
⑮ 60÷9＝6あまり6　⑯ 61÷9＝6あまり7
⑰ 62÷9＝6あまり8　⑱ 70÷9＝7あまり7
⑲ 71÷9＝7あまり8　⑳ 80÷9＝8あまり8

月　日 名前

わり算（あまりあり）⑯

くり下がりあり（20問練習）

次の計算をしましょう。

① 60÷7＝8あまり4　② 71÷9＝7あまり8
③ 50÷6＝8あまり2　④ 30÷7＝4あまり2
⑤ 30÷9＝3あまり3　⑥ 10÷8＝1あまり2
⑦ 43÷9＝4あまり7　⑧ 10÷7＝1あまり3
⑨ 61÷9＝6あまり7　⑩ 53÷8＝6あまり5
⑪ 10÷9＝1あまり1　⑫ 11÷4＝2あまり3
⑬ 62÷9＝6あまり8　⑭ 50÷8＝6あまり2
⑮ 44÷9＝4あまり8　⑯ 60÷8＝7あまり4
⑰ 52÷9＝5あまり7　⑱ 70÷8＝8あまり6
⑲ 60÷9＝6あまり6　⑳ 20÷8＝2あまり4

月　日 名前

わり算（あまりあり）⑰

いろいろな問題（20問練習）

次(つぎ)の計算をしましょう。

① 46÷8＝5あまり6　② 10÷3＝3あまり1
③ 40÷6＝6あまり4　④ 29÷9＝3あまり2
⑤ 36÷7＝5あまり1　⑥ 31÷7＝4あまり3
⑦ 61÷7＝8あまり5　⑧ 78÷9＝8あまり6
⑨ 29÷8＝3あまり5　⑩ 30÷8＝3あまり6
⑪ 71÷8＝8あまり7　⑫ 37÷9＝4あまり1
⑬ 6÷4＝1あまり2　⑭ 23÷9＝2あまり5
⑮ 43÷9＝4あまり7　⑯ 16÷7＝2あまり2
⑰ 37÷8＝4あまり5　⑱ 11÷3＝3あまり2
⑲ 41÷6＝6あまり5　⑳ 8÷5＝1あまり3

月　日 名前

わり算（あまりあり）⑱

いろいろな問題（20問練習）

次の計算をしましょう。

① 20÷3＝6あまり2　② 39÷8＝4あまり7
③ 67÷9＝7あまり4　④ 50÷6＝8あまり2
⑤ 33÷7＝4あまり5　⑥ 17÷5＝3あまり2
⑦ 57÷9＝6あまり3　⑧ 10÷8＝1あまり2
⑨ 50÷8＝6あまり2　⑩ 44÷8＝5あまり4
⑪ 28÷9＝3あまり1　⑫ 11÷9＝1あまり2
⑬ 25÷9＝2あまり7　⑭ 15÷7＝2あまり1
⑮ 35÷6＝5あまり5　⑯ 50÷9＝5あまり5
⑰ 10÷4＝2あまり2　⑱ 33÷8＝4あまり1
⑲ 21÷5＝4あまり1　⑳ 51÷6＝8あまり3

まとめテスト　月　日 名前

まとめ ⑤

わり算（あまりあり）

/50点

① 次の計算をしましょう。（1つ3点／30点）

① 19÷8＝2 あまり 3　② 45÷7＝6 あまり 3

③ 23÷4＝5 あまり 3　④ 38÷5＝7 あまり 3

⑤ 43÷8＝5 あまり 3　⑥ 23÷7＝3 あまり 2

⑦ 11÷2＝5 あまり 1　⑧ 14÷3＝4 あまり 2

⑨ 32÷6＝5 あまり 2　⑩ 88÷9＝9 あまり 7

② 27このいちごを6人で同じ数ずつ分けます。1人分は何こで、何こあまりますか。（10点）

式 27÷6＝4 あまり 3

答え　1人分4こで，3こあまる

③ 35cmのテープから6cmのテープは何本とれて何cmあまりますか。（10点）

式 35÷6＝5 あまり 5

答え　5本とれて，5cmあまる

まとめテスト　月　日 名前

まとめ ⑥

わり算（あまりあり）

/50点

① 次の計算をしましょう。（1つ3点／30点）

① 32÷7＝4 あまり 4　② 63÷8＝7 あまり 7

③ 10÷3＝3 あまり 1　④ 34÷9＝3 あまり 7

⑤ 53÷9＝5 あまり 8　⑥ 11÷4＝2 あまり 3

⑦ 60÷7＝8 あまり 4　⑧ 55÷8＝6 あまり 7

⑨ 61÷9＝6 あまり 7　⑩ 23÷6＝3 あまり 5

② 子どもが30人います。4人ずつ長いすにすわります。全員がすわるには、長いすは何きゃくいりますか。（10点）

式 30÷4＝7 あまり 2
7＋1＝8

答え　8きゃく

③ 花が40本あります。6本ずつの花たばにします。6本の花たばは何たばできますか。（10点）

式 40÷6＝6 あまり 4

答え　6たば

月　日 名前

長さ ①

まきじゃく

まきじゃくは、教室の長さをはかったり、柱や木のみきのまわりをはかったりするのにべんりです。

まきじゃくには、10m、30m、50mなど、いろいろな長さのものがあります。

① 下の①と②のまきじゃくは、0の場所がちがいます。それぞれ0のところに↓をかきましょう。

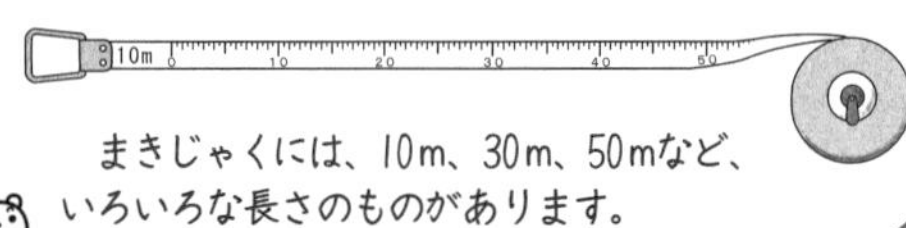

② 柱を1まわりさせると、まきじゃくが図のようになりました。柱のまわりの長さはどれだけですか。

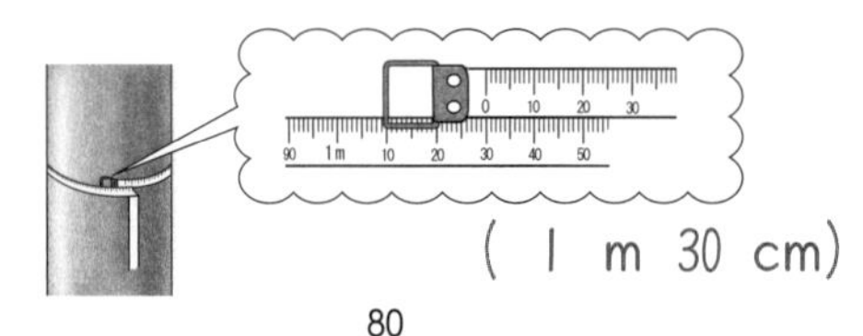

（ 1 m 30 cm）

月　日 名前

長さ ②

まきじゃく

① 下のまきじゃくを見て、問題に答えましょう。

① 1めもりの長さは、どれだけですか。

（ 1cm ）

② 下の↓のところの長さをかきましょう。

㋐（ 2m ）㋑（ 2m50cm ）㋒（ 2m90cm ）

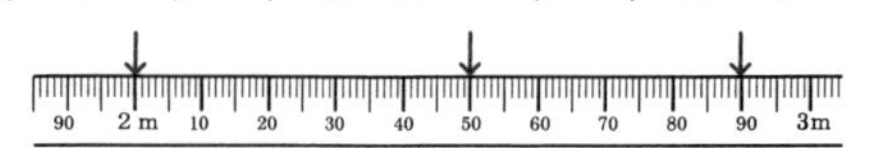

② 下の↓のところの長さをかきましょう。

①

㋐（ 4m60cm ）㋑（ 5m ）㋒（ 5m45cm ）

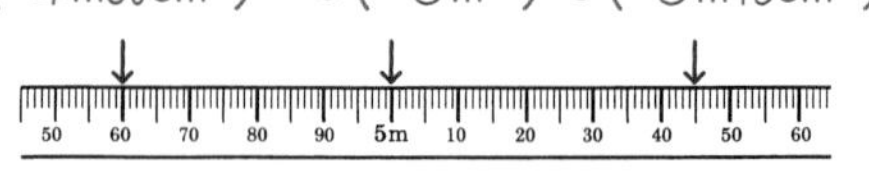

②

㋐（ 9m ）㋑（ 9m52cm ）㋒（ 9m93cm ）

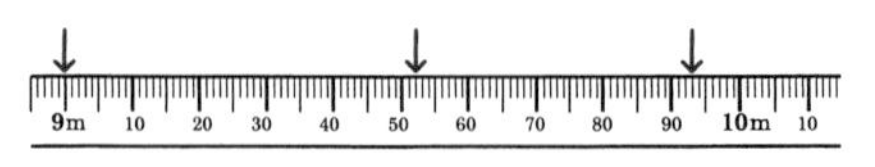

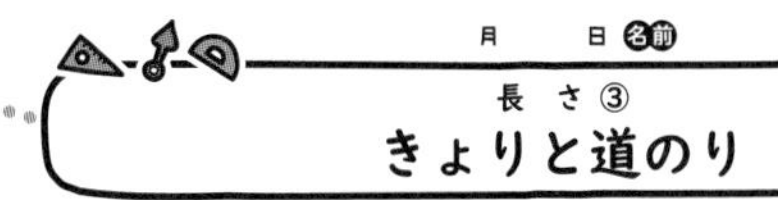

月　日 名前

長さ③

きょりと道のり

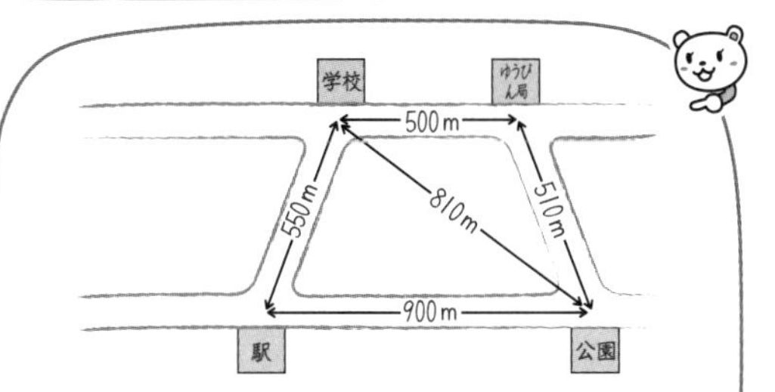

道にそってはかった長さを「道のり」といいます。

また、２つの地点をまっすぐにはかった長さを「きょり」といいます。

1 学校から、ゆうびん局を通って、公園までの道のりは、何mですか。また、学校→駅→公園の道のりは、何mですか。

① ゆうびん局を通る道　（　1010　m）

② 駅を通る道　（　1450　m）

2 学校と公園のきょりは、何mですか。

（　810　m）

月　日 名前

長さ④

1 km

1000mを１キロメートルといいます。

1000m ＝１km（キロメートル）

kmも長さのたんいです。

1 kmをていねいに練習しましょう。

km km km km km km

2 1450mは、何km何mになるか考えましょう。

km			m
1	4	5	0

1000m＝1kmです。

（　1　km　450　m）

3 （　）にあてはまる数を入れ、たんいをなぞりましょう。

① 1110m ＝（　1　km　110　m）

② 2500m ＝（　2　km　500　m）

③ 3030m ＝（　3　km　30　m）

④ 4008m ＝（　4　km　8　m）

月　日 名前

長さ⑤

長さのたんい

● 次の長さを、mだけで表しましょう。

① 1km 355m ＝（　1355　m）

km			m
1	3	5	5

② 4km ＝（　4000　m）

km			m
4	0	0	0

③ 6km 932m＝（　6932　m）

④ 5km 45m＝（　5045　m）

⑤ 7km 50m＝（　7050　m）

⑥ 1km 600m＝（　1600　m）

⑦ 2km 3m＝（　2003　m）

⑧ 1km＝（　1000　m）

月　日 名前

長さ⑥

長さのたんい

1 （　）にあてはまる長さのたんいをかきましょう。

① 教科書のあつさ　5（　mm　）

② ノートの横の長さ　18（　cm　）

③ ふじ山の高さ　3776（　m　）

④ 遠足で歩いた道のり　8（　km　）

⑤ えんぴつの長さ　17（　cm　）

⑥ プールのたての長さ　25（　m　）

⑦ ノートのあつさ　3（　mm　）

⑧ 1時間に歩く道のり　4（　km　）

2 次の長さをはかるには、何を使うとよいですか。下からえらんで記号をかきましょう。

① はばとびでとんだ長さ　（　ウ　）

② 絵本の横の長さ　（　ア　）

③ つくえの高さ　（　イ　）

ア 30cmのものさし　イ 1mのものさし　ウ まきじゃく

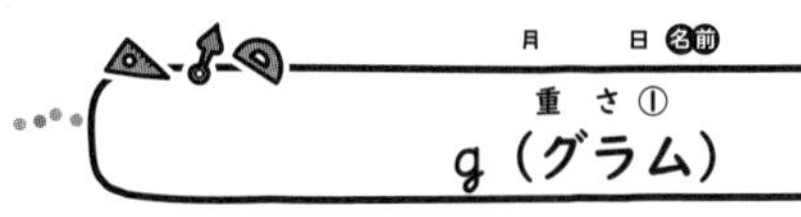

月　日 名前

重さ①

g（グラム）

重さは、はかりではかります。重さのたんいには、g（グラム）があります。1円玉は、1こ1gになるようにつくられています。

① gをかく練習をしましょう。

1g g g g g g g g g g g g

② はかりのめもりを読みましょう。

①

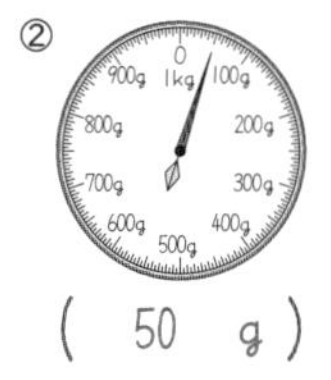

（ 300 g ）

②

（ 50 g ）

③ 重さ600gのかばんに、350gの荷物を入れました。重さはいくらになりますか。

式 600＋350＝950

答え 950g

月　日 名前

重さ②

kg（キログラム）

1000gを1キログラムといい、1kgとかきます。キログラムも重さのたんいです。

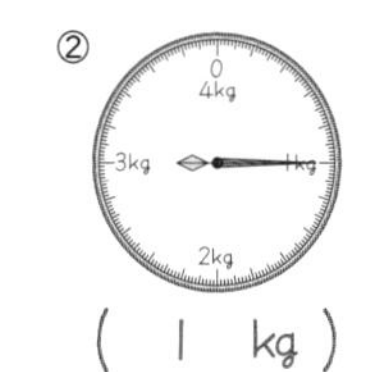

① kgをかく練習をしましょう。

1kg kg kg kg kg kg kg

② はかりのめもりを読みましょう。

①

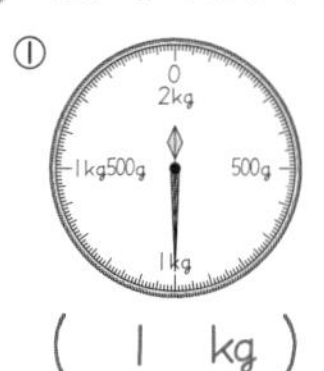

（ 1 kg ）

②

（ 1 kg ）

③ 兄の体重は48kgで、弟の体重は30kgです。ちがいは何kgですか。

式 48−30＝18

答え 18kg

月　日 名前

重さ③

kg・g

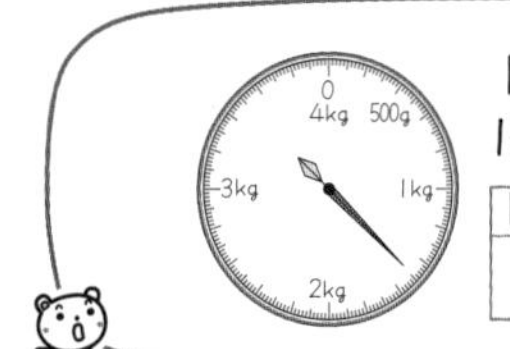

1kg 500gのことを、1500gともいいます。

kg			g
1	5	0	0

① はかりのめもりを読みましょう。

①

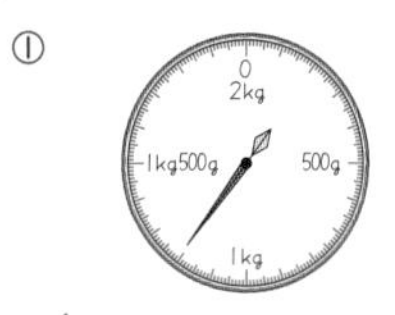

（ 1 kg 200 g ）
（ 1200 g ）

②

（ 1 kg 850 g ）
（ 1850 g ）

② （　）に数をかきましょう。

① 1kg ＝（ 1000 g ）

② 2kg 350g ＝（ 2350 g ）

③ 3000g ＝（ 3 kg ）

④ 5400g ＝（ 5 kg 400 g ）

月　日 名前

重さ④

重さの計算

① 次の計算をしましょう。

① 340g ＋ 400g ＝ 740 g

② 200g ＋ 580g ＝ 780 g

③ 380g ＋ 810g ＝ 1 kg 190 g

④ 870g ＋ 370g ＝ 1 kg 240 g

⑤ 1kg200g ＋ 3kg480g ＝ 4 kg 680 g

⑥ 7kg200g ＋ 2kg700g ＝ 9 kg 900 g

② 次の計算をしましょう。

① 700g − 300g ＝ 400 g

② 550g − 280g ＝ 270 g

③ 1kg − 200g ＝ 800 g

④ 4kg900g − 800g ＝ 4 kg 100 g

⑤ 6kg400g − 400g ＝ 6 kg

⑥ 3kg100g − 700g ＝ 2 kg 400 g

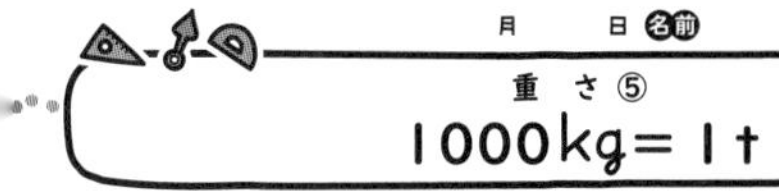

月　日 名前

重さ⑤

1000kg＝1t

横浜市では、1人が2か月で、およそ15tの水を使います。1tは一トンと読みます。

1000kg＝1t（トン）

トン（t）も重さのたんいです。

① tのかき方を練習しましょう。

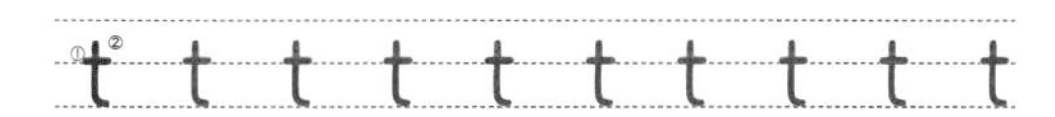

② （　）に重さのたんいをかきましょう。

① 学校のプールに、250（ t ）の水が入っています。

② トラックに、1ふくろ10（ kg ）の米ぶくろを100こつみました。

ぜんぶで1000（ kg ）で、1（ t ）です。

③ 屋上の水そうに、2（ t ）の水が入っているそうです。

月　日 名前

重さ⑥

重さのたんい

① □に数をかきましょう。

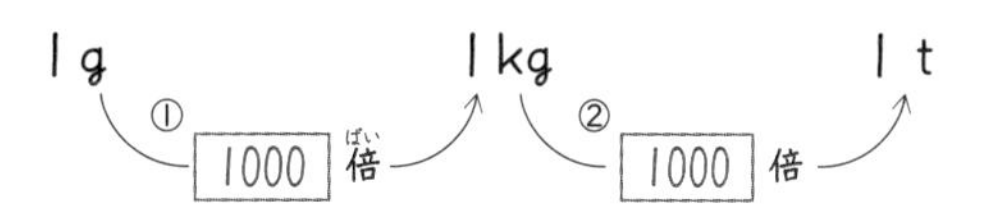

② どちらが重いでしょう。重い方に○をしましょう。

① （　）㋐ 1000kgの荷物
（ ○ ）㋑ 2tの荷物

② （　）㋐ 屋上の水そうの1tの水
（ ○ ）㋑ きゅう水車の1500kgの水

③ 次の□に重さのたんいをかきましょう。

① かんジュース1本の重さ……370 g

② たまご1この重さ……65 g

③ たけるさんの体重……27 kg

④ お米1ふくろの重さ……10 kg

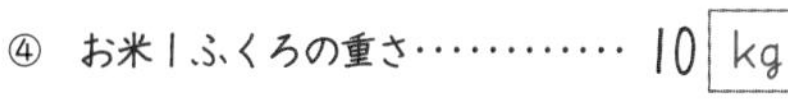

まとめテスト　月　日 名前

まとめ⑦

長さ

/50点

① （　）にあてはまる長さのたんいをかきましょう。（1つ5点／20点）

① ノートのたての長さ　25（ cm ）

② 学校のろうかの横はば　2（ m ）

③ 遠足で歩いた道のり　8（ km ）

④ かみの毛が1週間でのびる長さ　2（ mm ）

② 次の長さをmで表しましょう。（1つ5点／20点）

① 1km ＝（ 1000 ）m

② 2km600m ＝（ 2600 ）m

③ 3km50m ＝（ 3050 ）m

④ 2km 3m ＝（ 2003 ）m

③ 学校から駅までの道のりときょりをもとめましょう。（1つ5点／10点）

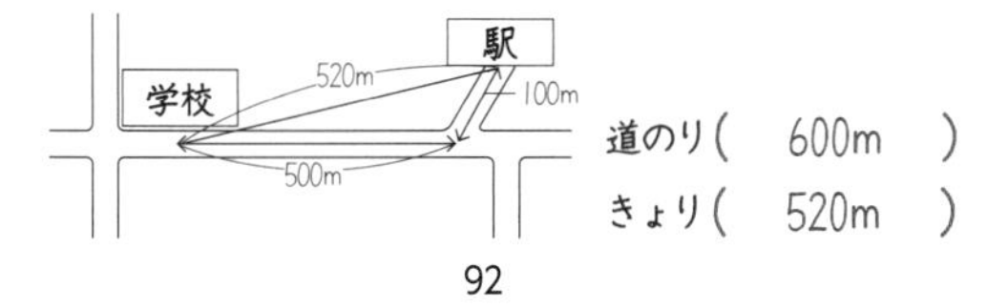

道のり（ 600m ）

きょり（ 520m ）

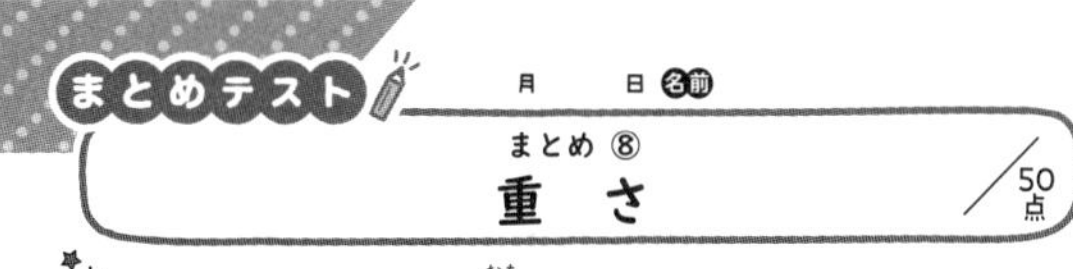

まとめテスト　月　日 名前

まとめ⑧

重さ

/50点

① （　）にあてはまる重さのたんいをかきましょう。（1つ5点／15点）

① ノートパソコンの重さ　1（ kg ）

② 乗用車1台の重さ　1（ t ）

③ 1円玉の重さ　1（ g ）

② 次の重さをgで表しましょう。（1つ5点／15点）

① 1kg＝（ 1000 ）g

② 3kg475g ＝（ 3475 ）g

③ 5kg50g ＝（ 5050 ）g

③ 次の計算をしましょう。（1つ5点／20点）

① 550g ＋ 3500g ＝ 4050 g

② 800g ＋ 600g ＝ 1 kg 400 g

③ 900g － 280g ＝ 620 g

④ 1kg200g － 400g ＝ 800 g

月　日 名前

大きい数 ①

十万・百万

1万を10こ集めた数を十万といいます。

① 読み方を漢字でかきましょう。

	十万のくらい	一万のくらい	千のくらい	百のくらい	十のくらい	一のくらい	読み方
①	6	2	3	6	4	5	六十二万三千六百四十五
②	5	7	7	7	0	3	五十七万七千七百三
③	8	0	5	1	0	0	八十万五千百

10万を10こ集めた数を百万といいます。

② 読み方を漢字でかきましょう。

	百万のくらい	十万のくらい	一万のくらい	千のくらい	百のくらい	十のくらい	一のくらい	読み方
①	2	4	9	6	7	2	8	二百四十九万六千七百二十八
②	3	2	0	1	9	5	0	三百二十万千九百五十
③	7	0	0	5	2	0	0	七百万五千二百
④	4	0	3	0	0	7	6	四百三万七十六

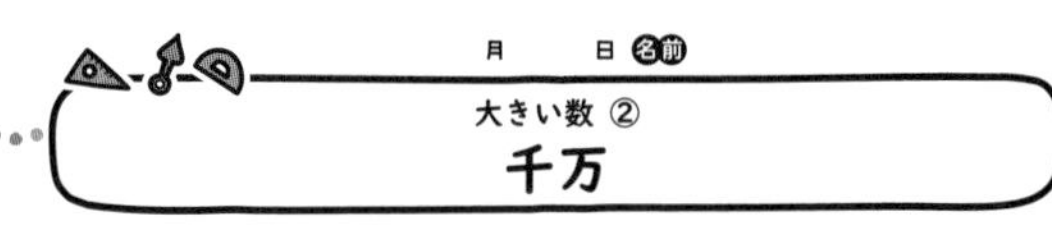

月　日 名前

大きい数 ②

千万

百万を10こ集めた数を千万といいます。

① 次の数は、ある年の小学生と中学生をあわせた数です。読み方を漢字でかきましょう。

千万のくらい	百万のくらい	十万のくらい	一万のくらい	千のくらい	百のくらい	十のくらい	一のくらい	読み方
1	0	7	4	7	4	2	0	千七十四万七千四百二十

② 次の数を表に入れて、読みましょう。

(2021年人口　総務省)

東京都の人口	13230000人
神奈川県の人口	9067000人
大阪府の人口	8856000人

千	百	十	一（万）	千	百	十	一
1	3	2	3	0	0	0	0
	9	0	6	7	0	0	0
	8	8	5	6	0	0	0

③ 次の数を数字でかきましょう。

① 三千八百二十三万九千六百五十一	3	8	2	3	9	6	5	1
② 八千六十七万二千九百四十	8	0	6	7	2	9	4	0
③ 八百三万九千六百十七		8	0	3	9	6	1	7
④ 七千八万五千四十六	7	0	0	8	5	0	4	6

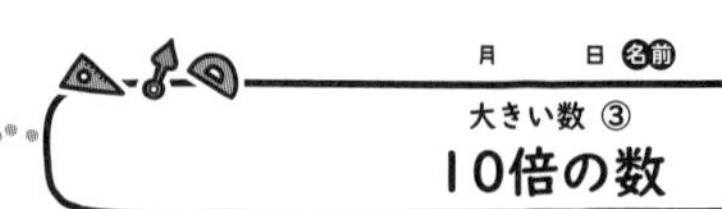

月　日 名前

大きい数 ③

10倍の数

20円の10倍は、何円ですか。

20円の10倍は、200円

25円の10倍は、何円ですか。

10円が10こ

25円 25円 25円 25円 25円 25円 25円 25円 25円 25円

250円

25円の10倍は、250円

	2	0
2	0	0

10倍

	2	5
2	5	0

10倍

ある数を10倍すると、もとの数の右に0を1つつけた数になります。

次の数を10倍した数をかきましょう。

① 35 (350)　② 47 (470)

③ 111 (1110)　④ 130 (1300)

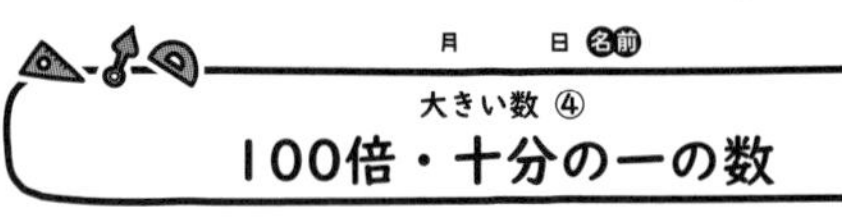

月　日 名前

大きい数 ④

100倍・十分の一の数

10倍した数を10倍したら、どうなりますか。

		2	5
	2	5	0
2	5	0	0

10倍　10倍

10倍の10倍は100倍です。

① 次の数を100倍した数をかきましょう。

① 42 (4200)　② 56 (5600)

③ 237 (23700)　④ 450 (45000)

250を10でわる $\left(\frac{1}{10}\right.$にする$\left.\right)$ と、どうなりますか。

2	5	0
	2	5

② 次の数を10でわった数をかきましょう。

① 350 (35)　② 400 (40)

③ 610 (61)　④ 880 (88)

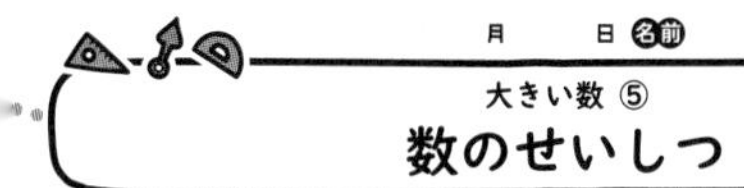

月　日 名前

大きい数 ⑤

数のせいしつ

1 次(つぎ)の数を(　)にかきましょう。

① 1000万を2こ、100万を5こ、10万を7こ、1万を6こあわせた数。

千万	百万	十万	一万	千	百	十	一
2	5	7	6	0	0	0	0

(25760000)

② 1000万を8こ、100万を4こ、1万を3こあわせた数。

(84030000)

③ 1000万を3こ、10万を6こ、1000を8こ、100を7こあわせた数。

(30608700)

2 次の(　)に数をかきましょう。

① 820000は、1万を (82 こ) 集(あつ)めた数。

8	2	0	0	0	0
	1	0	0	0	0

② 250000は、1万を (25 こ) 集めた数。

③ 250000は、1000を (250 こ) 集めた数。

月　日 名前

大きい数 ⑥

一億

日本の人口は、およそ125260000人です。4けたごとに区切っているくらいのものさしをあててみましょう。

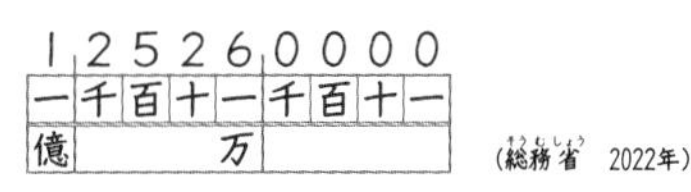

1	2	5	2	6	0	0	0	0
一	千	百	十	一	千	百	十	一
億				万				

(総務省(そうむしょう)　2022年)

千万を10こ集めた数は、1億(おく)です。
数字で100000000とかきます。
(※0が8こつきます。)

日本の人口は、1億2000万人です。

1 次の数を(　)に数字でかきましょう。

① 99999999より1大きい数。

(100000000)

② 1億より1小さい数。

(99999999)

③ 1000万を10こ集めた数。

(100000000)

④ 1億より1万小さい数。

(99990000)

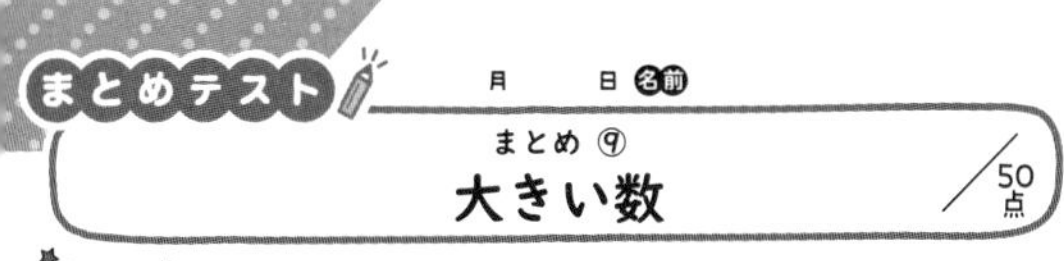

月　日 名前

まとめ ⑨

大きい数

/50点

1 次(つぎ)の数を数字でかきましょう。　(1つ5点／10点)

① 三百七十六万八千　(3768000)

② 五千二百九十一万四千　(52914000)

2 次の数を(　)にかきましょう。　(1つ5点／20点)

① 1000万を2こ、100万を6こ、10万を3こ、1万を5こあわせた数。

(26350000)

② 1000万を4こ　10万を7こあわせた数。

(40700000)

③ 560000は1万を (56) こ集(あつ)めた数。

④ 560000は1000を (560) こ集めた数。

3 □に不等号(ふとうごう)(><)をかきましょう。　(1つ5点／20点)

① 850000 [<] 7200000

② 346751 [>] 346571

③ 10001000 [<] 10010000

④ 9999999 [>] 1000000

まとめテスト

月　日 名前

まとめ ⑩

大きい数

/50点

1 数直線で①②③④のめもりが表(あらわ)す数をかきましょう。　(1つ5点／20点)

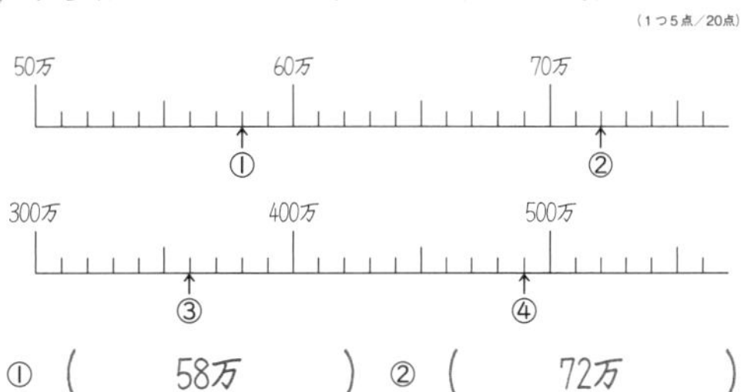

① (58万)　② (72万)

③ (360万)　④ (490万)

2 次の数を10倍(ばい)にした数をかきましょう。　(1つ5点／10点)

① 50 (500)　② 250 (2500)

3 次の数を100倍にした数をかきましょう。　(1つ5点／10点)

① 85 (8500)　② 630 (63000)

4 次の数を10でわった数をかきましょう。　(1つ5点／10点)

① 300 (30)　② 480 (48)

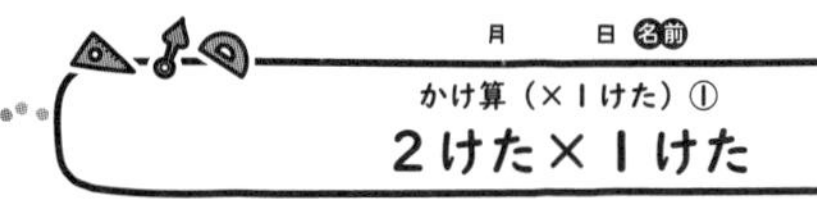

かけ算（×1けた）①
2けた×1けた

 1箱12本入りのえんぴつが3箱あります。えんぴつは、全部で何本ですか。

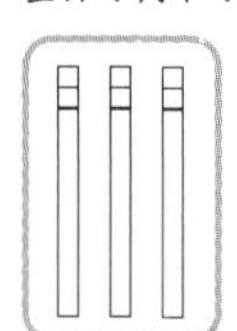

① 全部のえんぴつの数をもとめる式をかきましょう。

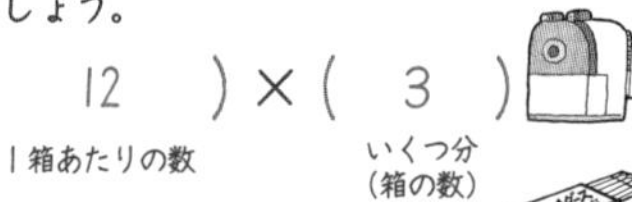

$$(\quad 12 \quad) \times (\quad 3 \quad)$$

1箱あたりの数 ／ いくつ分（箱の数）

② 筆算でかきましょう。

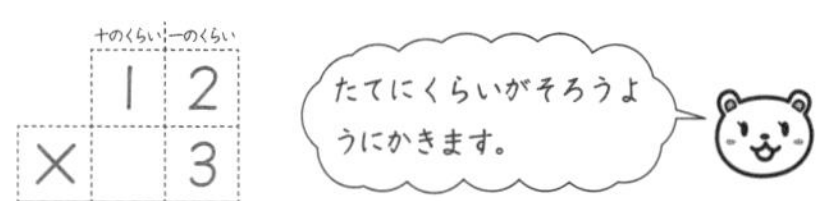

十のくらい一のくらい

$$\begin{array}{r} 1\ 2 \\ \times \qquad 3 \end{array}$$

たてにくらいがそろうようにかきます。

③ 筆算のしかたを考えましょう。

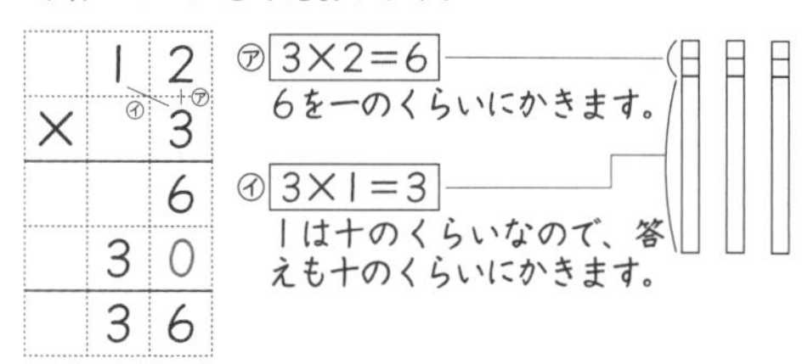

$$\begin{array}{r} 1\ 2 \\ \times \qquad 3 \\ \hline 6 \\ 3\ 0 \\ \hline 3\ 6 \end{array}$$

⑦ 3×2=6
6を一のくらいにかきます。

④ 3×1=3
1は十のくらいなので、答えも十のくらいにかきます。

④ 式と答えをかきましょう。

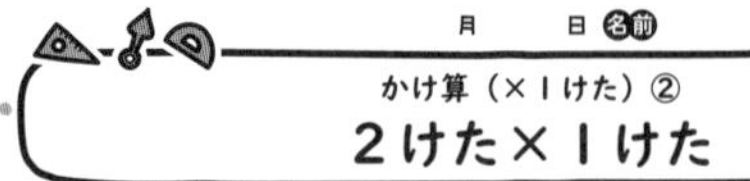

12×3＝36　　　　答え　36本

102

かけ算（×1けた）②
2けた×1けた

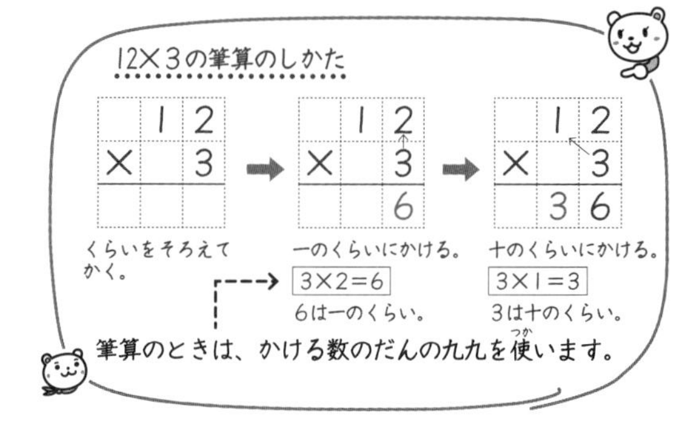

12×3の筆算のしかた

$$\begin{array}{r} 1\ 2 \\ \times \quad 3 \end{array} \rightarrow \begin{array}{r} 1\ 2 \\ \times \quad 3 \\ \hline 6 \end{array} \rightarrow \begin{array}{r} 1\ 2 \\ \times \quad 3 \\ \hline 3\ 6 \end{array}$$

くらいをそろえてかく。

一のくらいにかける。
3×2=6
6は一のくらい。

十のくらいにかける。
3×1=3
3は十のくらい。

筆算のときは、かける数のだんの九九を使います。

次の計算をしましょう。

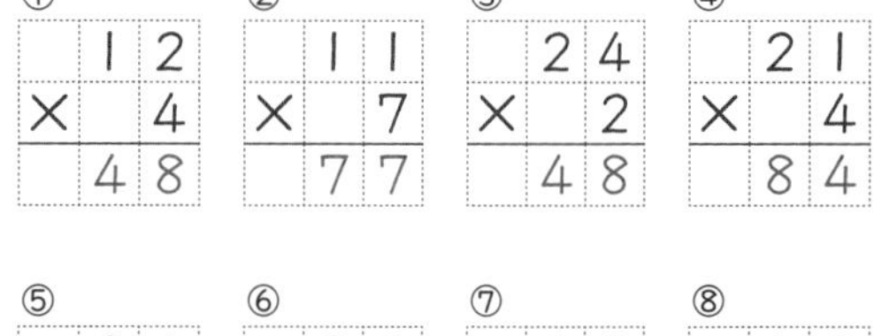

①	②	③	④
12	11	24	21
× 4	× 7	× 2	× 4
48	77	48	84

⑤	⑥	⑦	⑧
31	33	43	13
× 2	× 2	× 2	× 3
62	66	86	39

103

かけ算（×1けた）③
2けた×1けた

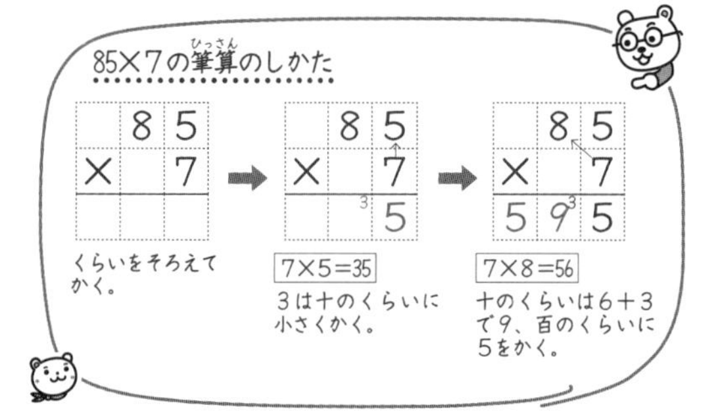

85×7の筆算のしかた

$$\begin{array}{r} 8\ 5 \\ \times \quad 7 \end{array} \rightarrow \begin{array}{r} 8\ 5 \\ \times \quad 7 \\ \hline 5 \end{array} \rightarrow \begin{array}{r} 8\ 5 \\ \times \quad 7 \\ \hline 5\ 9\ 5 \end{array}$$

くらいをそろえてかく。

7×5=35
3は十のくらいに小さくかく。

7×8=56
十のくらいは6＋3で9、百のくらいに5をかく。

次の計算をしましょう。

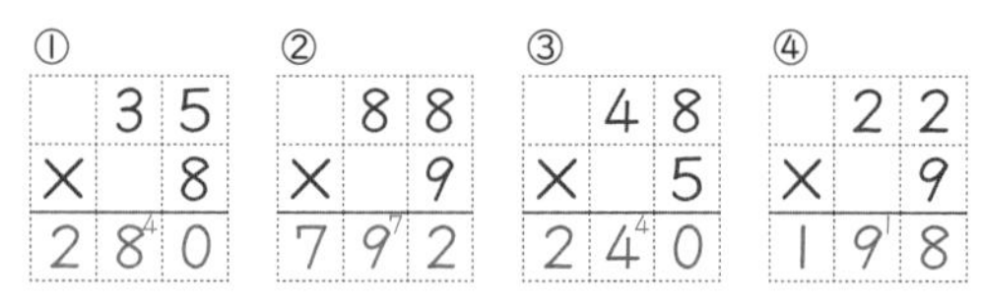

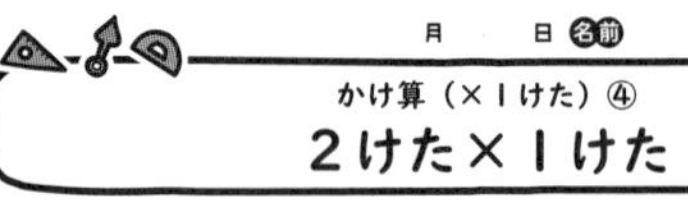

①	②	③	④
35	88	48	22
× 8	× 9	× 5	× 9
280	792	240	198

⑤	⑥	⑦	⑧
68	79	35	63
× 5	× 3	× 4	× 6
340	237	140	378

104

かけ算（×1けた）④
2けた×1けた

次の計算をしましょう。

①	②	③	④

42	34	74	53
× 2	× 2	× 2	× 3
84	68	148	159

⑤	⑥	⑦	⑧
81	81	68	66
× 7	× 5	× 5	× 5
567	405	340	330

⑨	⑩	⑪	⑫
84	35	49	64
× 5	× 8	× 8	× 6
420	280	392	384

⑬	⑭	⑮
79	53	47
× 5	× 5	× 6
395	265	282

月　日 名前

かけ算（×１けた）⑤

３けた×１けた

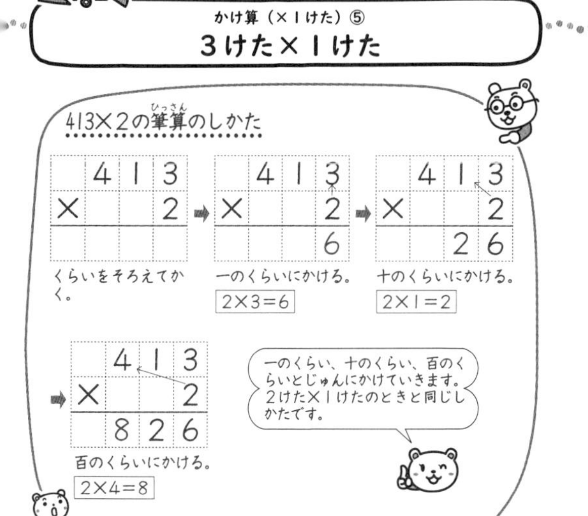

次の計算をしましょう。

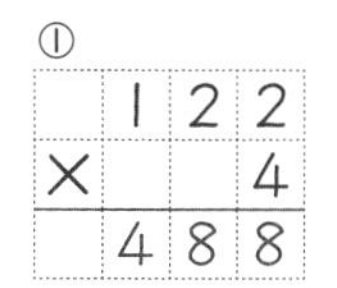

①

	1	2	2
×			4
	4	8	8

②

	3	2	2
×			3
	9	6	6

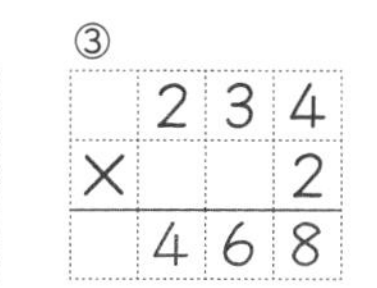

③

	2	3	4
×			2
	4	6	8

月　日 名前

かけ算（×１けた）⑥

３けた×１けた

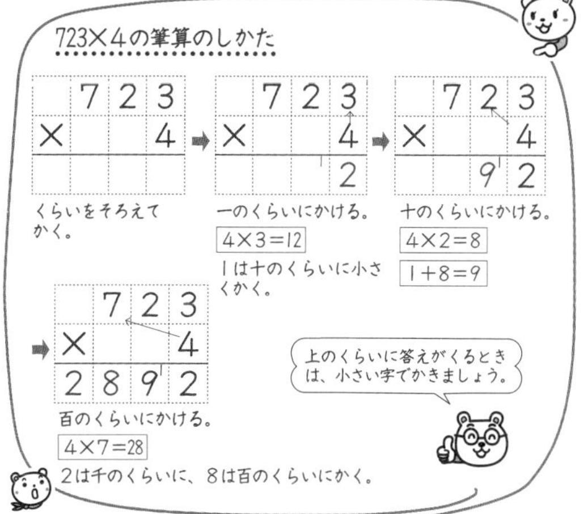

723×4の筆算のしかた
くらいをそろえてかく。
一のくらいにかける。
4×3=12
1は十のくらいに小さくかく。
十のくらいにかける。
4×2=8
1+8=9
百のくらいにかける。
4×7=28
2は千のくらいに、8は百のくらいにかく。
上のくらいに答えがくるときは、小さい字でかきましょう。

次の計算をしましょう。

①

	8	2	5
×			3
2	4	7	5

②

	9	1	8
×			4
3	6	7	2

③

	8	4	5
×			2
1	6	9	0

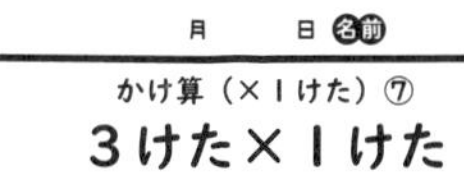

月　日 名前

かけ算（×１けた）⑦

３けた×１けた

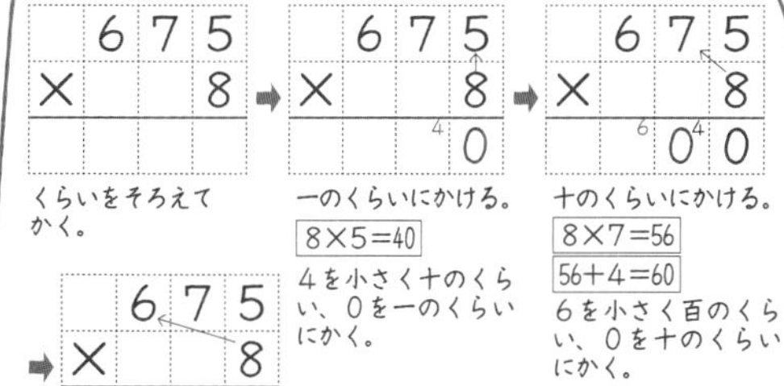
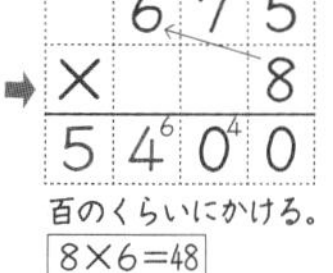

次の計算をしましょう。

①

	3	5	4
×			7
2	4	7	8

②

	8	7	4
×			3
2	6	2	2

③

	5	9	6
×			5
2	9	8	0

月　日 名前

かけ算（×１けた）⑧

３けた×１けた

次の計算をしましょう。

①

	3	9	3
×			6
2	3	5	8

②

	5	7	9
×			4
2	3	1	6

③

	9	8	3
×			6
5	8	9	8

④

	6	3	8
×			7
4	4	6	6

⑤

	7	5	4
×			8
6	0	3	2

⑥

	9	8	7
×			7
6	9	0	9

⑦

	3	7	0
×			4
1	4	8	0

⑧

	4	0	8
×			8
3	2	6	4

⑨

	5	0	0
×			6
3	0	0	0

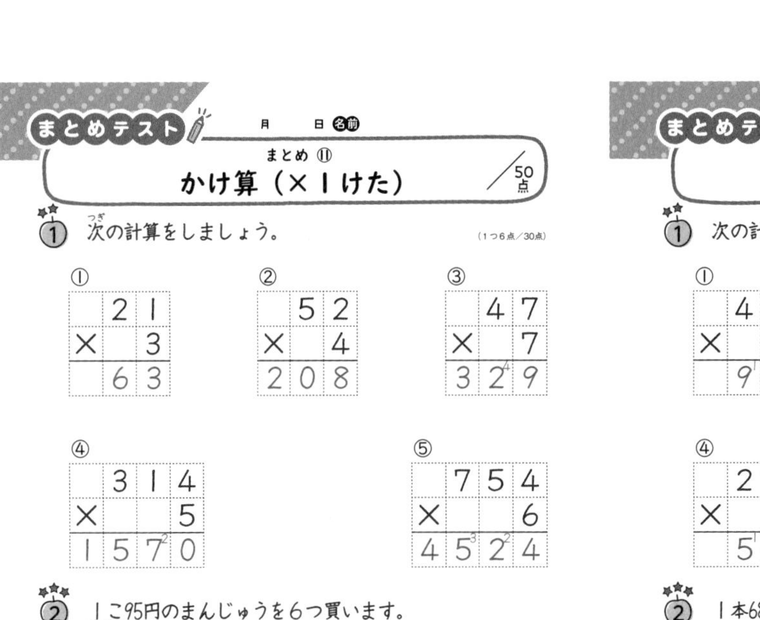

まとめテスト　月　日 名前

まとめ ⑪

かけ算（×１けた）

／50点

① 次の計算をしましょう。（１つ６点／30点）

① $21 \times 3 = 63$

② $52 \times 4 = 208$

③ $47 \times 7 = 329$

④ $314 \times 5 = 1570$

⑤ $754 \times 6 = 4524$

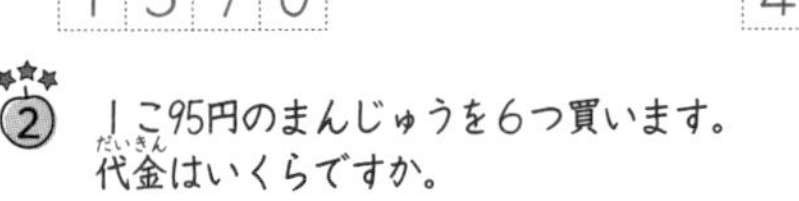

② １こ95円のまんじゅうを６つ買います。代金はいくらですか。（10点）

式　95×6＝570

答え　570円

③ １しゅう150mの運動場のトラックを７しゅう走りました。何m走りましたか。（10点）

式　150×7＝1050

答え　1050m

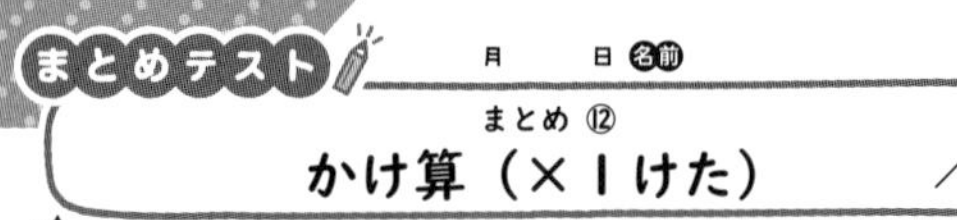

まとめテスト　月　日 名前

まとめ ⑫

かけ算（×１けた）

／50点

① 次の計算をしましょう。（１つ６点／30点）

① $49 \times 2 = 98$

② $93 \times 3 = 279$

③ $35 \times 9 = 315$

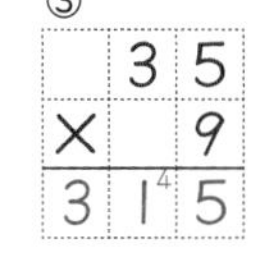

④ $256 \times 2 = 512$

⑤ $478 \times 3 = 1434$

② １本68円のえんぴつを５本買います。代金はいくらですか。（10点）

式　68×5＝340

答え　340円

③ １箱256円のおかしを８箱買いました。代金はいくらですか。（10点）

式　256×8＝2048

答え　2048円

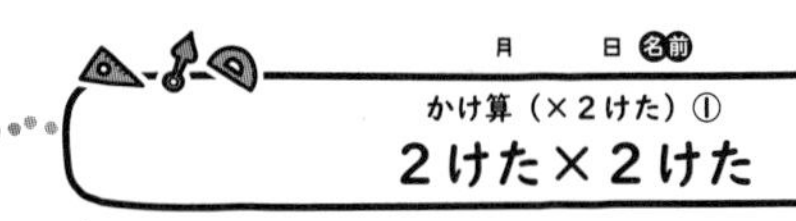

月　日 名前

かけ算（×２けた）①

２けた×２けた

ジュースが１箱に24本入っています。12箱では何本ありますか。

① 何本あるか、もとめる式をかきましょう。

（　24　）×（　12　）

１箱あたりの数　　いくつ分（箱の数）

② 筆算のしかたを考えましょう。

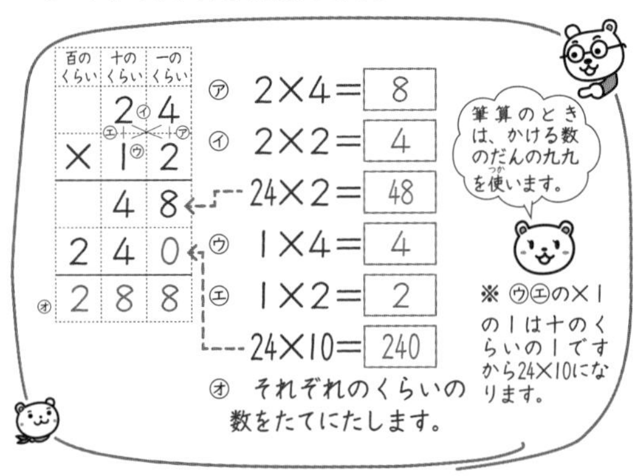

百のくらい
十のくらい
一のくらい
㋐ 2×4＝8
㋑ 2×2＝4
24×2＝48
㋒ 1×4＝4
㋓ 1×2＝2
24×10＝240
㋔ それぞれのくらいの数をたてにたします。
筆算のときは、かける数のだんの九九を使います。
※ ㋒㋓の×１の１は十のくらいの１ですから24×10になります。

③ 式と答えをかきましょう。

式　24×12＝288　　答え　288本

月　日 名前

かけ算（×２けた）②

２けた×２けた

次の計算をしましょう。

① 33×23：99、66、759

② 12×43：36、48、516

③ 21×34：84、63、714

④ 12×24：48、24、288

⑤ 32×31：32、96、992

⑥ 43×21：43、86、903

⑦ 23×32：46、69、736

⑧ 42×22：84、84、924

⑨ 22×33：66、66、726

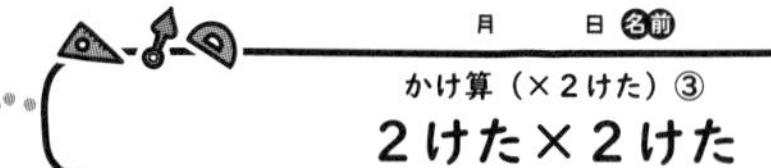

月　日 名前

かけ算（×２けた）③

２けた×２けた

① 筆算(ひっさん)のしかたを考えます。□に数をかきましょう。

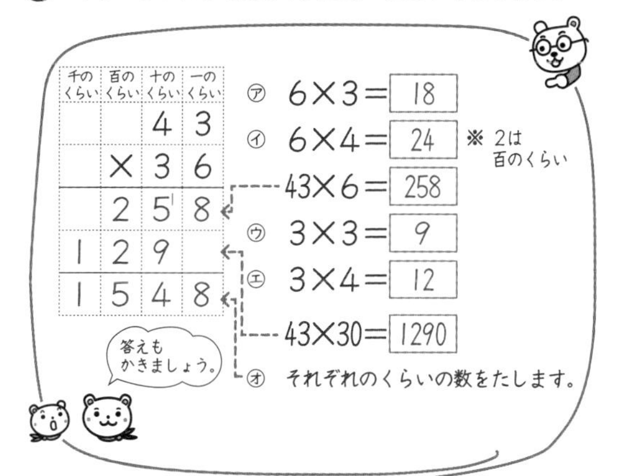

千のくらい　百のくらい　十のくらい　一のくらい
43
×36
258
129
1548
㋐ 6×3＝18
㋑ 6×4＝24
※ 2は百のくらい
43×6＝258
㋒ 3×3＝9
㋓ 3×4＝12
43×30＝1290
㋔ それぞれのくらいの数をたします。
答えもかきましょう。

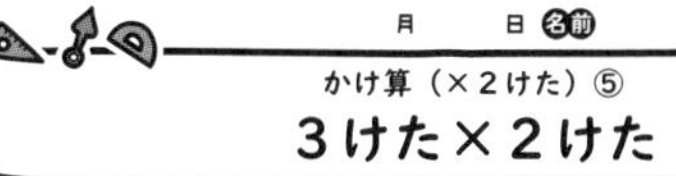

② 次(つぎ)の計算をしましょう。

①	②	③
73	82	64
×38	×47	×27
584	574	448
219	328	128
2774	3854	1728

114

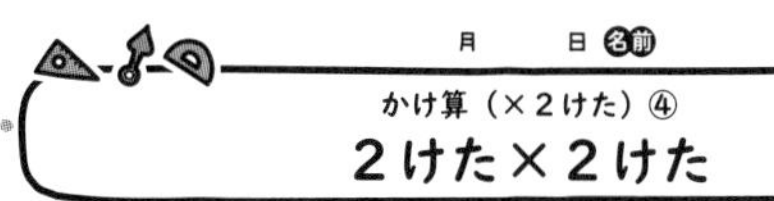

月　日 名前

かけ算（×２けた）④

２けた×２けた

① 筆算のしかたを考えます。□に数をかきましょう。

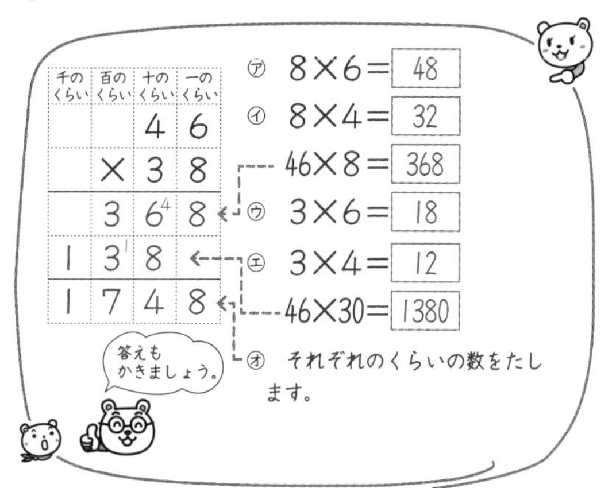

千のくらい　百のくらい　十のくらい　一のくらい
46
×38
368
138
1748
㋐ 8×6＝48
㋑ 8×4＝32
46×8＝368
㋒ 3×6＝18
㋓ 3×4＝12
46×30＝1380
㋔ それぞれのくらいの数をたします。
答えもかきましょう。

② 次の計算をしましょう。

①	②	③
69	94	48
×47	×36	×54
483	564	192
276	282	240
3243	3384	2592

115

月　日 名前

かけ算（×２けた）⑤

３けた×２けた

① 筆算(ひっさん)のしかたを考えます。□に数をかきましょう。
うすい字を計算のじゅんになぞりましょう。

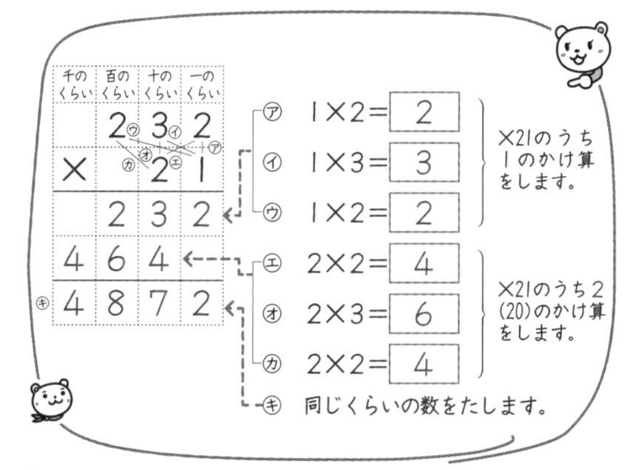

② 次(つぎ)の計算をしましょう。

①	②	③
220	312	233
×43	×23	×21
660	936	233
880	624	466
9460	7176	4893

116

月　日 名前

かけ算（×２けた）⑥

３けた×２けた

次の計算をしましょう。

①	②	③
102	104	111
×44	×22	×56
408	208	666
408	208	555
4488	2288	6216

④	⑤	⑥
122	112	133
×34	×41	×12
488	112	266
366	448	133
4148	4592	1596

⑦	⑧	⑨
113	301	310
×21	×32	×23
113	602	930
226	903	620
2373	9632	7130

117

月　日 名前

かけ算（×2けた）⑦
3けた×2けた

次の計算をしましょう。

①

	2	9	1
×		1	2
	5	8	2
2	9	1	
3	4	9	2

・2×9=18 の1を次のくらい（百のくらい）に小さくかきます。
2×2=4　4+1=5

②

	3	1	4
×		2	3
	9	4	2
6	2	8	
7	2	2	2

③

	3	1	6
×		1	3
	9	4	8
3	1	6	
4	1	0	8

④

	4	2	5
×		1	2
	8	5	0
4	2	5	
5	1	0	0

⑤

	2	0	7
×		4	1
	2	0	7
8	2	8	
8	4	8	7

月　日 名前

かけ算（×2けた）⑧
3けた×2けた

次の計算をしましょう。

①

		6	1	8
	×		3	4
	2	4	7	2
1	8	5	4	
2	1	0	1	2

・4×8=32 の3を次のくらい（十のくらい）に小さくかきます。
4×1=4　4+3=7
・3×8=24 の2を次のくらい（百のくらい）に小さくかきます。
3×1=3　3+2=5

②

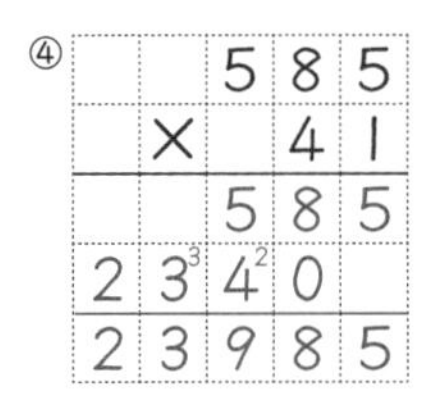

		3	8	4
	×		5	2
		7	6	8
1	9	2	0	
1	9	9	6	8

③

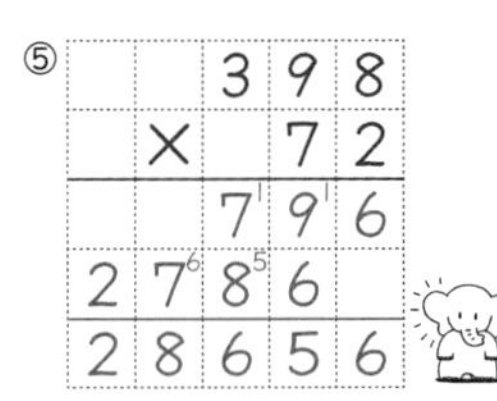

		4	7	2
	×		4	3
	1	4	1	6
1	8	8	8	
2	0	2	9	6

④

		5	8	5
	×		4	1
		5	8	5
2	3	4	0	
2	3	9	8	5

⑤

		3	9	8
	×		7	2
		7	9	6
2	7	8	6	
2	8	6	5	6

まとめテスト　月　日 名前

まとめ ⑬
かけ算（×2けた）

／50点

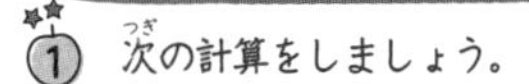

1 次の計算をしましょう。（1つ8点／40点）

①

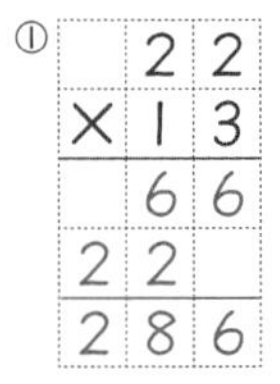

	2	2
×	1	3
	6	6
2	2	
2	8	6

②

		8	2
	×	2	4
	3	2	8
1	6	4	
1	9	6	8

③

		6	4
	×	3	6
	3	8	4
1	9	2	
2	3	0	4

④

		5	0	6
	×		3	4
	2	0	2	4
1	5	1	8	
1	7	2	0	4

⑤

		4	1	7
	×		6	9
	3	7	5	3
2	5	0	2	
2	8	7	7	3

2 □にあてはまる数をかきましょう。（10点）

32×25=32×[20]+32×5
=[640]+160
=800

まとめテスト　月　日 名前

まとめ ⑭
かけ算（×2けた）

／50点

1 次の計算をしましょう。（1つ8点／40点）

①

	2	1
×	3	4
	8	4
6	3	
7	1	4

②

		6	9
	×	4	8
	5	5	2
2	7	6	
3	3	1	2

③

		2	8
	×	5	4
	1	1	2
1	4	0	
1	5	1	2

④

		4	3	6
	×		5	2
		8	7	2
2	1	8	0	
2	2	6	7	2

⑤

		7	4	5
	×		6	3
	2	2	3	5
4	4	7	0	
4	6	9	3	5

2 □にあてはまる数をかきましょう。（10点）

250×48=250×[40]+250×8
=[10000]+2000
=12000

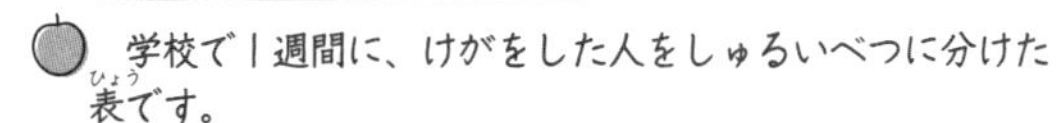

月　日 名前

表とグラフ ①

整理する

学校で1週間に、けがをした人をしゅるいべつに分けた表(ひょう)です。

けがをした人

しゅるい	人　数	
すりきず	正 正 下	13
うちみ	正 丅	7
つき指(ゆび)	正	5
鼻(はな)血(ぢ)	𠃊	4
切りきず	丅	2

① 上の表の正(しょう)の字（5人）でかいている人数を、右のわくにかきましょう。

② けがをした人の人数を、下の表にまとめましょう。

けがをした人

しゅるい	人数（人）
すりきず	13
うちみ	7
つき指	5
その他	6
合計	31

③「その他(た)」は、どんなけがですか。

（　鼻血　）

（　切りきず　）

④ いちばん多いけがは何ですか。

（　すりきず　）

月　日 名前

表とグラフ ②

グラフを読む

グラフを見て、答えましょう。

① たてじくは、人数を表(あらわ)しています。1めもりは何人ですか。

（　1人　）

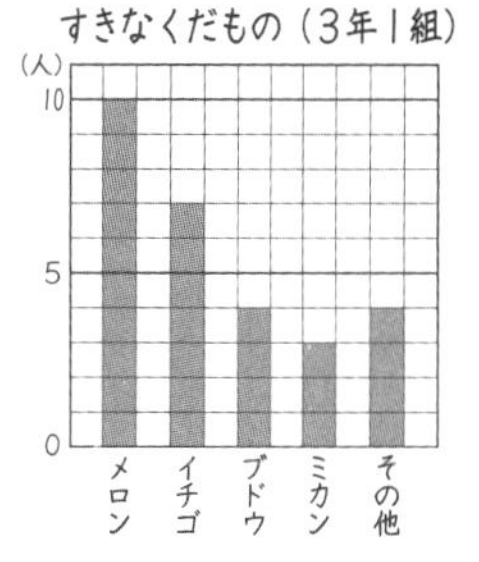

② 横(よこ)じくには、何をかいていますか。

（　くだものの名前　）

③ すきな人がいちばん多いくだものは何ですか。

（　メロン　）

上のグラフをぼうグラフといいます。ぼうグラフは、ふつう、大きいものじゅんに左からならべます。「その他」はいちばん右にします。

日、月、火、…、1年、2年、3年、…など、じゅんが決(き)まっているものは、そのじゅんにならべます。

グラフに表すと、多い・少ないがひと目でわかります。

月　日 名前

表とグラフ ③

グラフをかく

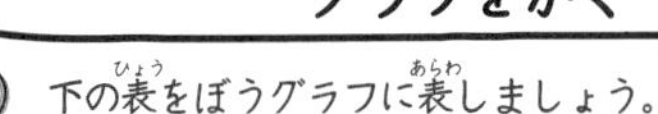

下の表(ひょう)をぼうグラフに表(あらわ)しましょう。

すきなスポーツ

スポーツ	サッカー	野球(やきゅう)	ドッジボール	その他(た)
人数（人）	12	8	6	7

① 横(よこ)じくに、スポーツのしゅるいをかきましょう。

② たてじくに、いちばん多い人数がかけるように1めもり分の大きさを決め、0、5、10などの数をかきましょう。

③ たてじくのいちばん上の（　）の中に、たんいをかきましょう。

④ 表題(ひょうだい)をかきましょう。

⑤ 人数にあわせて、ぼうをかきましょう。

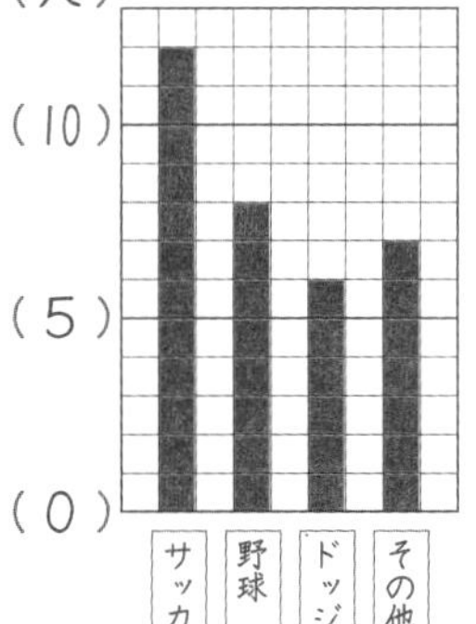

月　日 名前

表とグラフ ④

整理する

ある食どうで売れたメニューのしゅるいと数の表です。

売れたメニュー（1日目）

しゅるい	人
ラーメン	28
うどん	9
そば	11
その他	5
合計	㋐53

売れたメニュー（2日目）

しゅるい	人
ラーメン	21
うどん	19
そば	17
その他	9
合計	㋑66

売れたメニュー（3日目）

しゅるい	人
ラーメン	26
うどん	17
そば	13
その他	9
合計	㋒65

① 1日目から3日目までのそれぞれの合計を、上の㋐㋑㋒のらんにかきましょう。

② 一番多く売れた日はいつですか。（　2　日目）

③ 上の3つの表を1つに整理(せいり)しましょう。あいているところに数をかきましょう。

売れたメニュー

しゅるい＼日	1日目	2日目	3日目	合計
ラーメン	28	21	26	75
うどん	9	19	17	45
そば	11	17	13	41
その他	5	9	9	23
合計	53	66	65	184

まとめテスト　月　日 名前

まとめ ⑮

表とグラフ

50点

ぼうグラフは、ぼうを横にして表すこともできます。下の表をぼうグラフに表しましょう。（1つ10点／50点）

ほけん室に来た人

曜日	人数（人）
月	10
火	3
水	6
木	4
金	6

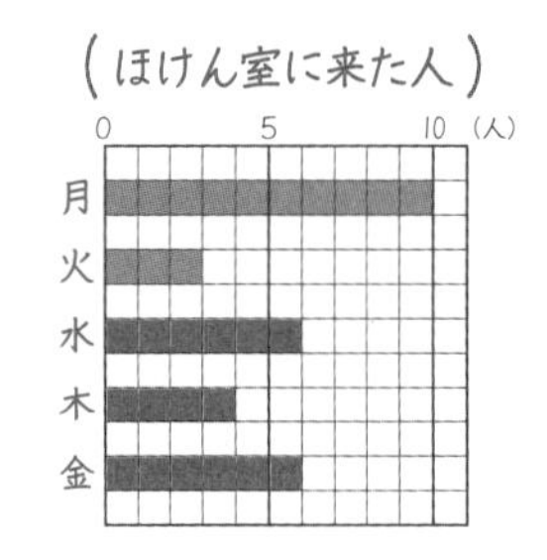

① たてじくに曜日をかきましょう。

② グラフの題（表題）をグラフの上の（　）にかきましょう。

③ 横じくの1めもりは、何人を表していますか。
（　1人　）

④ ぼうをかき入れて、グラフを仕上げましょう。

⑤ ほけん室に来た人がいちばん多いのは、何曜日ですか。
（　月曜日　）

まとめテスト　月　日 名前

まとめ ⑯

表とグラフ

50点

6月にほけん室に来た3年生の表です。

① 表のあいているところ（①～⑧）に数をかきましょう。（1つ5点／40点）

ほけん室に来た人（3年生）

しゅるい＼学級	1組	2組	3組	合計
すりきず	4	2	① 2	8
ふくつう	2	1	2	③ 5
ずつう	1	② 1	0	④ 2
切りきず	0	1	0	1
その他	1	1	1	⑤ 3
合計	⑥ 8	6	⑦ 5	⑧ 19

② ほけん室に来た人がいちばん多いのは、何組ですか。（5点）
（　1組　）

③ ⑧の人数は何を表していますか。○をつけましょう。（5点）

㋐（　）学校でけがをした3年生全員の人数
㋑（　）ほけん室に来た3年1組の人数
㋒（ ○ ）ほけん室に来た3年生全員の人数

月　日 名前

小　数 ①

小数とは

1Lますを10等分した1めもり分は0.1Lです。れい点一リットルと読みます。

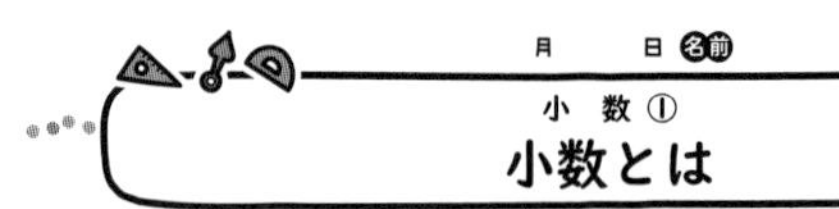

① かさは、何Lですか。

•0.1Lの5つ分は、0.5Lです。
（　0.5　L）

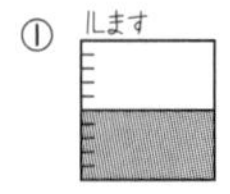

（　0.8　L）

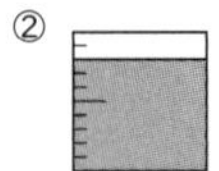

1Lと0.5Lをあわせると、1.5Lになります。一点五リットルと読みます。

② かさは、何Lですか。

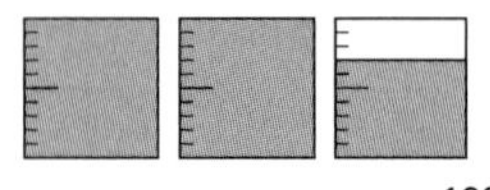

（2.7L）

月　日 名前

小　数 ②

小数とは

0.1、0.5、1.5などを小数といいます。数の間の「.」を小数点といいます。小数点の右のくらいを小数第一位といいます。または、$\frac{1}{10}$のくらいといいます。

① 次のかさだけ色をぬりましょう。

一のくらい	小数第一位
0	.1
1	.5

① 0.3L　（1Lます）

② 1.7L

③ 3.4L

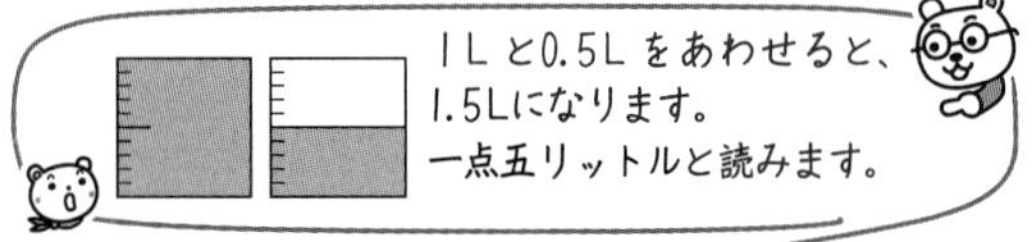

② 次の小数を、数直線に↑でかきましょう。

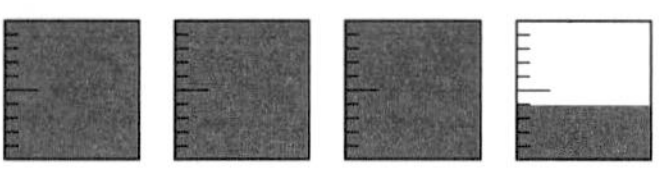

㋐ 0.1　㋑ 0.7　㋒ 1.8　㋓ 2.2　㋔ 3.9

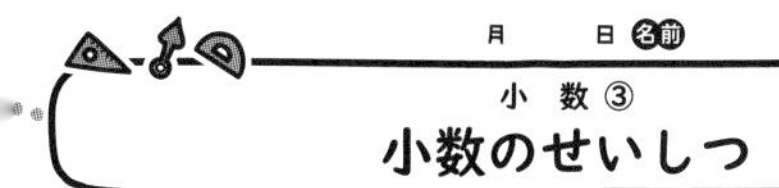

月　日 名前

小数③

小数のせいしつ

① 次(つぎ)の数をかきましょう。

① 0.1を4こ集(あつ)めた数。　0.4

② 0.1を7こ集めた数。　0.7

③ 0.1を12こ集めた数。　1.2

④ 0.1を18こ集めた数。　1.8

⑤ 0.1を25こ集めた数。　2.5

0.1が10こで1だね。

② 次の数をかきましょう。

① 1と0.4をあわせた数。　1.4

② 1と0.7をあわせた数。　1.7

③ 2と0.1をあわせた数。　2.1

④ 2と0.1を4こあわせた数。　2.4

⑤ 3と0.1を2こあわせた数。　3.2

月　日 名前

小数④

小数のせいしつ

① 次の□にあてはまる数をかきましょう。

① 0.8は、0.1が 8 こ集まった数。

② 0.5は、0.1が 5 こ集まった数。

③ 1.3は、0.1が 13 こ集まった数。

④ 2.6は、0.1が 26 こ集まった数。

⑤ 3.4は、1が 3 こと、0.1が 4 こ集まった数。

⑥ 5.9は、1が 5 こと、0.1が 9 こ集まった数。

② 大きい方の数に○をつけましょう。

① 0.2，(2)

② 1.3，(3.1)

③ (45)，4.5

④ 0.7，(1.7)

⑤ 4.2，(24)

⑥ 3，(3.8)

月　日 名前

小数⑤

たし算

① ソースが1.2Lあります。0.7Lたすと、何Lになりますか。

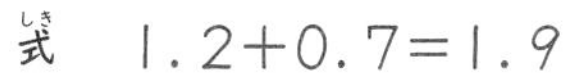

式(しき)　1.2＋0.7＝1.9

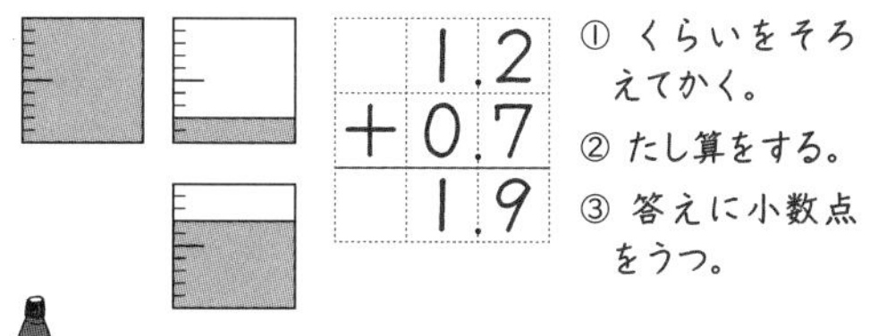

	1	2
＋	0	7
	1	9

① くらいをそろえてかく。
② たし算をする。
③ 答えに小数点をうつ。

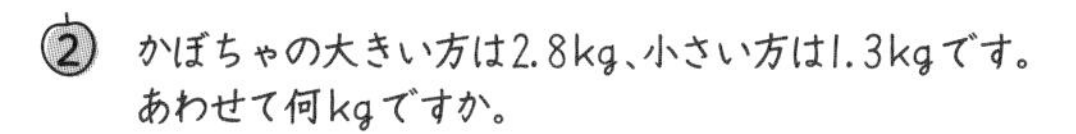

答え　1.9L

② かぼちゃの大きい方は2.8kg、小さい方は1.3kgです。あわせて何kgですか。

式　2.8＋1.3＝4.1

答え　4.1kg

③ 遠足で、昼までに1.7km、昼からは1.4km歩きました。全部(ぜんぶ)で何km歩いたことになりますか。

式　1.7＋1.4＝3.1

答え　3.1km

月　日 名前

小数⑥

たし算

● 次(つぎ)の計算をしましょう。

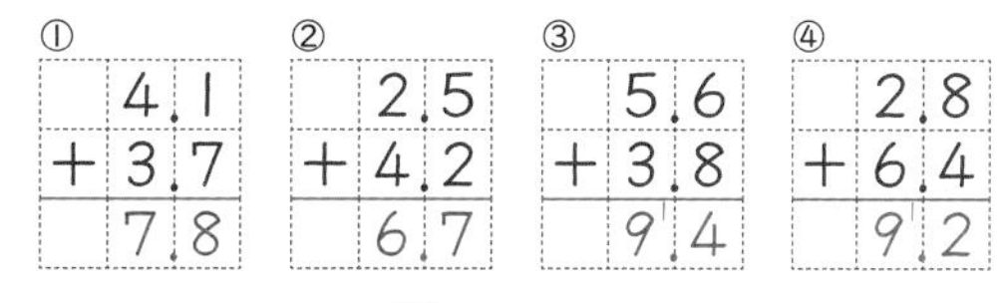

① 4.1＋3.7＝7.8　② 2.5＋4.2＝6.7　③ 5.6＋3.8＝9.4　④ 2.8＋6.4＝9.2

⑤ 2.6＋3.4＝6.0　⑥ 6.2＋3.8＝10.0　⑦ 8.1＋4.9＝13.0

答えが整数(せいすう)になるときは、右はしの0は、線で消(け)します。

⑧ 4.5＋5＝9.5　⑨ 1.8＋9＝10.8　⑩ 3.9＋8＝11.9

一のくらいをそろえて計算します。

⑪ 3＋8.6＝11.6　⑫ 4＋7.1＝11.1　⑬ 5＋3.8＝8.8

一のくらいをそろえて計算します。

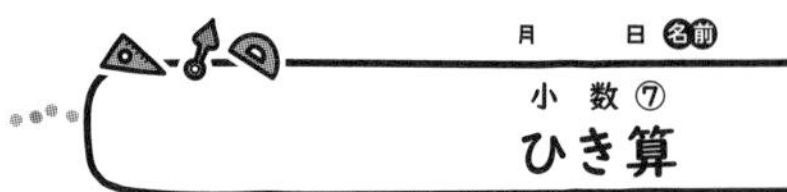

月　日 名前

小数⑦

ひき算

① 1.8Lのしょうゆのうち、0.7L使(つか)うと、のこりは何Lですか。

式(しき)　1.8−0.7=1.1

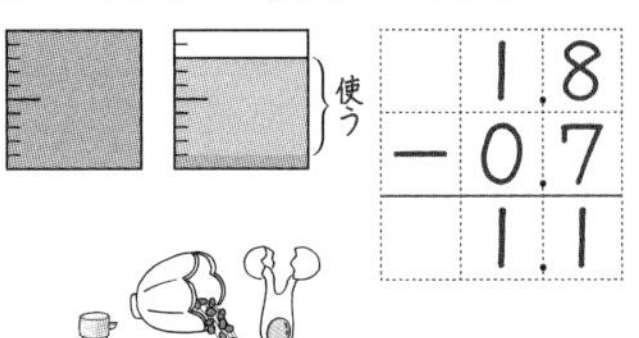

	1	.8
−	0	7
	1	.1

① くらいをそろえてかく。
② ひき算をする。
③ 答えに小数点をうつ。

答え　1.1L

② ごみが2.7kgありました。そのうち1.5kg運(はこ)び出しました。のこりは何kgですか。

式　2.7−1.5=1.2

答え　1.2kg

③ 2.9mあるリボンのうち、0.5m切って使いました。のこりは何mですか。

式　2.9−0.5=2.4

答え　2.4m

月　日 名前

小数⑧

ひき算

次(つぎ)の計算をしましょう。

① 9.4 − 3.4 = 6.0
答えが整数(せいすう)になるときは、右はしの0は、線で消(け)します。
② 4.8 − 3.8 = 1.0
③ 9.2 − 1.2 = 8.0

④ 6.3 − 6.1 = 0.2

小数点より小さいくらいだけ数があるとき、一のくらいに0をかきます。

⑤ 3.7 − 3.4 = 0.3

⑥ 5.6 − 4.8 = 0.8

⑦ 9.0 − 2.6 = 6.4

9を9.0と考えて計算します。

⑧ 6 − 4.3 = 1.7

⑨ 8 − 7.2 = 0.8

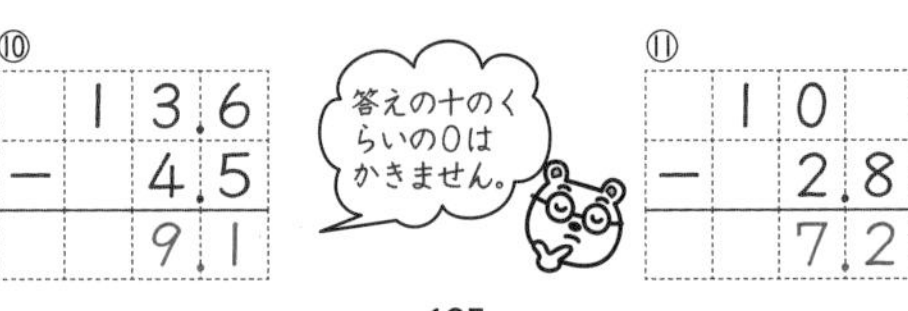

⑩ 13.6 − 4.5 = 9.1
答えの十のくらいの0はかきません。
⑪ 10 − 2.8 = 7.2

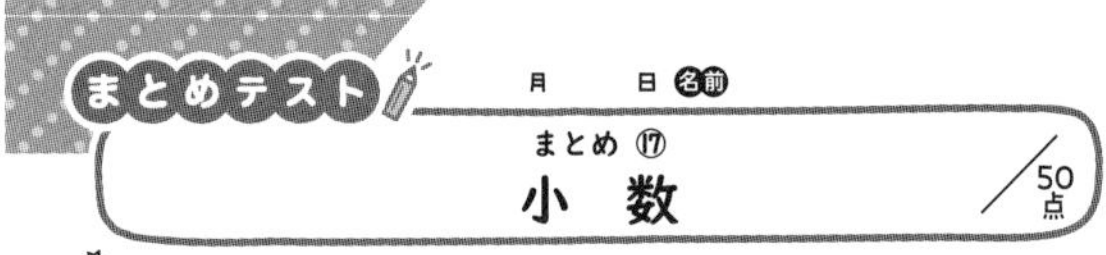

月　日 名前

まとめ⑰

小数

／50点

① 次(つぎ)の数をかきましょう。（1つ5点／20点）

① 1と0.8をあわせた数。　（ 1.8 ）
② 3と0.2をあわせた数。　（ 3.2 ）
③ 0.1を5こ集(あつ)めた数。　（ 0.5 ）
④ 0.1を16こ集めた数。　（ 1.6 ）

② 次の計算をしましょう。（1つ5点／20点）

① 0.3 + 0.5 = 0.8
② 3.6 + 2.9 = 6.5
③ 7.9 − 1.5 = 6.4
④ 6.3 − 2.7 = 3.6

③ 4.8mのリボンと3.6mのリボンをつなぎました。あわせて何mになりますか。（10点）

式(しき)　4.8+3.6=8.4

答え　8.4m

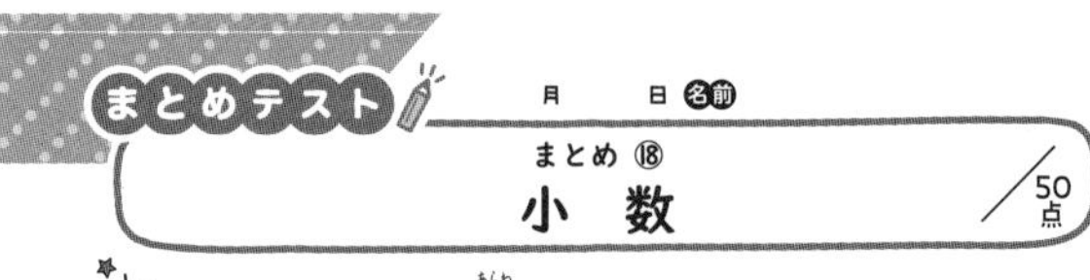

月　日 名前

まとめ⑱

小数

／50点

① 数直線で①～④が表(あらわ)す小数をかきましょう。（1つ5点／20点）

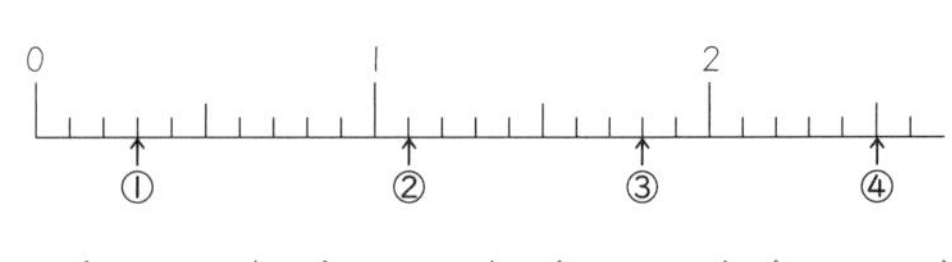

（ 0.3 ）（ 1.1 ）（ 1.8 ）（ 2.5 ）

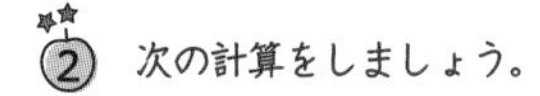

② 次の計算をしましょう。（1つ5点／20点）

① 2.7 + 4.3 = 7.0
② 9 + 3.2 = 12.2
③ 5.4 − 2.4 = 3.0
④ 7 − 3.2 = 3.8

③ ジュースが3Lあります。1.2L飲(の)みました。のこりは何Lですか。（10点）

式　3−1.2=1.8

答え　1.8L

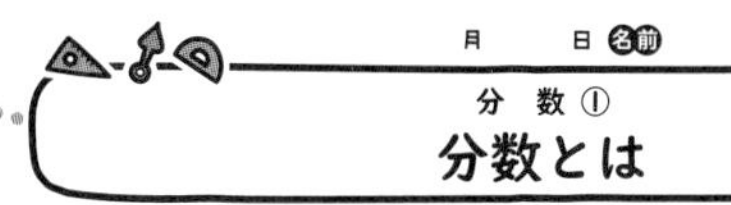

月　日 名前

分数①

分数とは

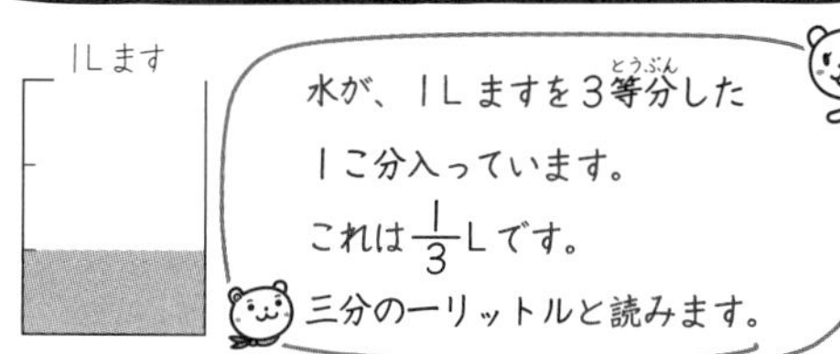

水が、1Lますを3等分(とうぶん)した1こ分入っています。
これは$\frac{1}{3}$Lです。
三分の一リットルと読みます。

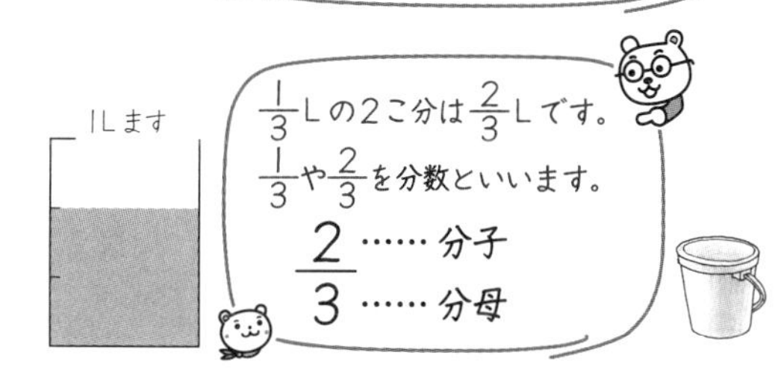

$\frac{1}{3}$Lの2こ分は$\frac{2}{3}$Lです。
$\frac{1}{3}$や$\frac{2}{3}$を分数といいます。

$\frac{2}{3}$ 2……分子、3……分母

● 次(つぎ)のかさを分数で表(あらわ)しましょう。

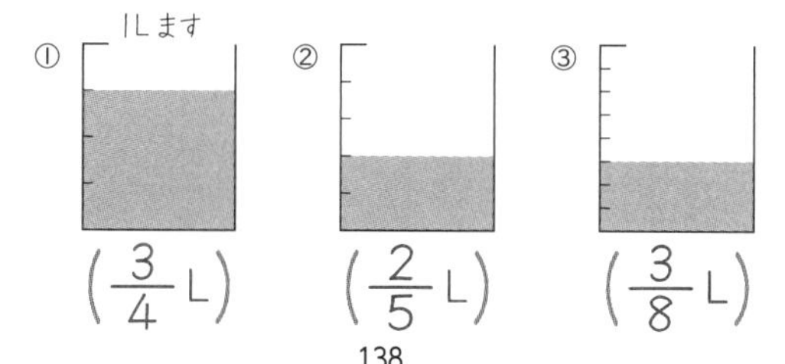

① $\left(\frac{3}{4}\text{L}\right)$　② $\left(\frac{2}{5}\text{L}\right)$　③ $\left(\frac{3}{8}\text{L}\right)$

月　日 名前

分数②

分数とは

1 次のかさだけ1Lますに色をぬりましょう。

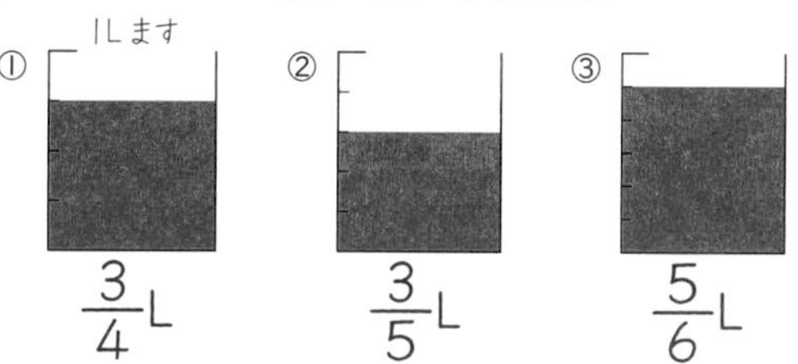

① $\frac{3}{4}$L　② $\frac{3}{5}$L　③ $\frac{5}{6}$L

2 0.6Lを分数を使(つか)って表(あらわ)しましょう。

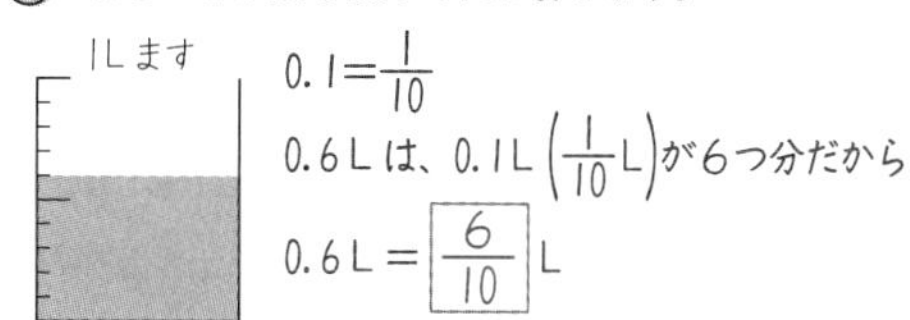

$0.1=\frac{1}{10}$

0.6Lは、0.1L$\left(\frac{1}{10}\text{L}\right)$が6つ分だから

$0.6\text{L}=\frac{6}{10}\text{L}$

3 次の分数は小数で、小数は分数で表しましょう。

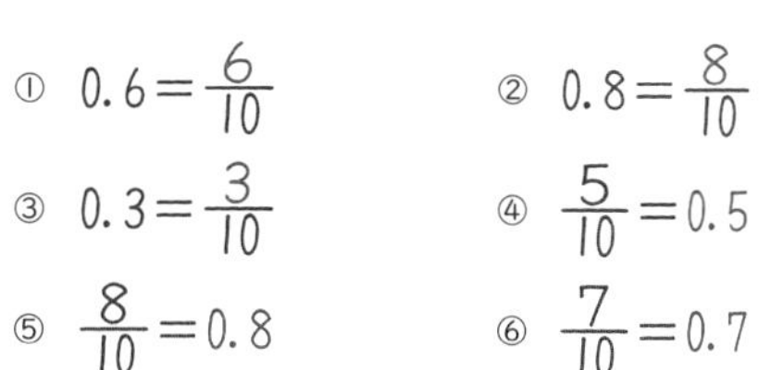

① $0.6=\frac{6}{10}$　② $0.8=\frac{8}{10}$

③ $0.3=\frac{3}{10}$　④ $\frac{5}{10}=0.5$

⑤ $\frac{8}{10}=0.8$　⑥ $\frac{7}{10}=0.7$

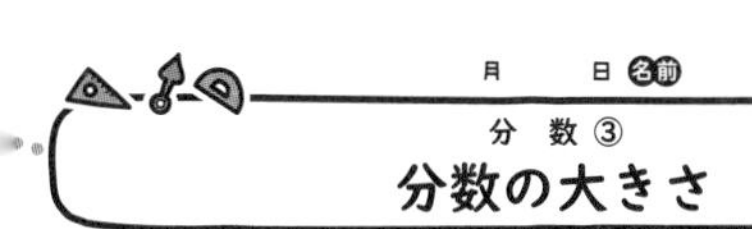

月　日 名前

分数③

分数の大きさ

1 次(つぎ)の長さを分数で表(あらわ)して、(　)にかきましょう。

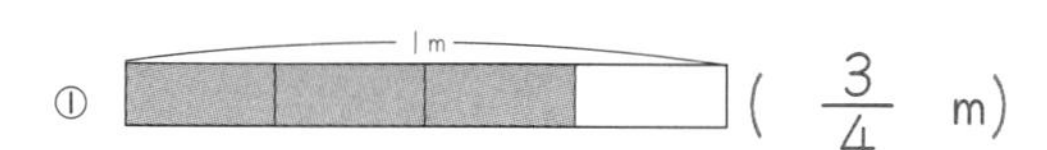

① $\left(\frac{3}{4}\text{m}\right)$

② $\left(\frac{2}{5}\text{m}\right)$

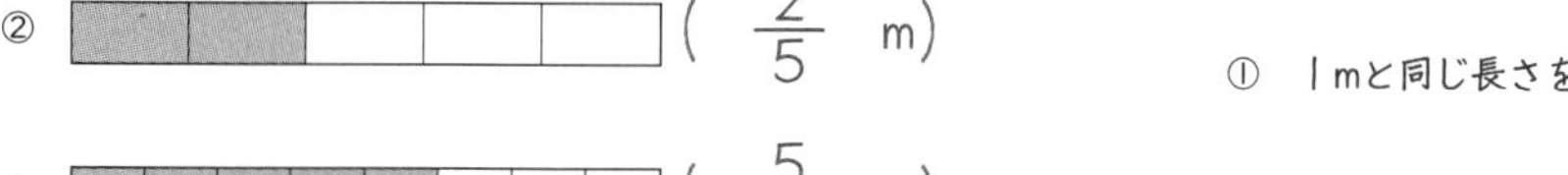

③ $\left(\frac{5}{8}\text{m}\right)$

2 次の長さだけテープに色をぬりましょう。

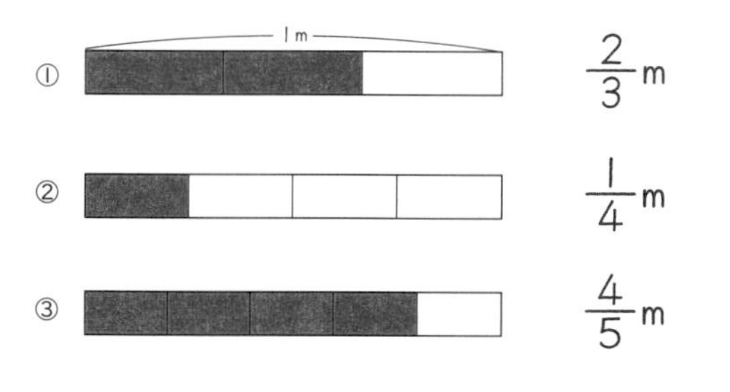

① $\frac{2}{3}$m　② $\frac{1}{4}$m　③ $\frac{4}{5}$m

月　日 名前

分数④

分数の大きさ

● 図を見て、答えましょう。

1m　1m

$\frac{1}{4}$m　$\frac{2}{4}$m　$\frac{3}{4}$m　$\frac{4}{4}$m　$\frac{5}{4}$m　$\frac{6}{4}$m　$\frac{7}{4}$m

① 1mと同じ長さを分数で表しましょう。

$1\text{m}=\frac{4}{4}\text{m}$

※1は、分子と分母が同じ分数で表すことができます。

② 次の2つの数をくらべて、不等号(ふとうごう)（<, >）か等号（=）をかきましょう。

㋐ $\frac{1}{4} < \frac{3}{4}$　㋑ $1 = \frac{4}{4}$

㋒ $\frac{5}{4} > \frac{2}{4}$　㋓ $\frac{3}{3} = 1$

㋔ $1 < \frac{4}{3}$　㋕ $\frac{4}{5} < 1$

月　日 名前

分数⑤

たし算

① $\frac{1}{5}+\frac{2}{5}$ を考えましょう。

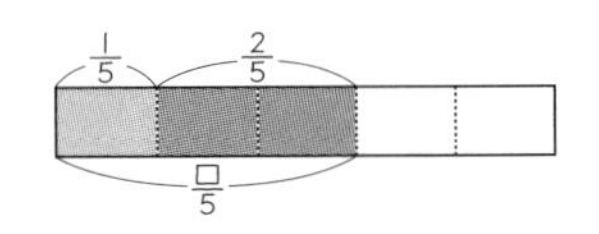

計算をすると

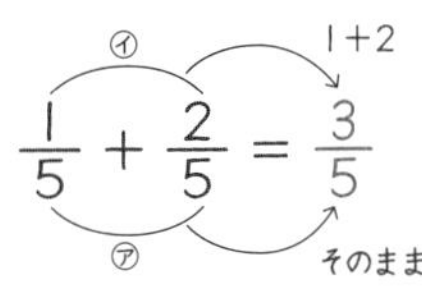

分母が同じ分数のたし算は、
㋐ 分母はそのまま。
㋑ 分子をたし算する。
(1+2=3)

② 次の計算をしましょう。

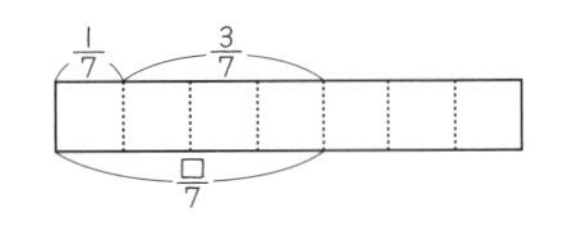

$$\frac{1}{7}+\frac{3}{7}=\boxed{\frac{4}{7}}$$

月　日 名前

分数⑥

たし算

① 次の計算をしましょう。

① $\frac{1}{3}+\frac{1}{3}=\frac{2}{3}$　② $\frac{2}{7}+\frac{3}{7}=\frac{5}{7}$

③ $\frac{1}{5}+\frac{3}{5}=\frac{4}{5}$　④ $\frac{1}{9}+\frac{4}{9}=\frac{5}{9}$

② 次の計算をしましょう。

分子が分母より
大きくなる場合
もあるよ。

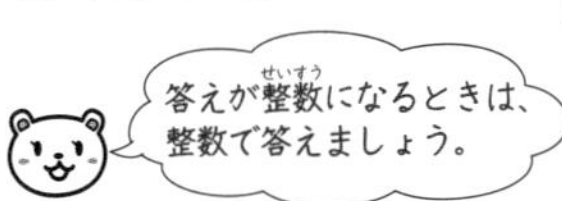

答えが整数になるときは、
整数で答えましょう。

① $\frac{2}{5}+\frac{3}{5}=\frac{5}{5}=1$　② $\frac{3}{8}+\frac{5}{8}=\frac{8}{8}=1$

③ $\frac{3}{7}+\frac{4}{7}=\frac{7}{7}=1$　④ $\frac{4}{9}+\frac{5}{9}=\frac{9}{9}=1$

⑤ $\frac{3}{4}+\frac{2}{4}=\frac{5}{4}$　⑥ $\frac{4}{8}+\frac{7}{8}=\frac{11}{8}$

月　日 名前

分数⑦

ひき算

① $\frac{3}{5}-\frac{2}{5}$ を考えましょう。

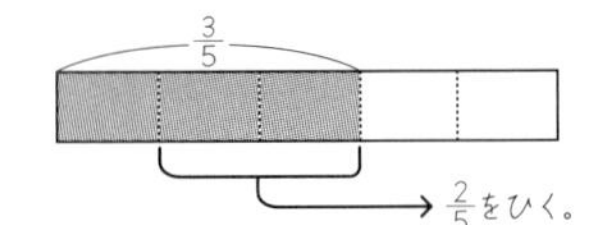

計算をすると

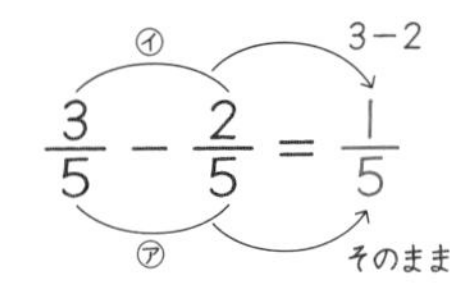

分母が同じ分数のひき算は、
㋐ 分母はそのまま。
㋑ 分子をひき算する。
(3−2=1)

② 次の計算をしましょう。

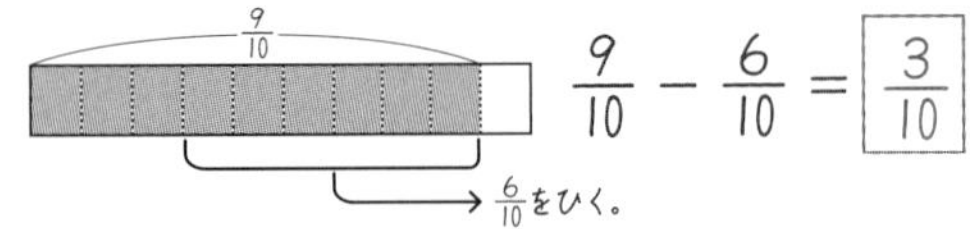

$$\frac{9}{10}-\frac{6}{10}=\boxed{\frac{3}{10}}$$

③ 次の計算をしましょう。

① $\frac{3}{5}-\frac{2}{5}=\frac{1}{5}$　② $\frac{7}{8}-\frac{4}{8}=\frac{3}{8}$

③ $\frac{6}{7}-\frac{2}{7}=\frac{4}{7}$　④ $\frac{8}{9}-\frac{4}{9}=\frac{4}{9}$

月　日 名前

分数⑧

ひき算

① 次の計算をしましょう。

① $\frac{7}{5}-\frac{3}{5}=\frac{4}{5}$　② $\frac{5}{4}-\frac{2}{4}=\frac{3}{4}$

③ $\frac{9}{6}-\frac{4}{6}=\frac{5}{6}$　④ $\frac{9}{7}-\frac{3}{7}=\frac{6}{7}$

② 次の計算をしましょう。

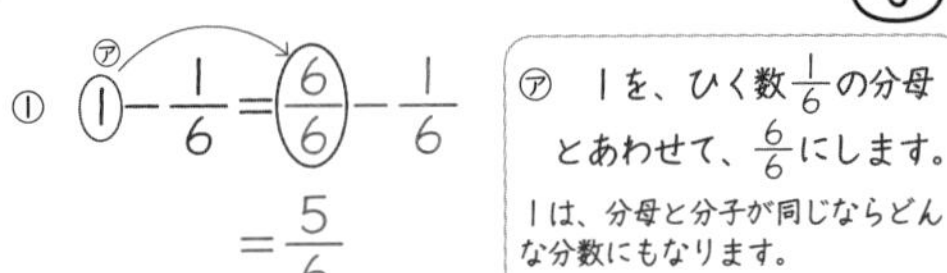

① $1-\frac{1}{6}=\frac{6}{6}-\frac{1}{6}$ （㋐）
$=\frac{5}{6}$

㋐ 1を、ひく数$\frac{1}{6}$の分母とあわせて、$\frac{6}{6}$にします。
1は、分母と分子が同じならどんな分数にもなります。

② $1-\frac{1}{3}=\frac{3}{3}-\frac{1}{3}=\frac{2}{3}$　③ $1-\frac{3}{5}=\frac{5}{5}-\frac{3}{5}=\frac{2}{5}$

④ $1-\frac{4}{7}=\frac{7}{7}-\frac{4}{7}=\frac{3}{7}$　⑤ $1-\frac{5}{8}=\frac{8}{8}-\frac{5}{8}=\frac{3}{8}$

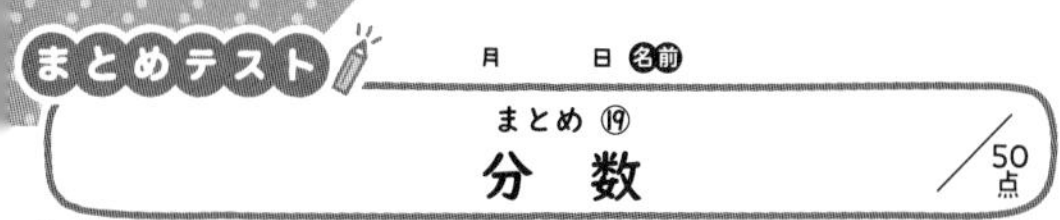

月　日 名前

まとめ ⑲

分数

50点

① 次のかさを分数で表しましょう。（1つ5点／10点）

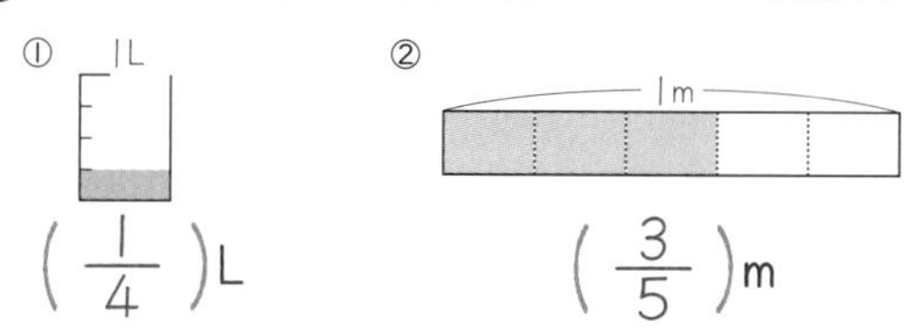

① （ $\frac{1}{4}$ ）L　② （ $\frac{3}{5}$ ）m

② □にあてはまる等号や不等号をかきましょう。（1つ5点／10点）

① $\frac{1}{7}$ [＜] $\frac{3}{7}$　② $\frac{4}{4}$ [＝] 1

③ 次の計算をしましょう。（1つ5点／20点）

① $\frac{2}{5}+\frac{1}{5}=\frac{3}{5}$　② $\frac{2}{9}+\frac{3}{9}=\frac{5}{9}$

③ $\frac{7}{8}-\frac{4}{8}=\frac{3}{8}$　④ $\frac{5}{6}-\frac{1}{6}=\frac{4}{6}$

④ 赤いテープは$\frac{1}{4}$m、青いテープは$\frac{2}{4}$mあります。あわせて何mになりますか。（10点）

式 $\frac{1}{4}+\frac{2}{4}=\frac{3}{4}$

答え $\frac{3}{4}$m

月　日 名前

まとめ ⑳

分数

50点

① □にあてはまる数をかきましょう。（1つ5点／20点）

① $\frac{1}{5}$を3こ集めた数は [$\frac{3}{5}$] です。

② $\frac{1}{7}$を [5] こ集めた数は$\frac{5}{7}$です。

③ 0.1＝$\frac{[1]}{10}$です。

④ 0.8＝$\frac{[8]}{10}$です。

② 次の計算をしましょう。（1つ5点／20点）

① $\frac{5}{10}+\frac{4}{10}=\frac{9}{10}$　② $\frac{3}{8}+\frac{5}{8}=\frac{8}{8}=1$

③ $\frac{6}{7}-\frac{2}{7}=\frac{4}{7}$　④ $1-\frac{1}{4}=\frac{4}{4}-\frac{1}{4}=\frac{3}{4}$

③ ジュースが1Lあります。$\frac{2}{5}$L飲むとのこりは何Lですか。（10点）

式 $1-\frac{2}{5}=\frac{5}{5}-\frac{2}{5}=\frac{3}{5}$

答え $\frac{3}{5}$L

月　日 名前

円と球 ①

円のせいしつ

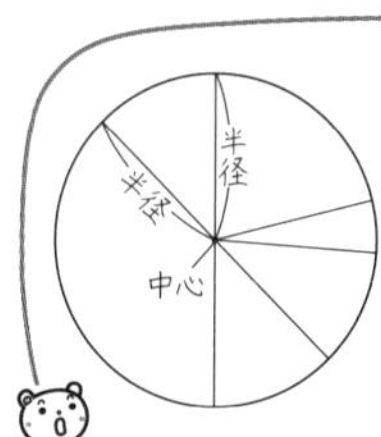

1つの点から、同じ長さになるように線をひいてできた形を円といいます。
円のまん中の点を円の中心といいます。円の中心から円のまわりまでを半径といいます。半径は何本でもあります。

円のまわりから、円の中心を通り、反対がわの円のまわりまでひいた直線を直径といいます。直径の長さは、半径の2倍です。直径も何本でもあります。

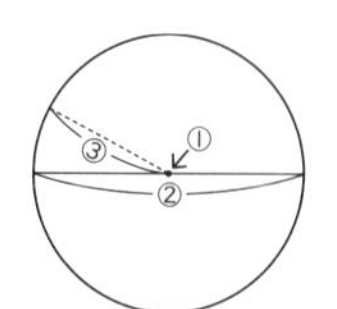

● 図を見て答えましょう。

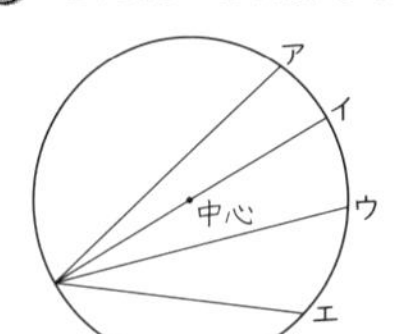

① いちばん長い直線はどれですか。
（ イ ）

② いちばん長い直線は、どこを通っていますか。
（ 円の中心 ）

月　日 名前

円と球 ②

円のせいしつ

① （　）にあてはまる言葉や数をかきましょう。

① 円の（ 中心 ）
② 円の（ 直径 ）
③ 円の（ 半径 ）
④ 直径の長さは、半径の（ 2 ）倍です。
⑤ 直径は、円の（ 中心 ）を通ります。

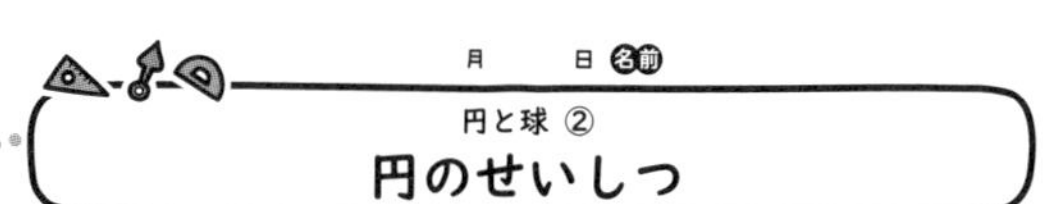

② （　）にあてはまる数をかきましょう。

① 半径5cmの円の直径は（ 10 ）cm。
② 半径10cmの円の直径は（ 20 ）cm。
③ 直径8cmの円の半径は（ 4 ）cm。
④ 直径12cmの円の半径は（ 6 ）cm。

月　日 名前

円と球 ③

円をかく

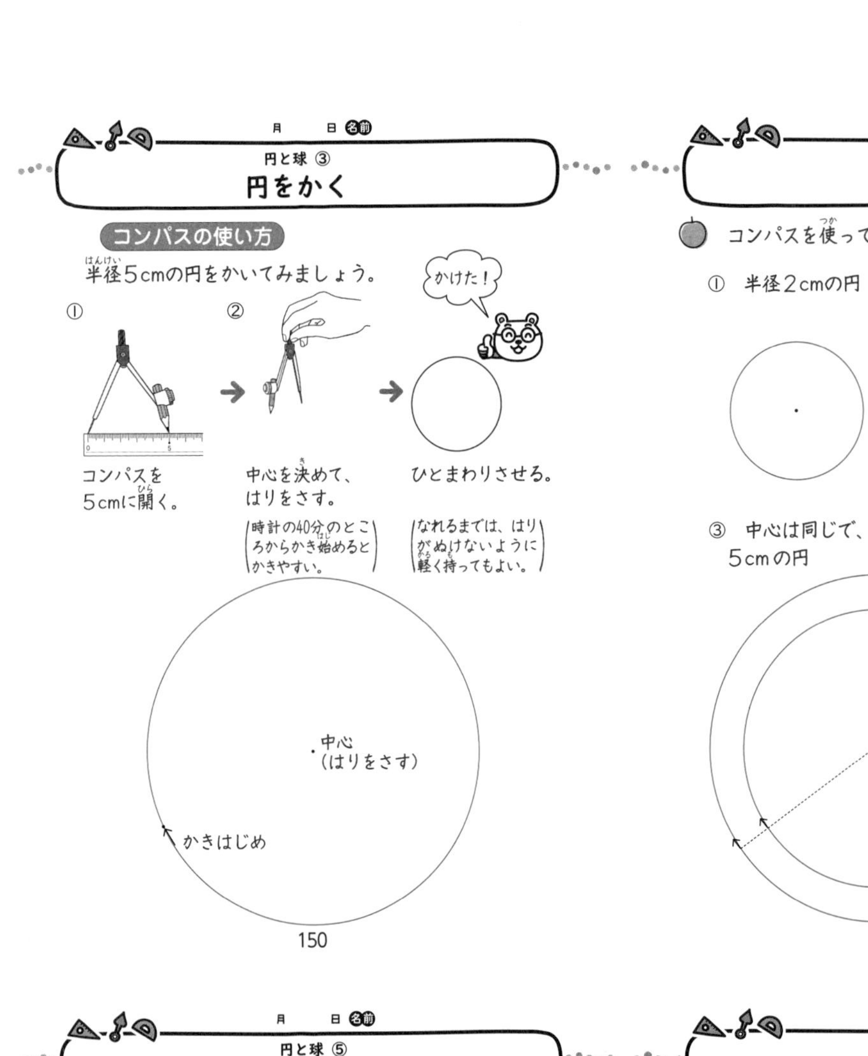

コンパスの使い方
半径5cmの円をかいてみましょう。
かけた！
①
②
コンパスを5cmに開く。
中心を決めて、はりをさす。
時計の40分のところからかき始めるとかきやすい。
ひとまわりさせる。
なれるまでは、はりがぬけないように軽く持ってもよい。
中心（はりをさす）
かきはじめ

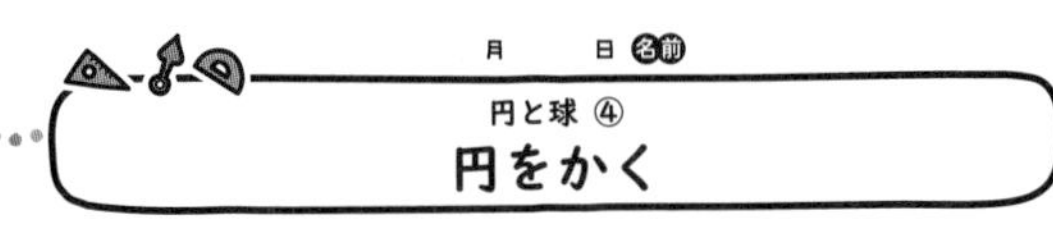

月　日 名前

円と球 ④

円をかく

コンパスを使って、円をかきましょう。

① 半径2cmの円　　② 半径3cmの円

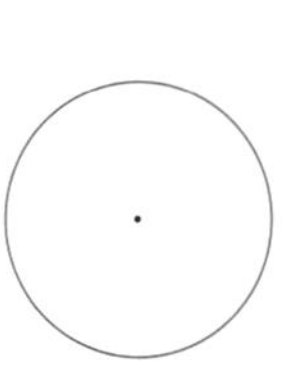

③ 中心は同じで、半径4cmの円と半径5cmの円

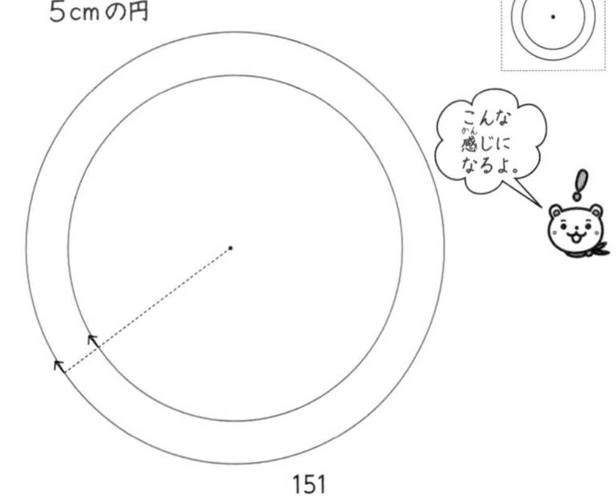

月　日 名前

円と球 ⑤

円をかく

1 コンパスを使って、円をかきましょう。

① 直径4cmの円　　② 直径6cmの円

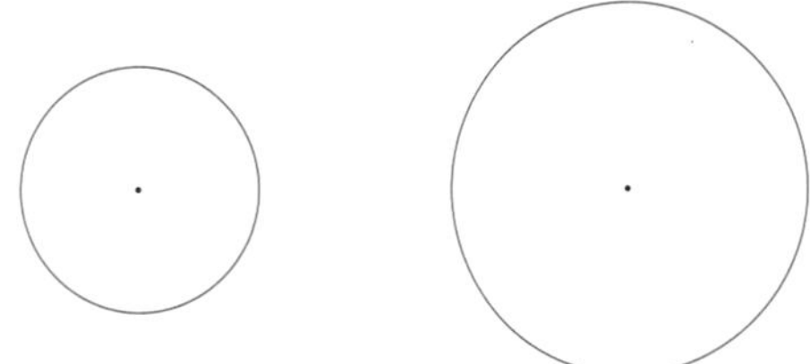

③ 直径8cmの円

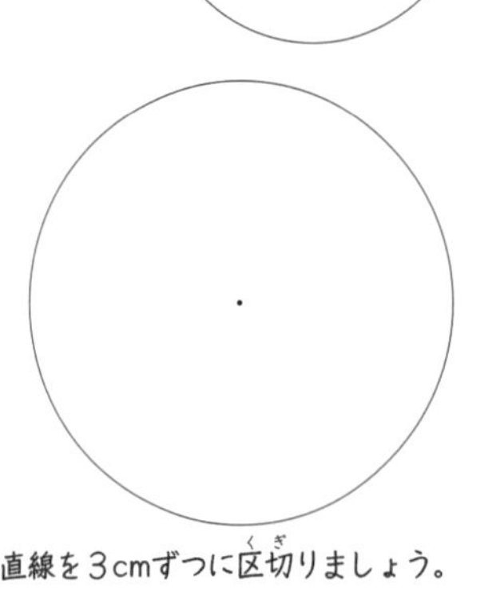

2 コンパスで、下の直線を3cmずつに区切りましょう。

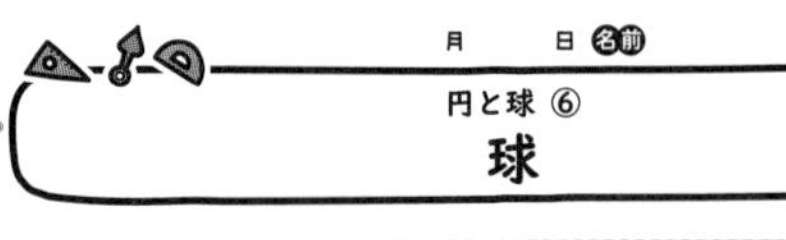

月　日 名前

円と球 ⑥

球

ボールのように、どこから見ても円に見える形を、球といいます。

1 下の図は、球を半分に切ったところです。

① あ、い、うは、それぞれ何といいますか。

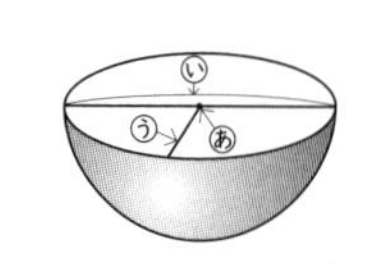

あ 球の（　中心　）

い 球の（　直径　）

う 球の（　半径　）

② 切り口は何という形ですか。

（　円　）

2 箱の中にボール6こがぴったり入っています。

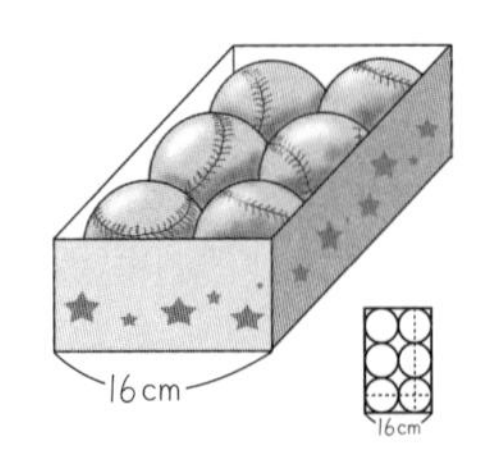

このボールの直径は何cmですか。

式 $16 \div 2 = 8$

（　8cm　）

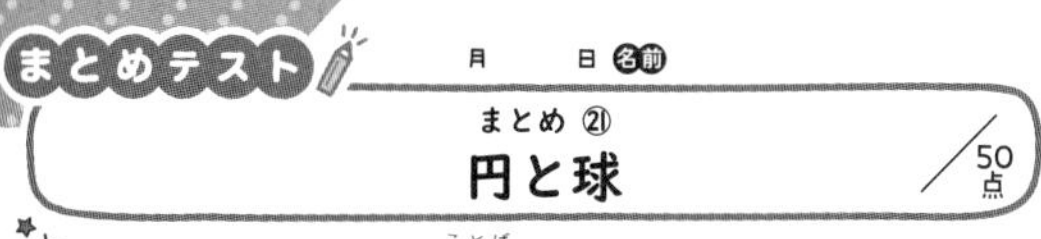

月　日 名前

まとめ ㉑

円と球

50点

① （　）にあてはまる言葉(ことば)や数をかきましょう。（1つ5点／30点）

① 円の（ 直径 ）
② 円の（ 半径 ）
③ 円の（ 中心 ）
④ 直径(ちょっけい)の長さは半径の長さの（ 2 ）倍(ばい)です。
⑤ 直径は円の（ 中心 ）を通ります。
⑥ 半径5cmの円の直径は（ 10 ）cmです。

② コンパスを使(つか)って円をかきましょう。（1つ10点／20点）

① 半径3cmの円　② 直径4cmの円

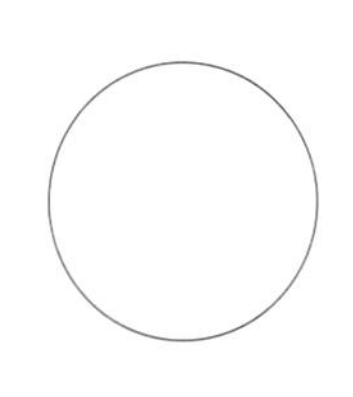

まとめテスト

月　日 名前

まとめ ㉒

円と球

50点

① 右の図は、球(きゅう)を半分に切ったものです。（1つ5点／20点）

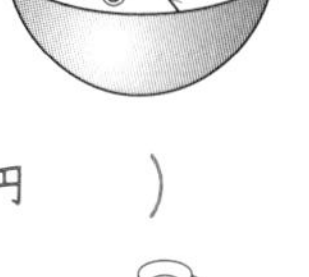

① 球の（ 直径 ）
② 球の（ 半径 ）
③ 球の（ 中心 ）
④ 切り口はどんな形ですか。（ 円 ）

② つつの中にボールが4こ入っています。このボールの直径は何cmですか。（10点）

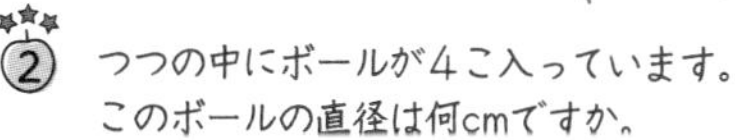
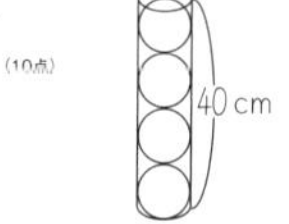

式(しき) $40 \div 4 = 10$

答え 10cm

③ 箱(はこ)の中にボールが6こ入っています。

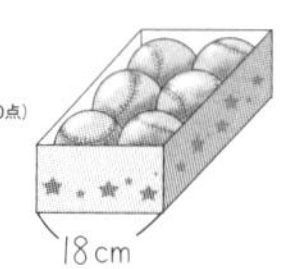

① このボールの直径は何cmですか。（10点）

式 $18 \div 2 = 9$

答え 9cm

② 箱のたての長さは何cmですか。（10点）

式 $9 \times 3 = 27$

答え 27cm

月　日 名前

三角形と角 ①

二等辺三角形・正三角形

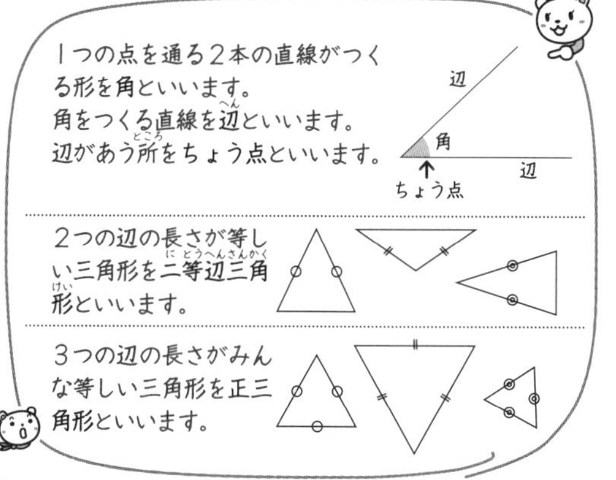

1つの点を通る2本の直線がつくる形を角といいます。
角をつくる直線を辺(へん)といいます。
辺があう所(ところ)をちょう点といいます。
辺
角
辺
ちょう点
2つの辺の長さが等しい三角形を二等辺三角形(にとうへんさんかく)(けい)といいます。
3つの辺の長さがみんな等しい三角形を正三角形といいます。

正三角形と二等辺三角形に分けましょう。

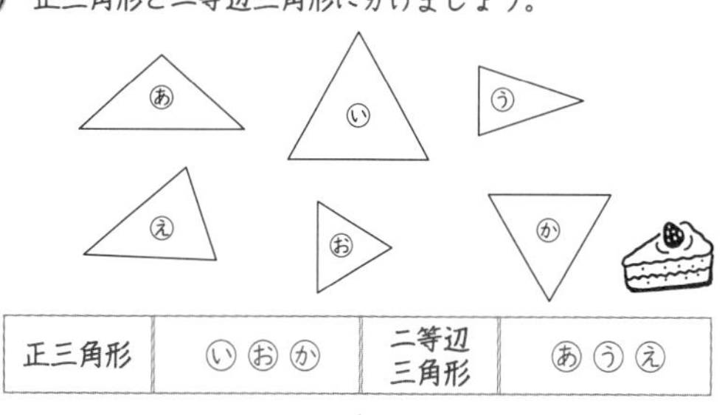

正三角形	い お か	二等辺三角形	あ う え

月　日 名前

三角形と角 ②

二等辺三角形をかく

① 二等辺三角形をかきましょう。

② 二等辺三角形をかきましょう。

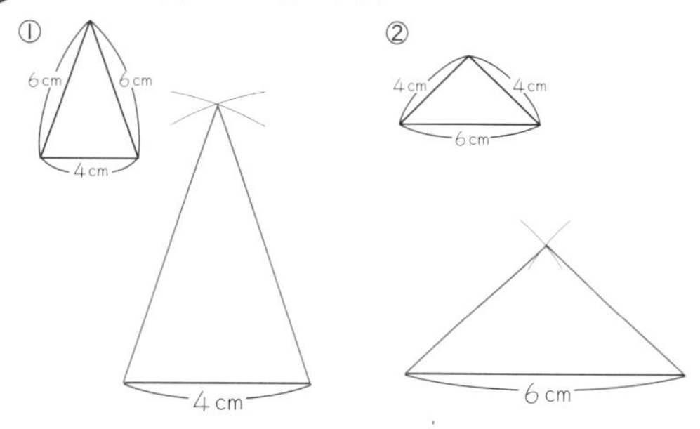

月　日 名前

三角形と角 ③

正三角形をかく

正三角形をかきます。

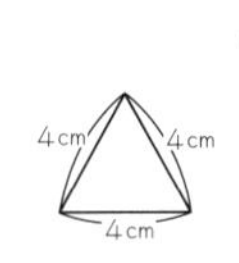

① 4cmの辺を引く

② コンパスで4cmのところにしるしをつける

③ 下の辺の反対がわから4cmの線が交わるようにしるしをつける

④ 辺をむすぶ

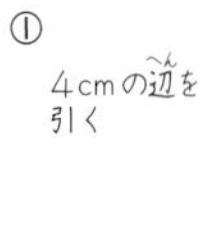
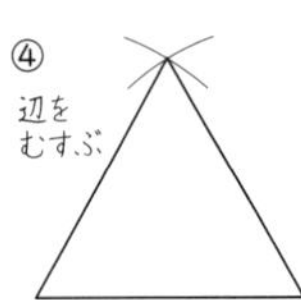

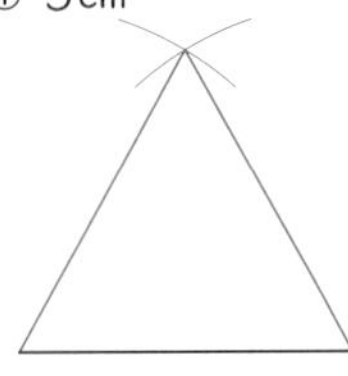
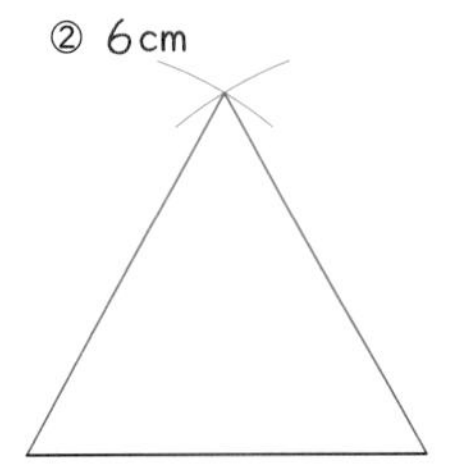

辺の長さが5cmの正三角形と、辺の長さが6cmの正三角形をかきましょう。

① 5cm　② 6cm

月　日 名前

三角形と角 ④

正三角形と二等辺三角形の角

紙にかいた二等辺三角形を切りとり、角が重なるようにして、大きさをくらべましょう。

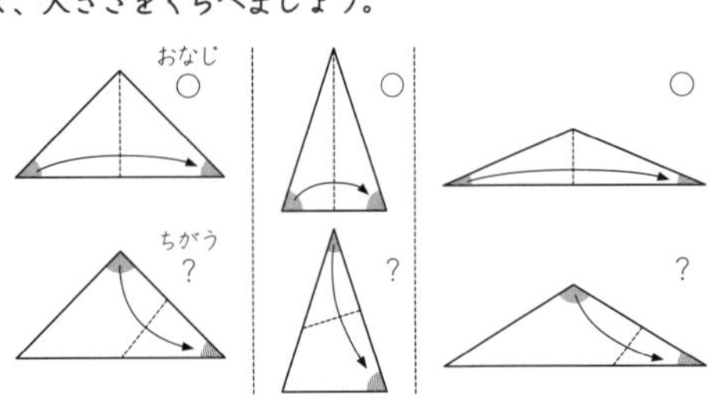

紙にかいた正三角形を切りとり、角が重なるようにして、大きさをくらべましょう。

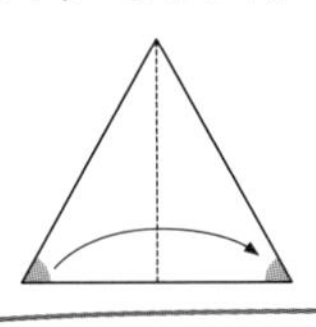
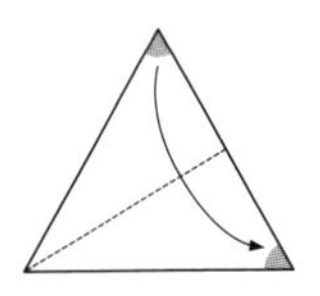

二等辺三角形は、2つの角の大きさが同じです。

正三角形は、3つの角の大きさがみな同じです。

まとめテスト　月　日 名前

まとめ ㉓

三角形と角

50点

1 次の三角形の中から二等辺三角形と正三角形をえらびましょう。（1つ5点／20点）

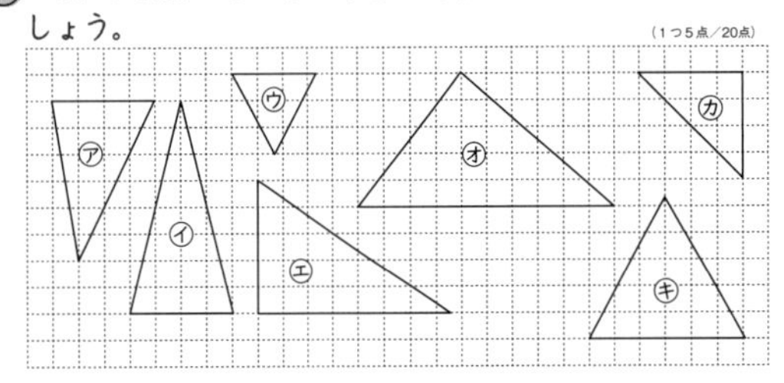

二等辺三角形（㋑）（㋕）　正三角形（㋒）（㋖）

2 次の円を使って二等辺三角形と正三角形をかきましょう。（1つ5点／10点）

二等辺三角形　正三角形

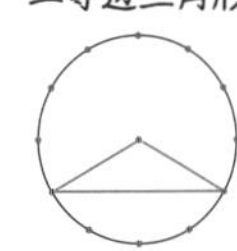

3 □にあてはまる数をかきましょう。（□1つ5点／20点）

① 二等辺三角形は［2］つの辺の長さが等しく、［2］つの角の大きさが等しい三角形です。

② 正三角形は［3］つの辺の長さが等しく、［3］つの角の大きさが等しい三角形です。

まとめテスト　月　日 名前

まとめ ㉔

三角形と角

50点

1 （　）にあてはまる言葉をかきましょう。（1つ5点／15点）

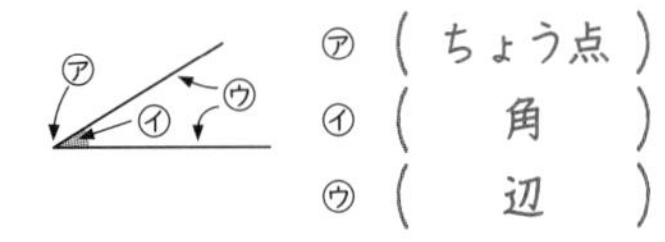

㋐（ちょう点）
㋑（角）
㋒（辺）

2 同じ形の三角じょうぎ2まいを、図のようにならべました。何という三角形になりましたか。名前をかきましょう。（1つ5点／15点）

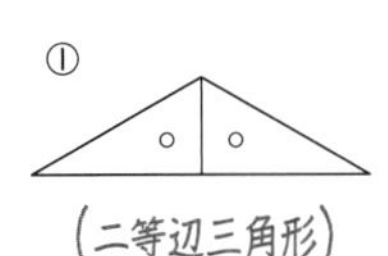
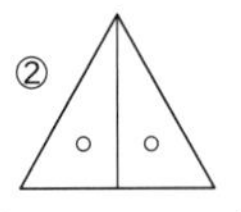
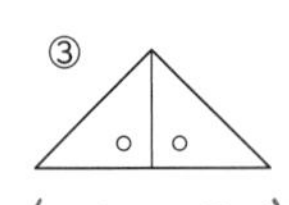

①（二等辺三角形）②（正三角形）③（二等辺三角形）

3 次の三角形をかきましょう。（1つ10点／20点）

① 3つの辺が4cmの正三角形　② 辺の長さが5cm、4cm、4cmの二等辺三角形

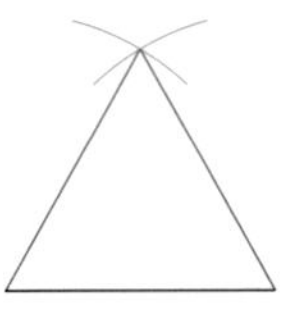
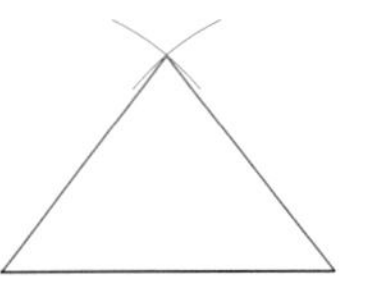

月　日 名前

□を使った式 ①

たし算の式

1 色紙を20まい持っていました。姉から何まいかもらったので25まいになりました。

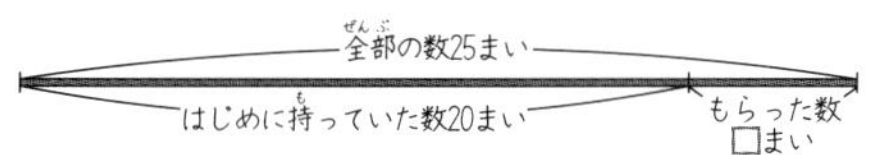

① 姉にもらった数を□まいとして、たし算の式に表しましょう。

はじめの数　もらった数　全部

式（ 20 ＋ □ ＝ 25 ）

② □をもとめる式と答えをかきましょう。

式 25－20＝5

答え 5まい

2 色紙を30まい持っていました。兄から何まいかもらったので37まいになりました。兄からもらった数を□まいとして式に表し、答えを出しましょう。

式 30＋□＝37
37－30＝7

答え 7まい

月　日 名前

□を使った式 ②

ひき算の式

1 色紙を何まいか持っていました。8まい使ってのこりを数えると12まいでした。

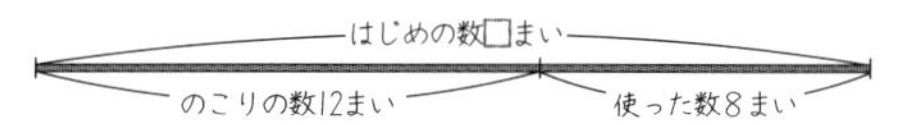

① はじめに持っていた数を□まいとして、ひき算の式に表しましょう。

はじめの数　使った数　のこりの数

式（ □ － 8 ＝ 12 ）

② □をもとめる式と答えをかきましょう。

式 12＋8＝20

答え 20まい

2 色紙を何まいか持っていました。10まい使ってのこりを数えると14まいでした。はじめに持っていた数を□まいとして式に表し、答えを出しましょう。

式 □－10＝14
14＋10＝24

答え 24まい

月　日 名前

□を使った式 ③

かけ算の式

1 クッキーが□まいずつ入った箱が5つあります。クッキーは全部で30まいあります。

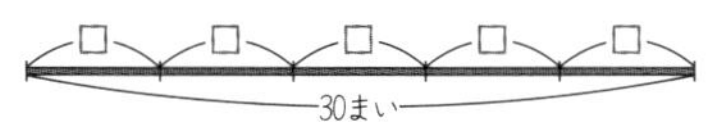

① 1箱のクッキーの数を□まいとして、かけ算の式をかきましょう。

式（ □ × 5 ＝ 30 ）

② □をもとめる式と答えをかきましょう。

式 30÷5＝6

答え 6まい

2 クッキーが□まいずつ入った箱が7つあります。クッキーは全部で56まいあります。1箱のクッキーの数□まいとして、式に表し、答えを出しましょう。

式 □×7＝56
56÷7＝8

答え 8まい

月　日 名前

□を使った式 ④

わり算の式

1 あめを5人に同じ数だけ配ったら、1人分は6こになりました。

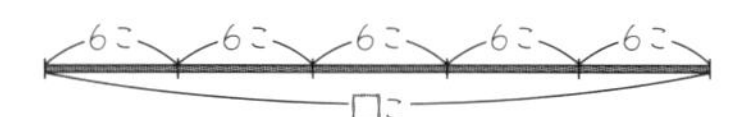

① 全部のあめの数を□こととして、わり算の式をかきましょう。

式（ □ ÷ 5 ＝ 6 ）

② □をもとめる式と答えをかきましょう。

式 6×5＝30

答え 30こ

2 あめを6人に同じ数だけ配ったら、1人分は8こになりました。全部のあめの数を□こととして、式に表し、答えを出しましょう。

式 □÷6＝8
8×6＝48

答え 48こ

達成表

勉強が終わったらチェックする。問題が全部できて字もていねいに書けたら「よくできた」だよ。「よくできた」になるようにがんばろう!

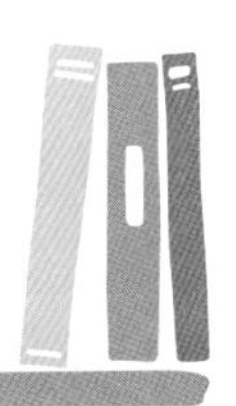

学習内容	学習日	がんばろう	できた	よくできた
時こくと時間①		☆	☆☆	☆☆☆
時こくと時間②		☆	☆☆	☆☆☆
時こくと時間③		☆	☆☆	☆☆☆
時こくと時間④		☆	☆☆	☆☆☆
かけ算九九①		☆	☆☆	☆☆☆
かけ算九九②		☆	☆☆	☆☆☆
かけ算九九③		☆	☆☆	☆☆☆
かけ算九九④		☆	☆☆	☆☆☆
かけ算九九⑤		☆	☆☆	☆☆☆
かけ算九九⑥		☆	☆☆	☆☆☆
かけ算九九⑦		☆	☆☆	☆☆☆
かけ算九九⑧		☆	☆☆	☆☆☆
あなあき九九①		☆	☆☆	☆☆☆
あなあき九九②		☆	☆☆	☆☆☆
あなあき九九③		☆	☆☆	☆☆☆
あなあき九九④		☆	☆☆	☆☆☆
わり算（あまりなし）①		☆	☆☆	☆☆☆
わり算（あまりなし）②		☆	☆☆	☆☆☆
わり算（あまりなし）③		☆	☆☆	☆☆☆
わり算（あまりなし）④		☆	☆☆	☆☆☆
わり算（あまりなし）⑤		☆	☆☆	☆☆☆
わり算（あまりなし）⑥		☆	☆☆	☆☆☆
わり算（あまりなし）⑦		☆	☆☆	☆☆☆
わり算（あまりなし）⑧		☆	☆☆	☆☆☆
わり算（あまりなし）⑨		☆	☆☆	☆☆☆
わり算（あまりなし）⑩		☆	☆☆	☆☆☆
わり算（あまりなし）⑪		☆	☆☆	☆☆☆
わり算（あまりなし）⑫		☆	☆☆	☆☆☆
わり算（あまりなし）⑬		☆	☆☆	☆☆☆
わり算（あまりなし）⑭		☆	☆☆	☆☆☆

学習内容	学習日	がんばろう	できた	よくできた
わり算（あまりなし）⑮		☆	☆☆	☆☆☆
わり算（あまりなし）⑯		☆	☆☆	☆☆☆
まとめ①			得点	
まとめ②			得点	
たし算・ひき算①		☆	☆☆	☆☆☆
たし算・ひき算②		☆	☆☆	☆☆☆
たし算・ひき算③		☆	☆☆	☆☆☆
たし算・ひき算④		☆	☆☆	☆☆☆
たし算・ひき算⑤		☆	☆☆	☆☆☆
たし算・ひき算⑥		☆	☆☆	☆☆☆
たし算・ひき算⑦		☆	☆☆	☆☆☆
たし算・ひき算⑧		☆	☆☆	☆☆☆
たし算・ひき算⑨		☆	☆☆	☆☆☆
たし算・ひき算⑩		☆	☆☆	☆☆☆
たし算・ひき算⑪		☆	☆☆	☆☆☆
たし算・ひき算⑫		☆	☆☆	☆☆☆
たし算・ひき算⑬		☆	☆☆	☆☆☆
たし算・ひき算⑭		☆	☆☆	☆☆☆
たし算・ひき算⑮		☆	☆☆	☆☆☆
たし算・ひき算⑯		☆	☆☆	☆☆☆
たし算・ひき算⑰		☆	☆☆	☆☆☆
たし算・ひき算⑱		☆	☆☆	☆☆☆
まとめ③			得点	
まとめ④			得点	
わり算（あまりあり）①		☆	☆☆	☆☆☆
わり算（あまりあり）②		☆	☆☆	☆☆☆
わり算（あまりあり）③		☆	☆☆	☆☆☆
わり算（あまりあり）④		☆	☆☆	☆☆☆
わり算（あまりあり）⑤		☆	☆☆	☆☆☆
わり算（あまりあり）⑥		☆	☆☆	☆☆☆
わり算（あまりあり）⑦		☆	☆☆	☆☆☆
わり算（あまりあり）⑧		☆	☆☆	☆☆☆
わり算（あまりあり）⑨		☆	☆☆	☆☆☆

学習内容	学習日	がんばろう	できた	よくできた
わり算（あまりあり）⑩		☆	☆☆	☆☆☆
わり算（あまりあり）⑪		☆	☆☆	☆☆☆
わり算（あまりあり）⑫		☆	☆☆	☆☆☆
わり算（あまりあり）⑬		☆	☆☆	☆☆☆
わり算（あまりあり）⑭		☆	☆☆	☆☆☆
わり算（あまりあり）⑮		☆	☆☆	☆☆☆
わり算（あまりあり）⑯		☆	☆☆	☆☆☆
わり算（あまりあり）⑰		☆	☆☆	☆☆☆
わり算（あまりあり）⑱		☆	☆☆	☆☆☆
まとめ⑤			得点	
まとめ⑥			得点	
長　さ①		☆	☆☆	☆☆☆
長　さ②		☆	☆☆	☆☆☆
長　さ③		☆	☆☆	☆☆☆
長　さ④		☆	☆☆	☆☆☆
長　さ⑤		☆	☆☆	☆☆☆
長　さ⑥		☆	☆☆	☆☆☆
重　さ①		☆	☆☆	☆☆☆
重　さ②		☆	☆☆	☆☆☆
重　さ③		☆	☆☆	☆☆☆
重　さ④		☆	☆☆	☆☆☆
重　さ⑤		☆	☆☆	☆☆☆
重　さ⑥		☆	☆☆	☆☆☆
まとめ⑦			得点	
まとめ⑧			得点	
大きい数①		☆	☆☆	☆☆☆
大きい数②		☆	☆☆	☆☆☆
大きい数③		☆	☆☆	☆☆☆
大きい数④		☆	☆☆	☆☆☆
大きい数⑤		☆	☆☆	☆☆☆
大きい数⑥		☆	☆☆	☆☆☆
まとめ⑨			得点	
まとめ⑩			得点	

学習内容	学習日	がんばろう	できた	よくできた
かけ算（×1けた）①		☆	☆☆	☆☆☆
かけ算（×1けた）②		☆	☆☆	☆☆☆
かけ算（×1けた）③		☆	☆☆	☆☆☆
かけ算（×1けた）④		☆	☆☆	☆☆☆
かけ算（×1けた）⑤		☆	☆☆	☆☆☆
かけ算（×1けた）⑥		☆	☆☆	☆☆☆
かけ算（×1けた）⑦		☆	☆☆	☆☆☆
かけ算（×1けた）⑧		☆	☆☆	☆☆☆
まとめ⑪			得点	
まとめ⑫			得点	
かけ算（×2けた）①		☆	☆☆	☆☆☆
かけ算（×2けた）②		☆	☆☆	☆☆☆
かけ算（×2けた）③		☆	☆☆	☆☆☆
かけ算（×2けた）④		☆	☆☆	☆☆☆
かけ算（×2けた）⑤		☆	☆☆	☆☆☆
かけ算（×2けた）⑥		☆	☆☆	☆☆☆
かけ算（×2けた）⑦		☆	☆☆	☆☆☆
かけ算（×2けた）⑧		☆	☆☆	☆☆☆
まとめ⑬			得点	
まとめ⑭			得点	
表とグラフ①		☆	☆☆	☆☆☆
表とグラフ②		☆	☆☆	☆☆☆
表とグラフ③		☆	☆☆	☆☆☆
表とグラフ④		☆	☆☆	☆☆☆
まとめ⑮			得点	
まとめ⑯			得点	
小　数①		☆	☆☆	☆☆☆
小　数②		☆	☆☆	☆☆☆
小　数③		☆	☆☆	☆☆☆
小　数④		☆	☆☆	☆☆☆
小　数⑤		☆	☆☆	☆☆☆
小　数⑥		☆	☆☆	☆☆☆
小　数⑦		☆	☆☆	☆☆☆

学習内容	学習日	がんばろう	できた	よくできた
小　数⑧		☆	☆☆	☆☆☆
まとめ⑰			得点	
まとめ⑱			得点	
分　数①		☆	☆☆	☆☆☆
分　数②		☆	☆☆	☆☆☆
分　数③		☆	☆☆	☆☆☆
分　数④		☆	☆☆	☆☆☆
分　数⑤		☆	☆☆	☆☆☆
分　数⑥		☆	☆☆	☆☆☆
分　数⑦		☆	☆☆	☆☆☆
分　数⑧		☆	☆☆	☆☆☆
まとめ⑲			得点	
まとめ⑳			得点	
円と球①		☆	☆☆	☆☆☆
円と球②		☆	☆☆	☆☆☆
円と球③		☆	☆☆	☆☆☆
円と球④		☆	☆☆	☆☆☆
円と球⑤		☆	☆☆	☆☆☆
円と球⑥		☆	☆☆	☆☆☆
まとめ㉑			得点	
まとめ㉒			得点	
三角形と角①		☆	☆☆	☆☆☆
三角形と角②		☆	☆☆	☆☆☆
三角形と角③		☆	☆☆	☆☆☆
三角形と角④		☆	☆☆	☆☆☆
まとめ㉓			得点	
まとめ㉔			得点	
□を使った式①		☆	☆☆	☆☆☆
□を使った式②		☆	☆☆	☆☆☆
□を使った式③		☆	☆☆	☆☆☆
□を使った式④		☆	☆☆	☆☆☆